高分辨率遥感影像
几何定位理论与方法

刘建辉　江刚武　王　鑫　编著

U0323420

华中科技大学出版社
中国·武汉

内 容 简 介

高分辨率遥感影像的几何定位已成为遥感影像处理和制作地理信息成果过程中的重要环节，在国防和经济建设中起到了越来越重要的作用。本书主要介绍高分辨率遥感影像几何定位中涉及的理论方法及关键技术，内容包括高分辨率遥感影像的成像几何模型、遥感影像的姿态系统误差检校、摄影测量参数在轨几何定标、高分辨率遥感影像的光束法平差、多源辅助数据支持的遥感影像几何定位、基于总体最小二乘法的遥感影像几何定位技术等。

本书可以作为高等院校与科研院所目标工程、摄影测量与遥感、测绘工程、地理信息系统及其他相关专业的工程技术人员、管理人员和本科生、研究生的科研、教学、学习参考书。

图书在版编目(CIP)数据

高分辨率遥感影像几何定位理论与方法/刘建辉，江刚武，王鑫编著. —武汉：华中科技大学出版社，2021.9

ISBN 978-7-5680-7403-2

Ⅰ.①高… Ⅱ.①刘… ②江… ③王… Ⅲ.①高分辨率-遥感图象-定位-研究 Ⅳ.①TP751

中国版本图书馆 CIP 数据核字(2021)第 166480 号

高分辨率遥感影像几何定位理论与方法　　　　　　刘建辉　江刚武　王　鑫　编著

Gaofenbianlü Yaogan Yingxiang Jihe Dingwei Lilun yu Fangfa

策划编辑：彭　斌　范　莹

责任编辑：朱建丽

装帧设计：原色设计

责任校对：李　琴

责任监印：周治超

出版发行：华中科技大学出版社(中国·武汉)　　　电话：(027)81321913

　　　　　武汉市东湖新技术开发区华工科技园　　　邮编：430223

录　　排：武汉市洪山区佳年华文印部

印　　刷：武汉科源印刷设计有限公司

开　　本：710mm×1000mm　1/16

印　　张：13.5　插页：2

字　　数：279 千字

版　　次：2021 年 9 月第 1 版第 1 次印刷

定　　价：78.00 元

前　言

随着航空航天技术、计算机技术、传感器技术及数据处理技术的不断进步,现代卫星遥感技术得到了前所未有的发展,高分辨率对地观测系统已成为地理空间信息获取的重要手段。国民经济和国防建设尤其是国防建设更加迫切地需要精确掌握目标的地理空间信息等特征,利用遥感影像精确地获取目标的三维信息过程不可避免会涉及遥感影像的高精度几何定位。遥感影像的高精度几何定位是进行遥感影像几何处理和获取各种地理空间信息的基础,是高分辨率遥感影像能够广泛应用的重要前提,是利用遥感影像测制各种比例尺地形图的基本保障。

近年来,我国卫星测绘工作也取得了长足发展,与国际先进水平的差距不断缩小。随着天绘一号、资源三号、高分系列等卫星的成功发射,我国高分辨率遥感卫星的发展进入全新阶段,如何提升国产遥感影像几何定位精度成为国内近几年的研究热点。遥感影像几何定位精度主要依赖于三个方面:一是遥感影像内部符合精度,即遥感影像成像质量;二是控制条件,包括星上控制和地面控制;三是几何定位解算过程中的严密性。通常情况下,在进行遥感影像高精度几何定位时,需要利用一定地面实测控制信息以解决系统误差问题,从而提高几何定位精度。但是,对于测绘困难和不易到达地区,实测控制点难以获取,因此,国内外许多专家学者致力于研究如何在不增加地面实测控制条件的情况下提升光学遥感影像几何定位精度。

在国家自然科学基金项目(批准号:40571131、40901246、41301526)的资助下,我们持续开展了高分辨率遥感影像几何处理与应用方面的研究工作,在充分研究各类传感器成像特点的基础上,构建了不同传感器遥感影像的严格成像几何模型和有理函数模型,针对直接立体定位精度不尽如人意的情况,采用姿态角系统误差检校、传感器摄影测量参数在轨几何定标、光束法区域网平差、多源辅助数据支持及总体最小二乘法等方法应用于遥感影像几何定位,分别从理论和技术的层面,提升了高分辨率遥感影像的几何定位精度,在一定程度上丰富和发展了传统的遥感影像摄影测量定位理论与技术。

全书共分为9章,详细阐述了高分辨率遥感影像几何定位理论与方法。第1章阐述了当前高分辨率遥感影像数据处理中面临的主要问题,重点整理并归纳了国内外航天领域与几何定位相关的研究现状。第2章介绍了遥感影像定位基础知识,以航天遥感传感器为平台,在实现对地面目标定位的过程中,主要涉及坐标系统及其相互转换关系,针对线阵传感器每一扫描行的外方位元素不一样的特点,构建了不同的外方位元素内插模型。第3章介绍了地理信息数据及本书采用的实验影像数据,包括携带地面平面坐标和高程坐标信息的地理数据,以及实验中采用的高分辨率遥感影像数据,如卫星平台的有效载荷及传感器基本参数、星历姿态等辅助数据及影像区域内的地面控制点的数量与分布情况等。第4章构建了高分辨率遥感影像严格成像几何模型,介绍了建立高分辨率遥感影像成像几何模型涉及的坐标系统及其相互转换关系,结合星上辅助数据,分别建立了对应的成像几何模型,针对影响卫星影像直接立体定位精度的主要误差为姿态数据的系统误差这一问题,建立了姿态系统误差检校模型,通过真实影像数据进行实验验证并得出结论。第5章系统描述了摄影测量参数在轨几何定标方法,构建了摄影测量参数的在轨几何定标模型,提出了一种利用常数模型和多项式模型对内部参数进行分段标定的方法,分别介绍了参数标定的解算方法及具体步骤,并对几何定标的方法进行了深入探讨。第6章介绍了高分辨率遥感影像光束法平差方法,根据不同的外方位元素模型分别建立了遥感影像的常规光束法平差模型,根据传感器的镜头误差及线阵CCD误差特性,构建了自检校参数模型,进一步构建了自检校光束法平差模型,并利用验前估权和验后定权的方法克服了定向参数之间的相关性问题,通过实验验证本书算法的正确性与在轨几何定标算法的有效性和必要性。第7章介绍了有理函数模型的遥感影像一般定位方法,提出了一种把立体影像匹配生成连接点的地形相关方案应用于构建有理函数模型的方法,对比分析了不同方案构建有理函数模型的优缺点,并建立了多传感器的直接立体定位模型和区域网平差模型;基于摄影测量参数在轨标定,利用不同的控制方案建立有理函数模型,从而提高有理函数模型的无地面控制点直接立体定位精度。第8章介绍了多源数据辅助的遥感影像几何定位方法,使用基准影像和数字高程模型两种地理信息数据获取辅助控制点,提高几何定位精度,分别在无实测控制点和布设少量实测控制点两种情况下,研究数量足够且分布合理的辅助控制点参与定位方法的有效性,并使用小区域基准影像辅助大幅宽遥感影像定位,给出实验结论。第9章介绍了基于总体最小二乘法的多源数据辅助遥感影像定位理论与方法,包括一般总体最小二乘法的基本概念,推导出用于有理函数模型光束法平差的总体最小二乘法,通过实验验证了该方法的可行性和有效性。第10章为结论与展望,对本书所做的主要工作进行归纳与总结,展望有待进一步研究和解决的难点和问题。

本书是作者近些年在高分辨率遥感影像几何定位领域科研和学术研究工作的总结,在撰写过程中参考、借鉴了大量国内外同行的研究成果和文献,谨在此表示诚挚的敬意与真诚的感谢。由于作者的理论学术水平有限,书中难免存在错误或疏漏之处,敬请专家同行及广大读者批评指正。

编者

2021 年 3 月

目　　录

第1章 高分辨率遥感影像几何定位技术综述

随着我国高分辨率对地观测系统的不断发展,高分辨率遥感影像已经成为地理空间信息获取的重要手段,也是测制各种比例尺地形图的基本保障。深入了解和掌握当前的研究进展和发展趋势,对系统把握高分辨率遥感影像几何定位技术具有一定的指导意义。

本章简要介绍了全书研究的背景和意义,深入阐述了当前光学遥感影像数据处理中面临的主要问题,以线阵 CCD 光学遥感影像为主要研究对象,总结和归纳针对卫星影像对地定位中涉及的成像几何模型、模拟数据的分析及卫星影像的系统误差改正、影像定向参数间相关性问题及克服方法、在轨几何定标及区域网平差、多源辅助数据支持下的遥感影像几何定位、总体最小二乘理论的遥感影像几何定位等关键技术在国内外相关研究的发展及现状。

1.1 研究背景及意义

进入 21 世纪以来,随着卫星遥感技术的不断发展,新型遥感卫星平台的相继升空,传感器的不断更新换代,一系列高分辨率卫星遥感系统不断涌现,卫星影像的空间分辨率也不断提高。典型的卫星如美国的 IKONOS 卫星、QuickBird 卫星、WorldView 卫星,法国的 SPOT5 卫星、SPOT6 卫星和 SPOT7 卫星及 Pleiades 卫星,印度的 IRS-P5 卫星、IRS-P6 卫星,日本的 ALOS 卫星,韩国的 KOMPSAT-2 卫星,我国相继发射的天绘一号卫星、资源三号卫星及高分一号卫星等,使得高分辨率卫星影像已经成为人类获取高精度地理参考信息的重要数据源。高分辨率卫星的几何定位和立体测绘性能也一直是国内外研究的热点之一。

国外大多数光学遥感卫星均搭载有高精度导航定位、定姿和时间测量等系统,因此能够精确地提供传感器在成像时刻的外方位元素,从而获取较高的无地面控制点定位精度。美国的 IKONOS 卫星搭载有高精度的三轴姿态稳定系统,在仅利用星上设备观测信息的条件下,无地面控制点定位精度便能达到平面精度 12 m,高程精度 10 m,有地面控制点参与时能够达到平面精度 2 m,高程精度 3 m 的水平,能够满足 1∶25000 甚至更大比例尺的地图测图任务。WorldView 系列卫星作为全球第一批采用控制力矩陀螺技术的商业卫星,使得该系列卫星具备较高的地理定位精度,在无地面控制点条件下,WorldView-1 卫星的平面定位精度能够达到 7.6 m(CE90),

WorldView-2 卫星的能够达到 6.5 m(CE90)。法国的 SPOT-5 卫星采用了 DORIS 定轨技术和姿态跟踪测算调整技术测定卫星的飞行轨道参数及姿态,使得高分辨率立体成像装置 HRS 的无地面控制点定位精度达到 10～15 m,高分辨率几何装置 HRG 无地面控制点定位精度优于 50m,SPOT 系列卫星的后续卫星 Pleiades-1 和 Pleiades-2 卫星,无地面控制点定位精度更是优于 3 m。日本的 ALOS 卫星定姿精度达到在轨处理 1.08″,地面后处理 0.5″ 的水平,在高精度姿轨测量的基础上,无地面控制点定位精度能够达到平面精度 15 m,高程精度 6 m,有地面控制点定位能够达到平面精度 5 m,高程精度约为 4 m。

　　由此可见,决定卫星影像直接立体定位精度的关键取决于星上位置姿态数据的测量精度。在西方发达国家,定轨定姿系统较为先进,不依赖地面控制点的直接对地目标定位已经取得了重要的成效。然而由于我国在星载姿态测量装置、定轨技术及数据处理技术等方面相对落后,尤其是定姿精度与国外相差一个数量级,在无地面控制点定位情况下,遥感影像对地目标定位精度与国外水平相差很大。针对当前国产遥感卫星定轨定姿的精度问题,王任享院士指出:如果卫星星上获取的外方位元素可靠且精度很高,那么无地面控制点摄影测量问题将变得非常简单。发达国家可以采用性能优良的星敏感器(简称)来测定传感器姿态,且星敏测定误差能够达到高频优于 1″,低频至多为 8″,即使经过长时间飞行也不会产生"慢漂"误差。完成星地相机在轨标定后,可以得到良好的无地面控制点摄影测量成果。而对于发展中国家,由于高精度的星敏定姿系统被限制销售,而只能采用等级较低的星敏,且高频误差仅能保持在 2″ 左右,同时还可能存在较大的低频误差。此外,在长期的在轨运行过程中,还可能存在量值更大的"慢漂"误差,误差数量级甚至可达数角分,在这种情况下,要获取理想的无地面控制点定位精度难度很大。

　　进入 21 世纪以来,我国在对地观测系统的建设中已经取得了明显的成果,天绘一号卫星及资源三号卫星的成功发射和运行,使我国获取了大量的高分辨率遥感卫星数据,进而使我国对地观测数据长期依赖国外的局面得到了一定程度的缓解,并且在影像分辨率等关键技术指标上已跨入国际先进行列,在国防及国民经济建设等领域具有广阔的应用前景。但是国产卫星在传感器姿态、轨道确定与控制及星上数据处理技术等方面与国外同时期同类卫星相比尚存在差距,尤其是姿态确定和控制精度与国外相差一个数量级,仍处于一个"以软补硬"的处理阶段,只能依靠地面后处理和控制点来提高定位精度,因此在无地面控制点或稀疏控制点情况下,遥感影像对地目标定位精度不尽如人意。

　　此外,对传感器核心参数的保护及传感器成像方式的逐渐多样化,与严格成像几何模型相对应,通用成像几何模型便应运而生。通用成像几何模型建立在严格成像几何模型的基础上,可以很好地实现对传感器参数的隐藏,而且在进行软件设计时可采用统一的模型进行几何处理,极大地降低了程序设计的复杂程度,更易于软件的维护和更新。在需要对多源遥感数据进行同时处理时，通用成像几何模型则更能体现出其简单实用的优势，且能够取得与严格成像几何模型相当的几何定位精度。因此，也逐渐成为广大影像供应商提供给用户影像数据的主要方式。

1.2　国内外研究现状

本书以线阵 CCD 光学遥感影像为主要研究对象。下面主要介绍卫星影像对地定位中涉及的遥感成像几何模型、基于模拟数据的分析及卫星影像的系统误差改正、影像定向参数间相关性问题及克服方法、遥感影像在轨几何定标及光束法区域网平差这四个关键技术在国内外相关研究的发展及现状。

1.2.1　遥感成像几何模型

遥感影像的严格成像几何模型与传感器物理特性紧密相关，又因传感器类型不同而形式各异，并涉及各种空间坐标系间的相互转化，是进行一系列摄影测量几何处理的基础，但由于其理论上的严密，又是构建通用成像几何模型的基础，并且能够达到很高的几何处理精度，也一直被人们广泛关注。

Toutin 将整个卫星影像获取过程中的误差源分为两类，即观测误差（如平台、传感器和测量设备等）和被观测误差（如地球、大气和地图投影等），对通用成像几何模型和严格成像几何模型进行了详细总结，介绍了几何处理中涉及的算法、方法和流程，由于物理模型真实反映了成像几何关系并集成影像信息的各种畸变误差，因此严格成像几何模型历来是用于科学研究的重要选择，在允许的情况下应当优先考虑。

Kratky 将摄影测量中的共线条件方程与传感器外方位元素模型相结合建立影像的几何关系模型。该模型通过将地理经度和地球自转改正相结合来描述地球自转运动对卫星摄影的影响，同时通过轨道线性改正的方法描述地球重力场摄动的影响。这一模型被成功用于商业软件 SPOTCHECK＋和 MOMS 影像的处理，取得了比较好的结果。

Westin 建立了融合卫星轨道参数和传感器姿态的共线条件方程的模型，并利用最小二乘（least squares，LS）法进行求解。该模型将卫星轨道参数和传感器姿态表示为时间的多项式函数，通过各个坐标系统的旋转矩阵关系，建立简单的共线条件方程。实验验证该模型仅用少量地面控制点就可以调整卫星轨道参数，并使影像定位精度达到子像素数量级。

Radhadevi 在 Westin 研究的基础上，建立了一种能够精确地将像方空间转换到物方空间的数学模型，该模型仅利用单个地面控制点便能够确定影像的外方位元素。该模型采用高阶多项式描述随扫描时间变化的卫星姿态角特征，基于共线条件方程和已知的地球椭球数据，通过最小二乘法恢复卫星摄影时刻的位置信息。

Weser 利用三次样条函数对卫星的星历姿态数据进行插值,建立了一种具有适用较广的推扫式传感器成像几何模型,并利用 QuickBird、SPOT5、ALOS PRISM 卫星进行实验验证,证明对位置和姿态数据进行补偿后,定位精度能达到甚至超过 1 个像元。

Kim 介绍了两种物理传感器模型,即经典的"线-角"模型(18 个定向参数)和严格的"轨道-姿态"模型(27 个定向参数),并利用 Kompsat-1 影像数据从光束法平差和定向精度两方面进行实验验证,结果表明两种模型在平差精度上表现相当,均可用于测图,而"轨道-姿态"模型在定向精度上表现更佳。

邵巨良针对线阵卫星传感器,总结了几种常用的外方位元素模型,主要有适用于 SPOT5 卫星的 Kratky 模型、Bingo 模型,适用于 MOMS-02 卫星的二次函数模型和拉格朗日多项式模型,并利用 MOMS 真实影像数据进行了实验验证,取得了平面约 10 m,高程优于 10 m 的定位精度。

姜挺等人以德国 MOMS-02 数据为基础,通过影像外部定向和数字影像匹配的方法,研究了新的解算模型,实现了影像 DEM 的自动生成,高程精度达到 5.27 m,对应 0.4 个像元。

许妙忠讨论了日本 ALOS 卫星的成像特点,构建了成像几何模型,在此基础上,利用嵩山定标场数据,通过光束法区域网平差的方法对卫星成像的几何精度进行了相关实验,并检测了不同地形条件下生成的 DEM 精度,取得了较好的实验效果。

唐新明构建了资源三号卫星的成像几何模型,详细介绍了虚拟线阵 CCD 这一成像技术,在建立有理函数模型的条件下,通过平差实验证实在仅有四角点参与的控制方案下,有理函数模型便能够取得平面精度 3 m,高程精度 2 m 的定位精度,与国外同等分辨率情况下商业卫星的几何精度相当。

利用虚拟线阵 CCD 成像技术,构建资源三号卫星成像几何模型,通过有理函数模型平差实验证明在采取四角布控的方案下,能够取得平面 3 m,高程 2 m 的定位精度,达到了国外同等分辨率情况下商业卫星的几何精度。

余俊鹏针对传统三线阵相机摄影测量应用中未顾及三线阵相机固有的内部关联这一问题,提出了一种新的相机定向模型,即以下视相机为基准相机,将前后视相机相对于下视相机的偏移大小及相对旋转角描述的共 18 个定向参数一并纳入整个定向体系,求得的定向参数不仅能够描述相机间的安装关系,又能表示各相机的外方位元素,这一方法为三线阵影像的几何处理提供了新的思路。

严格成像几何模型理论严密、解算精度高,但它与传感器的物理特性紧密相关,因此不同类型的传感器可能会对应不同的严格成像几何模型。另外,对线阵传感器来讲,定向参数间不可避免的相关性问题常常导致最小二乘法不能稳定答解,影响定向定位的精度,处理起来难度较大。通用成像几何模型通过一个数学表达式来建立像点与对应地面点之间的几何关系,比如多项式模型、直接线性变换模型及有理函数模型,其中以有理函数模型应用最为广泛,且被证明能够获取与严格成像几何模型相当的几何处理精度。有理函数模型也以其独立于严格成像几何模型、拟合精度高及内插性能好等优点而得到广泛应用,现已成为多数高分辨率卫星的标准产品形式。

C. V. Tao 和 Y. Hu 分别针对有理函数模型中所涉及的控制点分布对精度的影响、正解与反解数学形式、误差传递、直接立体定位等内容进行了深入研究。Fraser 和 Hanley 研究了基于有理函数模型的高分辨率卫星影像的误差补偿定向模型,通过对山区地形的 IKONOS 卫星和 QuickBird 卫星影像进行相关实验,得出的带误差补偿的 RPC 参数的光束法区域网平差能够取得与严格几何模型精度相当的结论。Grodecki 和 Dial 以 IKONOS 卫星影像为例,在误差补偿模型的基础上,提出了基于有理函数模型的区域网平差模型,同样证明了有理函数模型能够达到与严格成像几何模型同样的几何处理精度。

张永生和刘军等人对传感器成像几何模型的相关理论及应用进行了系统的研究与分析,主要包括线阵 CCD 传感器严格成像几何模型和有理函数模型在航空航天摄影测量重建领域中的应用,并提出了利用有理函数模型进行影像直接立体定位的算法。

张过深入研究了 RPC 参数的解算方法,并提出了一种在全球 DEM 支持下、无须初值、无须迭代的 RPC 参数求解方法,详细对比了虚拟格网和物方高程的划分对 RPC 参数在拟合精度和解算效率方面的影响。此外,还利用资源三号卫星影像数据,构建了系统几何校正产品的 RPC 模型,并提出了三维几何模型的概念,通过实验评价 RPC 参数的求解精度和有理函数模型的定向精度。

袁修孝等人针对 RPC 参数个数较多容易导致传统最小二乘法不能稳定答解这一问题,提出一种基于岭估计的 RPC 参数求解方法,实验证明该方法能够很好改善法方程状态,从而保证解的稳定性,该方法目前也被广泛使用。此外,通过对 RPC 参数间复共线性的分析与研究,提出了一种 RPC 参数的优选策略,该方法既保证了求解的精度又减少了求解 RPC 参数对控制点数量的依赖,具有十分重要的意义。

曹金山提出了一种基于虚拟格网的系统误差补偿方法,利用不同数量地面控制点解算像方仿射变换参数,重新求解 RPC 参数,实现了对 RPC 参数的精化。

张永军针对建立有理函数模型过程中的过参数化问题,提出了一种利用离差阵消除残余系统误差的解决方案,实验证明该方法能够获得无偏的最小二乘解算结果,其稳定性也优于岭估计。

付勇针对天绘一号卫星的有理函数模型,利用多个测区的样本数据和 GPS 控制点,进行了无地面控制点、不同地面控制点条件下的定位精度检测。实验结果表明:无地面控制点情况下的平面精度优于 10 m,高程精度优于 6 m,有地面控制点参与情况下,检查点平面和高程精度分别优于 9 m 和 3 m,完全能够满足 1∶50000 比例尺测图指标要求。潘红播等人利用资源三号卫星实验区数据验证了 RFM 替代精度优于1‰像元,在无地面控制点情况下,资源三号卫星直接立体定位精度优于15 m,在地面控制点情况下,平面精度优于3 m,高程精度优于2 m。

1.2.2 基于模拟数据的分析及卫星影像的系统误差改正

我国在对卫星摄影测量领域的研究起步较晚,由于缺乏真实卫星数据,早期的研究主要是通过模拟数据进行相关理论分析与研究的。模拟数据对卫星影像定位精度估算,内外方位元素在定位过程中的误差传播规律、卫星平台的姿态稳定度要求及传感器载荷设计等方面均能提供很好的理论参考。

王任享将等效框幅相片(equivalent frame photo,EFP)的概念引入卫星摄影测量,即依据CCD影像生成EFP对应的像点坐标,然后通过建立空中三角网答解对应EFP时刻的外方位元素,其他时刻的外方位元素从已求出的EFP时刻的外方位元素间按照一定的插值算法求得。利用EFP法的平差结果与直接进行前方交会求得的高程精度相比较,发现即便外方位元素能够达到很高的精度,进行光束法平差的高程精度仍优于直接进行前方交会时的高程精度,这证明了进行光束法平差的必要性。

邱志成将计算机仿真技术引入摄影测量误差分析中,针对画幅式影像构建了误差传播仿真系统,对航空影像和卫星影像在定位过程中的误差传播规律进行了深入的分析与研究。程春泉在不同成像条件下,利用模拟数据分析了外方位元素相关性的补偿残差规律,并通过真实数据对相关结论进行验证,提供了一种新的误差定量分析工具。针对航天遥感中内外方位元素误差,余俊鹏对目标定位精度的影响进行了模拟实验验证,为卫星姿控及相机载荷方提供了参考。

王建荣从摄影测量原理出发,根据低频正余弦曲线生成外方位元素,利用正射影像及对应DEM数据,对三线阵卫星影像进行模拟,并利用Apollo影像数据验证了模拟方法的正确性和可行性。此外,通过空间前方交会的方法,推导了摄站位置精度和姿态测量精度对定位精度的影响,并给出了实现1:50000比例尺测图的解决方案,详细分析了严格成像几何模型中对姿态稳定度的要求和成像范围大小对有理函数模型精度的影响。

众所周知,影响卫星影像定位精度的因素较多,如传感器位置和姿态的测量误差、各类传感器与卫星本体之间的安装误差、模型处理误差等,这些因素的综合作用导致了卫星影像的直接立体定位误差,而要从这个综合误差中分解各个因素误差,其难度是相当大的。

徐建艳综合将这些因素归结为一个正交的偏移矩阵进行描述,通过CBERS卫星数据证明,引入该矩阵能够显著提高卫星影像的几何定位精度。该方法并没有考虑偏置角的具体物理意义,仅仅求解了数学意义上的正交矩阵。鉴于此,张过分析了偏置矩阵中三个角度的严格物理意义,并提出了一种分别求解偏置角的计算方法,利用资源二号卫星验证了方法的正确性和有效性。

针对 SPOT5 卫星辅助数据,燕琴进行解析并对其测绘能力进行了深入研究。张永军、姬渊等人采用少量地面控制点对 SPOT5 卫星遥感影像进行纠正,能够取得较好的目标定位精度,且能够用于影像的外推定位,验证 SPOT5 卫星轨道运行具有较好的平稳性。

袁修孝首先利用 SPOT5 卫星和 QuickBird 卫星两组影像数据,验证姿态角常差的存在,基于此提出了姿态角常差检校模型并详细介绍了具体解算方法,结果表明,该方法所需控制点数量少,仅采用单个控制点便能达到平面 4 个像素的纠正精度,具有较好的实用性。但是该方法并不能反映卫星姿态角的变化规律,鉴于此,袁修孝又提出了一种姿态角系统误差的检校方法,将系统误差描述为随时间变化的一次或二次函数,利用四角加中心的控制点方案进行答解,结果表明该方法较常差检校模型能够进一步提升卫星影像的几何定位精度。

袁修孝在卫星扫描过程中顾及阵列 CCD 侧视角的匀速变化,在此基础上,改进了严格成像几何模型,提高了在高程方向上的定位精度,证明进行卫星成像几何处理时考虑阵列 CCD 侧视角变化的必要性。

闫利和胡文元提出了利用视线向量修正进行 SPOT5 卫星和资源三号卫星的直接立体定位的方法,该方法避免了直接修正卫星姿轨参数,而是从探元指向角出发,利用视线向量消除卫星姿态参数系统误差的影响,将 SPOT5 卫星直接立体定位精度提高到 1.5~2 像素的水平,资源三号提高到 3 m 以内的水平。

范大昭构建了 ALOS PRISM 影像的严格几何模型,针对直接利用星上辅助数据直接立体定位精度较差且存在固定系统误差这一问题,利用 1~2 个地面控制点对 CCD 侧视角进行修正,修正后精度得到显著提高并达到 ALOS 卫星的标称精度。刘楚斌和雷蓉针对 ALOS PRISM 影像分别进行了姿态角常差检校实验和星上姿态测量设备的系统误差分析,均取得了较理想的实验结果。

1.2.3　影像定向参数间相关性问题及克服方法

在利用地面控制点通过常规最小二乘法进行空间后方交会解算外方位元素时,常与真值存在较大差异,但在利用解算得到的外方位进行对地定位时,其误差却很小。造成这种现象的原因是卫星摄影的小视场角导致的外方位元素间的强相关补偿了它们对定位精度的影响,一种元素的误差影响被另一种元素削减。这就是定向参数间的相关性问题,该问题历来受到相关学者的普遍关注,如何克服参数间的相关性,实现稳定有效的解算直接关系到几何定位精度和成图精度。

针对如何克服或削弱定向参数间的相关性问题,相关学者也做了大量的分析与研究,主要有:线角分求法,即将线元素和角元素分为两组,分别建立误差方程,两组方程交替迭代直至收敛得到稳定解;岭估计,是一种有偏估计,分为狭义岭估计和广义岭估计,从减少均方误差出发,对法方程进行必要处理,进而改善法方程状态,其关键问题在于确定岭参数的值,如 L 曲线法、广义交叉核实法和岭迹法等;谱修正法是一种最优的估计,同时又避免了参数的选择。

正则化方法能够将严重病态的问题转换为病态性较轻或良性的问题,降低病态性后进行参数的答解,其中最著名的正则化方法是 Tikhonov 正则化方法,其核心是选择合适的稳定泛函和正则化参数。两步解法是在 Tikhonov 正则方法上提出的一种新方法,且实验证明该方法优于最小二乘估计和岭估计。

袁修孝在迭代平差过程中通过对各类观测值进行验后定权的估计,以此对下次迭代中的权值进行修正,待迭代收敛时,自检校参数和其他未知参数的权便可被唯一确定了。针对卫星影像定向参数相关性较强的问题,余俊鹏在光束法区域网平差增设虚拟误差方程方法中的权的赋值进行了比较深入的研究和实验验证。

1.2.4　卫星影像在轨几何定标及光束法区域网平差

二十世纪八九十年代,Okamoto 建立了卫星影像成像几何模型的仿射变换模型,同时相关学者开始了对三线阵卫星摄影测量的研究,著名的是 Hofmann 提出的定向片法和 Konecny 提出的方法在德国 MOMS(modular optoelectronic multispectral/scanner)工程的成功应用,MOMS-2P 相机的几何检校分为实验室检校和在轨检校两部分,Kornus 和 Ebner 等人对实验室检校的设备、流程进行了详细说明。对于在轨几何检校,每个阵列 CCD 的内方位一般引入 5 个参数来建模,同时利用定向片描述外方位进行光束法区域网平差,标定传感器参数的变化。

Breton E 和 Bouillon A 对 SPOT5 卫星发射前的实验室检校和在轨检校做了详细的研究,通过分布在世界上不同地区的 21 个几何检校场,对传感器进行标定,利用地面控制点进行外定向,并利用精确的航空影像做参考对光学镜头畸变和 HRS 两个相机的相对方位进行标定,即内定向,然后对每个探元的指向角进行更新,经过标定,使 SPOT5 卫星影像直接立体定位精度优于 15 m。

Poli 利用扩展共线条件方程建立了适合单镜头和多镜头传感器的严格成像几何模型,采用线性误差模型和二次分段多项式函数模型描述传感器的位置和姿态变化特征,并在分段连接处顾及光滑连续的约束条件,对约束条件增设虚拟观测方程进行光束法平差,顾及镜头畸变、像主点偏移、焦距变化和 CCD 在焦平面上的旋转等误差源而造成的像点坐标误差,构建了综合各种误差因素的附加参数模型,用于进行自检校光束法区域网平差。对 MOMS-2P、SPOT5 HRS、MISR 等传感器进行相关实验验证。

Kocaman 在 Poli 研究卫星影像定向的基础上,增加了对航空影像传感器模型的研究,同时构建了直接立体定位模型(direct georeferencing,DGR)和拉格朗日插值模型(Lagrange interpolation model,LIM)描述传感器外方位的变化特征,并将其作为带权观测值引入平差系统,结合建立的线阵 CCD 附加参数模型,针对航空传感器

StartImager 与 ADS40 和航天传感器 ALOS PRISM 开展光束法平差实验,影像的定位精度得到显著提高。

王建荣和杨俊峰等人对航天相机的动态检定进行了相关分析与研究,通过空间后方交会的方法对相机内方位元素和星地相机夹角进行标定,利用模拟数据对三线阵 CCD 相机进行了标定,并通过增设虚拟误差方程来避免参数相关性带来的影响,实验结果验证了模型的正确性。随后,针对航天画幅式相机,提出基于空间后方交会的方法实现对内方位元素的动态检测,并利用模拟数据和真实数据进行了实验验证。

刘楚斌以多种类型卫星传感器所获取的高分辨率影像数据为基础,对高分辨率遥感卫星几何定标过程中涉及的一系列理论和技术问题进行了深入、系统的研究,重点探讨严格几何模型的构建、控制数据的高精度快速提取和自检校区域网平差方案的设计。雷蓉以星载线阵传感器所获取的高分辨率数字影像资料为基础,对星载线阵传感器在轨几何定标的理论和技术问题进行系统研究,深入研究了基于自检校区域网平差技术的星载线阵传感器几何定标方法。王涛对传感器实验场定标的理论、方法、设施和技术体系进行了深入研究,重点突破了实验场定标的一系列关键技术。在集成传感器定向涉及的关键技术和摄影测量参数的动态检测方面,贾博和余岸竹结合不同遥感影像数据并展开深入研究,取得了较好的实验效果。

李德仁等人针对资源三号卫星,将检校参数分为内部参数和外部参数两类进行标定,内部参数即每个探元在相机坐标系的指向角,外部参数通过一个正交旋转矩阵对相机外部系统误差统一表示,使得资源三号卫星无控制点定位精度优于 15 m,在少量控制点的情况下,可以达到平面 4 m,高程 3 m 的精度。

张永军提出了一种新的采用多轨数据联合平差进行几何粗检校的方法,即首先检校相机在卫星本体下的三个旋转角,后对 CCD 在焦平面内的安置误差进行检校,该检校流程使资源三号卫星直接立体定位能力明显提高,且该模型已成功应用于资源卫星应用中心地面数据处理系统。

谌一夫通过研究和分析资源三号卫星的成像特性和姿轨数据,将单片阵列 CCD 上的各种畸变因素归结为一个二次多项式,在进行外部定向时,提出一种逐点带权多项式的方法,通过模拟数据进行在轨几何定标实验。结果表明该方法能够有效降低参数间的相关性,从而使得定标结果更为稳定和可靠。

蒋永华以资源三号卫星为例,提出了用于在轨几何检校的严格成像几何模型,将偏置矩阵用于修正实际视线向量和理想视线向量的偏差,并建立了多线阵描述的内方位元素模型,通过多个地面检校场数据对检校方案进行验证,取得了理想的实验效果。

曹金山针对资源三号卫星,提出了一种用于在轨几何定标的探元指向角法,将外定标参数和内定标参数误差对定位精度的综合误差转化为星敏坐标系下的探元指向角误差,并以三次多项式描述各探元的指向角变化规律,利用少量地面控制点,无须迭代就可进行直接求解。结果表明,该方法能够显著提高遥感影像直接立体定位精度,并能够成功应用于影像外推定位。

王任享院士长期致力于无地面控制点卫星摄影测量方面的研究,在 1981 年就提出了 EFP 光束法平差的思想,希望推扫式成像的动态摄影也具有框幅相片的空中三角测量性能,方便解决无控制目标定位问题,但在模拟计算中发现 EFP 法也存在类似定向片法那样带有起伏性的系统误差。因此在 2003 年,王任享院士创立了线阵-面阵 CCD 混合配置(line-matrix CCD array,LMCCD)相机的设计思想,起初的建议是在正视线阵 CCD 上下两端的右侧各安置一个小面阵 CCD,最终采用的是在正视阵列的上下两端各附加一个 128×128 大小的面阵 CCD,在卫星进行摄影时一并记录小面阵影像,采用 EFP 光束法平差,通过 MOMS-02/D2 等多方面模拟数据的计算,证明了 LMCCD 相机进行卫星摄影测量的效能,这一结论也有力地支持了天绘一号卫星在 2006 年的立项。

随着 2010 年天绘一号卫星的成功发射,针对相机的在轨几何定标、EFP 多功能光束法平差、角元素低频误差补偿和偏流角效应的影响等方面,王任享院士进行了大量的实验研究,结果表明,天绘一号卫星的无地面控制点定位精度能够达到平面精度 10.3 m,高程精度 5.7 m,这说明采用 LMCCD 相机进行 EFP 法平差能够有效抵御姿态变化率对平差结果的影响,该定位精度与美国 SRTM 的精度相当。这一结果也再一次证实了选用 LMCCD 相机进行无地面控制点卫星摄影测量的重要性和必要性。

李晶等人对天绘一号卫星采用 EFP 光束法空中三角测量进行几何定标,待标定的参数主要有:3 个主点坐标(6 个参数)、3 个相机的主距改正数和星地相机的 3 个角元素变换参数的改正数,共计 12 个参数,其中独立参数个数为 11 个,再利用小面阵相机数据绝对定向 7 个未知数,共求解 18 个几何定标参数,通过实验验证了定标方法的正确性。

张永军在没有小面阵相机参与的情况下,针对天绘一号卫星三线阵 CCD 影像进行了相关研究,分别采用 3 种平差模型和 5 种不同控制点布设方案,对轨道长度超过 1000 km 的三线阵数据进行整体区域网平差,得出的结论为定向片模型的平差效果最好,当只有 4 个控制点参与时,高程方向呈现波浪状残差分布,当有 8 个控制点时,高程误差为 5.7 m,这种情况下才能够达到天绘工程指标,这一结论也验证了采用 LMCCD 相机是实现无地面控制点定位高程精度达到 6 m 的重要环节。

张剑清采用 8 个仿射变换系数和 1 个倾斜角度,经过平行光投影的三步变换,推导得到一种新的严格成像几何模型,通过 IKONOS 卫星数据进行实验,该模型区域网平差精度能够达到 1 个像素,并且不再依赖于 RPC 参数。

李德仁和张力等人在稀少控制点支持的条件下,针对 SPOT5 卫星影像的多个区域,进行了有理函数模型的区域网平差实验,结果表明,对于大范围区域内 SPOT5 卫星的立体影像,只需少量地面控制点参与平差即可达到我国 1∶50000 地形图测绘的指标要求。

程春泉针对长条带卫星影像,构建了用于卫星影像定位的轨道和姿态修正模型,在此基础上研究了在地球自转中偏流角的产生及其影响,并给出了合适的处理方案。通过 4 对 SPOT5 HRS 影像区域网联合平差,在稀少控制点条件下,检查点定位精度能够达到 8.09 m,为长条带卫星影像几何处理提供了参考依据。

袁修孝针对中巴资源一号星上观测设备存在较大系统误差这一特点,首先利用 4 个地面控制点对其进行姿态角常差的检校,然后依据地形无关的控制方案解算 RPC 参数,最后进行像方仿射变换描述的有理函数模型区域网平差,最终使得资源一号卫星平面和高程方向定位精度均达到 3 个像素左右,这一结果几乎达到与国外同等分辨率卫星影像的定位精度。

张过针对资源三号提供的约 600 km 的长条带影像,利用基于像方的仿射变换模型进行区域网平差,用于改正轨道误差、姿态误差及其他未知因素误差的影响,采用周边布设控制方案能够达到平面 2.5 m,高程 1.6 m 的平差精度。此外,针对标准景影像,利用轨道约束条件进行有理函数模型区域网平差,能够取得更高的平面和高程方向定位精度。

汪韬阳将 DEM 数据作为高程约束条件,提出了一种平面区域网平差的方法,在 1 : 50000 DEM 的支持下,平面平差能够达到与三视立体平差相当的平面定位精度,减少了控制点数量的要求,同时保证了纠正后影像镶嵌的几何精度,验证了该方法的有效性和可行性。

综上所述,可以看出,国外针对遥感影像的几何处理起步较早,星上搭载的观测设备测量精度较高,可以获取较高的无地面控制点定位精度。相比较而言,我国在卫星摄影测量方面尤其是测绘卫星方面的研制起步较晚,在卫星性能、星系运作及地面关键技术处理等方面与国际先进水平还存在一定差距,早期的研究也仅停留在对模拟数据的验证和少数国际主流卫星的研究层面,但随着近几年我国自主研制高分辨率卫星的相继升空,这一状况已得到极大缓解,并且国内高分辨率卫星测绘性能的研究也成为一大热点。因此,深入研究当前卫星传感器的几何特性,并借鉴国际上先进的理论和技术,探索一套适合我国遥感卫星的摄影测量定位理论与体系,实现卫星影像的高精度对地定位,为我国高分辨率对地观测系统的稳步推进与发展提供一定的技术参考,这正是本书的研究意义所在。

1.2.5　多源数据辅助目标定位

在遥感影像几何定位中系统误差问题需要用到地面实测控制数据来解决。在地面实测控制数据不足的情况下,可以考虑利用已有的多源数据辅助定位,包括高精度影像数据和数字高程模型数据。近几年关于这方面的研究成果有很多,对于不同的数据,学者们提出了不同的辅助方法,这些方法大致可以分为以下几种。

第一种是利用 DEM 作为高程约束条件进行区域网平差。

汪韬阳等人针对弱交会条件下有理函数模型区域网平差无法正确求解的问题，提出利用 DEM 数据作为高程约束条件的平面区域网平差方法，在平差迭代过程中仅求解地面的平面坐标，高程数据在 DEM 数据中内插得到。刘楚斌等人利用 SRTM DEM 数据修正直接立体定位后的高程数据以进行区域网平差。周平等人提出一种在无地面控制点条件下利用 SRTM DEM 数据作为高程约束的立体区域网平差方法，在实验区域内匹配密集连接点，并在 SRTM DEM 中将内插连接点的高程数据作为平差的初值，在解算过程中确保处于平坦地区的连接点的地面高程数据严格趋近于 SRTM DEM 高程数据，该方法使得高程精度得到较大提升。这种方法仅适用 DEM 数据对高程坐标进行控制，对提升定位精度的效果有限。

第二种是利用已有 DEM 数据与遥感影像生成的 DEM 进行匹配求解变换参数校正原始影像。

Goncalves 利用遥感影像绝对定向后生成的 DEM 与 SRTM DEM 数据进行匹配，修正连接点的坐标后，将其视为控制点对原始影像进行纠正。Kim 和 Jeong 等人将遥感影像所提取的 DEM 数据与 SRTM DEM 数据进行表面匹配计算绝对定向变换参数，利用所求变换参数求解原始影像的系统误差，并利用相同方法求解出变换参数，然后直接对遥感影像所生成的 DEM 进行绝对定向，这大大提高了定位精度。陈小卫等人在求解变换参数时引入了截尾最小二乘法，解决了地形匹配中粗差的问题，求解出的变换参数用于对直接立体定位结果进行物方改正。张浩等人提出以 SRTM DEM 作为控制数据对遥感影像进行正射纠正的方法，首先利用遥感影像构建的立体像对通过密集匹配的方法生成 DEM，以 SRTM DEM 数据为基准对多个 DEM 进行独立模型法区域网平差以获得每个 DEM 的定向参数，并计算对应影像的定向参数进行正射纠正。这种方法首先利用遥感影像生成 DEM，还需要进行三维地形匹配，过程复杂且工作量很大。

第三种是利用已有高精度影像作为基准影像对原始遥感影像进行校正，对于不同的影像数据，学者们提出了不同的校正方法。

范冲等人利用 TerraSAR-X 影像作为基准影像对光学遥感影像进行校正，取得了不错的效果，指出利用 SAR 影像对光学遥感影像进行定位可行且有效。刘楚斌等人提出利用高精度商业卫星 WorldView 影像的 RPC 模型参数进行直接立体定位获取控制点作为控制数据参与区域网平差。Aguilar 等人对提出利用公开数据辅助高分辨率遥感影像几何定位的方法，利用 Google Earth 数据提取平面控制点，计算与直接立体定位得到的物方坐标的差值求得平均平移量，对影像的 RFM 参数进行改正。

地理信息数据的大量积累使得多源数据辅助定位作为遥感影像几何定位中一个新的思路逐渐得到了重视，但目前已有方法多是使用单一类型数据，对基准影像和

DEM 数据同时辅助定位的方法还并不多。

1.2.6　总体最小二乘理论用于遥感影像几何定位

经典摄影测量平差中使用的是基于高斯-马尔可夫（Gauss-Markov）模型的最小二乘法，即假设误差函数已知、非随机，仅观测向量中含有的随机误差，但实际情况是误差方程中像点观测方程的系数矩阵也由观测量构成，即含有随机误差，此时该模型并不严密。针对这种情况，由 Golub 和 Van 等人基于含误差变量（errors in variables，EIV）模型提出的总体最小二乘法受到了关注，在测量数据处理中得到了广泛的应用，对处理三维坐标转换等问题起到了很好的效果，同时也被引入摄影测量领域，用来同时处理观测量和系数矩阵中的误差。

陈义等人将总体最小二乘法用于空间后方交会的解算，获得了更加合理、更加稳定、精度更高的解。李加元等人提出了一种以重心坐标为基准的非迭代的空间后方交会算法，并引入了总体最小二乘法求解像方空间坐标对结果进行有效优化，取得了与迭代算法相当的精度。

马友青等人首次将加权总体最小二乘法用于摄影测量的相对定向算法中，实验证明了该方法求解的结果更加精确、更加稳定。

李忠美等人将"目标点到多条同名射线距离的加权平方和"作为目标函数，提出了一种基于抗差总体最小二乘估计的多像空间前方交会算法，以充分利用现有观测数据进行直接立体定位。

余岸竹等人针对遥感影像光束法平差中，像点观测方程的系数矩阵含有误差而虚拟观测方程的系数矩阵不含误差的情况下，原有加权总体最小二乘法无法直接应用的问题，推导了可处理多类虚拟观测值的用于光束法区域网平差的总体最小二乘法，取得的结果相比经典区域网平差方法更加精确、更加合理；同时，将总体最小二乘法引入基于像方系统误差补偿模型的有理函数模型定位中，也取得了不错的效果。

总的来看，总体最小二乘理论发展得比较成熟，但在遥感影像几何定位中的应用还比较少，本书所关注的适用于有理函数模型区域网平差的总体最小二乘法也没有相应的研究成果，这方面存在着很大的研究空间。

1.3　本 章 小 结

本章简要介绍了全书研究的背景和意义，深入阐述了当前光学遥感影像数据处理中面临的主要问题，分别从成像几何模型、模拟数据生成、系统误差补偿、定向参数相关性克服方法、在轨几何定标、光束法平差、多源数据辅助的目标定位及总体最小二乘理论用于遥感影像几何定位等方面，全面整理并归纳了国内外航天领域与几何定位相关的研究现状。

第 2 章　遥感影像几何定位基础知识

利用高分辨率遥感影像实现对地目标的高精度定位,涉及卫星影像的数据类型、成像方式、成像几何模型及复杂的坐标系转换等知识。本书将该部分内容定义为遥感影像几何定位的基础知识,了解并掌握该部分内容,对后续几何定位方法及精度提升具有重要作用。

本章主要内容是遥感影像定位的基础知识。首先,介绍本书中利用到的国内和国外的高分辨率传感器的基本情况及参数指标;其次,介绍以航天遥感传感器为平台,在实现对地面目标定位的过程中,主要涉及的坐标系统及其相互转换关系;最后,从高分辨率传感器多为线阵传感器这一特点出发,分析线阵传感器的成像特点,重点针对每一扫描行的外方位元素不一样这一特性,建立不同的外方位元素内插模型,为后续进行在轨几何定标和光束法区域网平差提供基础依据。

2.1　典型高分辨率卫星传感器

2.1.1　SPOT5 HRS 对地观测设备

SPOT5 卫星于 2002 年 5 月 4 日发射升空,作为 SPOT 系列的第三代卫星,SPOT5 卫星较前几颗卫星在主体载荷上进行了重大改进,SPOT5 卫星除了搭载有一台高分辨率几何装置(high-resolution geometric instrument,HRG)、植被(vegetation)探测器外,还新增了一套高分辨率立体成像装置(high-resolution stereoscopic instrument,HRS)以用于获取立体影像,HRS 使用两个相机能够实时获取同轨立体相对,这便于后续的摄影测量处理,如图 2-1 所示,该传感器的基本性能参数如表 2-1 所示。值得一提的是,SPOT5 卫星上的 HRG 由两条线阵 CCD 探测器构成,通过超分辨率成像模式,能够将获取的 5 m 分辨率的全色影像的分辨率至 2.5 m,即所谓的"亚像元技术"。

SPOT5 卫星采用星基多普勒轨道和无线电定位组合系统(Doppler orbito graphy and radio postioning integrated system by satellite,DORIS),用于获取高精度的摄站位置信息,定轨精度优于 20 cm,采用星敏感器(star tracker)和多组陀螺仪联合定姿技术来确定卫星姿态。由于采用了高精度的定轨和定姿设备,使得获取的外方位元素足够准确,无地面控制点直接立体定位精度优于 50 m。

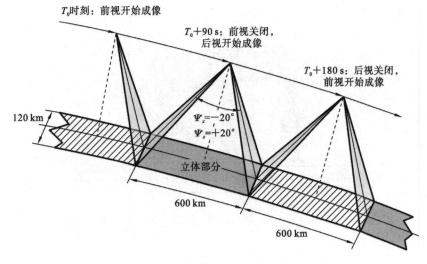

图 2-1　SPOT5 HRS 传感器成像示意图

表 2-1　SPOT5 HRS 传感器的基本性能参数

传　感　器	HRS
焦距/mm	580
像元尺寸/μm	12000×6.5
视场角/°	±4
地面分辨率/m	5(沿轨方向) 10(垂轨方向)
前视、后视与下视夹角/°	±20

2.1.2　天绘一号卫星传感器

天绘一号 01 星于 2010 年 8 月 24 日成功发射,为我国第一颗传输型立体测绘卫星,轨道高度约为 500 km,回归周期为 58 天,是一颗传统意义上的摄影测量卫星。天绘一号 02 星于 2012 年 5 月 6 日成功发射。天绘一号卫星采用先进的多载荷一体化对地观测技术,自在轨运行以来,已成功获取了国内外大量的高分辨率、三线阵及多光谱影像数据,并向多家用户提供服务,目前已广泛应用于测绘、遥感及林业等领域,具有广阔的应用前景。

天绘一号卫星不仅搭载了 GPS、星敏感器等定轨定姿设备,还搭载了多种分辨率、多用途的光学成像传感器,如高分辨率相机、LMCCD 相机和多光谱相机,使其在一次摄影周期内能够同步获取幅宽约为 60 km 的 2 m 高分辨率影像、5 m 分辨率三线阵立体影像和 10 m 分辨率的多光谱影像。天绘一号卫星的有效载荷如图 2-2 所示,其光学成像传感器的基本性能参数如表 2-2 所示。

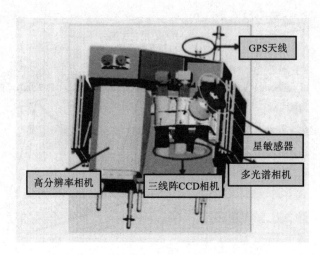

图 2-2　天绘一号卫星有效载荷示意图

表 2-2　天绘一号卫星光学成像传感器的基本性能参数

相　　机	项　　目	性 能 参 数
高分辨率相机	地面像元分辨率/m	2
	地面幅宽/km	60
	光谱范围/μm	0.51～0.73
	灰度量化级数/bits	8
三线阵CCD相机	地面像元分辨率/m	5
	地面幅宽/km	60
	光谱范围/μm	0.51～0.73
	前后视相机与正视相机夹角/(°)	±25
	基高比	1
	灰度量化级数/bits	10
多光谱相机	地面像元分辨率/m	10
	地面幅宽/km	60
	光谱范围/μm	0.43～0.52
		0.52～0.61
		0.61～0.69
		0.73～0.90
	灰度量化级数/bits	8

2.1.3　资源三号卫星三线阵传感器

资源三号卫星于 2012 年 1 月 9 日在太原卫星发射中心成功发射,是我国第一颗民用高分辨率立体测图卫星,轨道高度约为 500 km,回归周期为 59 天,如图 2-3 所示。资源三号卫星集立体测绘和资源调查功能于一体,能够快速、稳定、长期地获取全球高分辨率立体影像和多光谱影像,并能够生产 1∶50000 比例尺的基础地理产品,修测或更新 1∶25000 甚至更大比例尺地形图。

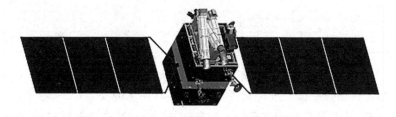

图 2-3　资源三号卫星有效载荷示意图

资源三号卫星采用的是我国资源系列卫星使用的大卫星平台,其卫星平台的主要参数如表 2-3 所示。星上搭载有 4 台光学相机,包括 3 台全色相机(主要用于三线阵的立体测图)和 1 台包含红、绿、蓝和红外 4 个波段的多光谱相机(主要用于全色影像融合和地物判读或解译)。4 台光学相机均采用线阵推扫的方式获取影像数据。资源三号卫星采用大卫星平台,用于保证卫星寿命和成像质量。星上采用双频 GPS 接收机,用于保证定轨精度,经地面处理后,定轨精度能够达到分米甚至厘米数量级,向用户提供每秒 1 次的定轨数据。采用星敏感器和陀螺组合定姿的方法,用于精确测量卫星本体在 J2000 坐标系下的惯性姿态,以姿态四元数的形式向用户提供每秒 4 次的定姿数据。

表 2-3　资源三号卫星光学成像传感器基本性能参数

相　机	项　目	性　能　参　数
三线阵 CCD 相机	地面像元分辨率/m	正视:2.1
		前后视:3.6
	地面幅宽/km	52
	光谱范围/μm	0.5～0.8
	前后视相机与正视相机夹角/(°)	±22
	基高比	1
	灰度量化级数/bits	10
	像元尺寸/μm	正视:24576(8192×3)×7
		前后视:16384(4096×4)×10

续表

相 机	项 目	性能参数
多光谱相机	地面像元分辨率/m	5.8
	地面幅宽/km	52
	光谱范围/μm	0.45~0.52
		0.52~0.59
		0.63~0.69
		0.77~0.89
	灰度量化级数/bits	10
	像元尺寸/μm	9216(3072×3)×20

此外,为了保证成像幅宽,资源三号卫星三线阵相机采用了线阵 CCD 拼接的方案,各分片 CCD 在焦平面上进行交错安装,使其有一定的安装重叠,便于后处理时拼接成完整影像,其中前后视相机采用 4 片 TDI CCD 上下交错进行排列,相互间重叠约 28 个像元,正视相机采用 3 片 TDI CCD 品字形进行排列,相互间重叠约 23 个像元,三线阵 CCD 排列如图 2-4 所示。

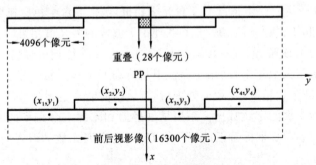

（a）资源三号前后视CCD构成

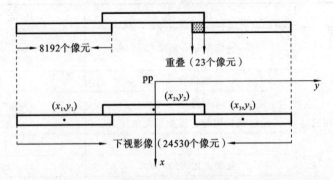

（b）资源三号下视CCD构成

图 2-4　资源三号三线阵相机 CCD 线阵示意图

2.2 目标定位中涉及的各类坐标系及其相互转换

卫星影像成像几何模型的构建通常涉及一系列坐标系及其相互转换,通过坐标系之间的转换,将像点与地面点归算到同一参考坐标系下,从而建立像点与对应地面点之间的投影关系。成像几何模型中涉及的坐标系主要有以下几种。

2.2.1 扫描坐标系

对数字影像来讲,扫描坐标(O-IJ)通常用行列号来对像元进行表示,如图 2-5 所示,该坐标系原点位于影像的左上角,即第 1 行第 1 列。若像元位于第 I 行第 J 列,则其扫描坐标可以表示为(I,J)。

2.2.2 瞬时影像坐标系

如图 2-6 所示,瞬时影像坐标系 O-xy,其原点位于每一扫描行的中心点。假设沿飞行方向为 x 轴,沿扫描方向为 y 轴,像点对应的坐标表示为($0,y$),且有 $y=(J-J_{cen}) * \text{pixelsize}$,$J$ 和 J_{cen} 为像点和像主点在该扫描行上的列坐标,pixelsize 为像元尺寸。

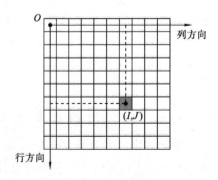

图 2-5 扫描坐标系

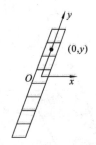

图 2-6 瞬时影像坐标系

2.2.3 传感器坐标系

如图 2-7 所示,传感器坐标系 O_c-$X_cY_cZ_c$,也称为相机坐标系,其原点位于传感器的投影中心,X_c 轴和 Y_c 轴分别与瞬时影像坐标系的 x 轴和 y 轴平行,Z_c 轴按右手法则定义,像点在该坐标系下的坐标可以表示为($x,y,-f$),f 为传感器的主距。

2.2.4 本体坐标系

如图 2-8 所示,卫星本体坐标系 O_B-$X_BY_BZ_B$ 的坐标原点位于卫星质心,X_B 轴大致与卫星飞行方向一致，Y_B 轴与卫星横轴方向一致，Z_B 轴按照右手法则进行确定。

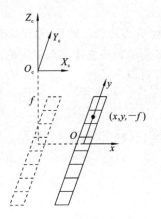

图 2-7　传感器坐标系

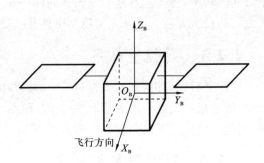

图 2-8　本体坐标系

2.2.5　轨道坐标系

如图 2-9 所示，轨道坐标系 $O_O\text{-}X_OY_OZ_O$ 的坐标原点与本体坐标系原点一致，位于卫星本体的质心处，Z_O 轴由地心指向卫星质心向外，X_O 轴在卫星轨道面内与卫星飞行方向一致，Y_O 轴由右手法则确定并垂直于轨道面，且该坐标系是随卫星运行而实时变化的。

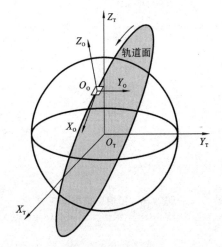

图 2-9　轨道坐标系

2.2.6　空间固定参考坐标系

空间固定参考坐标系（conventional inertial system，CIS）$O\text{-}XYZ$ 简称为空固系，坐标系原点 O 位于地球质心，Z 轴指向天球北极的方向，X 轴指向春分点方向，Y 轴垂直于 XOZ 平面构成右手直角坐标系，如图 2-10 所示。由于地球的公转导致北极点和春分点经常变化，相关国际组织规定以某一时刻的北极点和春分点为基准，并建立空固系，目前采用的大多为 1984 年启用的协议天球坐标系 J2000。

2.2.7　地心地固坐标系

地心地固坐标系 $O_T\text{-}X_TY_TZ_T$ 简称地固系，又称为协议地球坐标系（conventional terrestrial system,CTS),如图 2-11 所示,其原点 O_T 位于地球质心,Z_T 轴指向国际协议原点,此时地球赤道面成为平赤道面,X_T 轴由原点指向格林尼治子午面与平赤道面的交点,Y_T 轴由右手法则确定,位于平赤道面内。该坐标系常用来描述地面点坐标和卫星的位置等信息。国际上的 WGS84 坐标系和 CGCS2000(China Geodetic Coordinate System 2000)坐标系与国际地球参考框架(international terrestrial reference frame,ITRF)同属一参考框架,其坐标吻合精度为厘米数量级,因此在厘米数量级上,可以忽略 WGS84 与 CGCS2000 与 ITRF 的坐标差异。

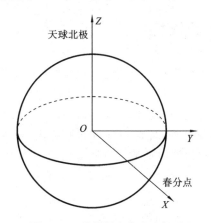

图 2-10　空间固定参考坐标系

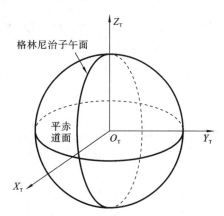

图 2-11　地心地固坐标系

2.2.8　高程系统

地面点高程为沿该点的基准线至基准面的距离,因此求空间中一点的高程数据首先要确定所使用的基准面和基准线。常用的高程系统包括正高系统、正常高系统、大地高系统、力高系统、地球位高系统等。在有理函数模型几何定位中涉及的高程系统为大地高系统,而本书中所使用的已有 DEM 数据多采用正常高系统,因此这里对这两种高程系统的定义和相互转换进行简要介绍。

大地高的定义:以参考椭球面为基准面、过该点的椭球面法线为基准线,即空间某点沿法线到参考椭球面的距离。

正常高的定义:正常高也称为海拔高,以大地水准面为基准面、过该点的正常重力线为基准线,即空间某点沿正常重力线到似大地水准面的距离。

如图 2-12 所示,大地高和正常高的关系可以表示为

$$h_g = h_n + \zeta \tag{2-1}$$

式中:h_g 为大地高;h_n 为正常高;ζ 为似大地水准面到参考椭球面的距离,即高程异常值,由椭球参数(如 WGS84)及水准系统(如 EGM96 等)起算高度决定。

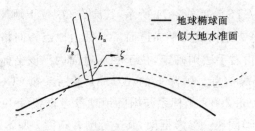

图 2-12　正常高和大地高之间的关系

2.3　外方位元素建模

当前主流高分辨率遥感卫星大多采用线阵 CCD 推扫的方式进行成像,这种成像方式为行中心投影和列平行投影的结合,每一扫描行均对应一组外方位元素,要求解每行外方位元素显然不太现实,由于卫星在太空环境中运行比较平稳,因此在一定周期内,可以对传感器位置和姿态变化规律进行数学建模,即对外方位元素建模,减少待求未知数的个数,从而使任一行的外方位元素可以通过插值等方法得到。

此外,由于当前主流高分辨率卫星通常搭载有高精度的定轨装备和较高精度的定姿装备,能够提供具有较高精度的外方位元素,即能为平差模型提供较好的初值,且其残存的系统误差主要是系统性的。在这种情况下,可以仅对其外方位元素系统误差部分进行建模,而不再直接对外方位元素本身进行拟合。

目前常用的外方位插值模型主要有低阶多项式模型(low-order polynomial model,LPM)、定向片模型(orientation interpolation model,OIM)和分段多项式模型(piecewise polynomial model,PPM)等。

2.3.1　低阶多项式模型

由于卫星在太空中运行状态比较稳定,各扫描行外方位元素连续变化,所以每一扫描行的外方位元素系统误差可以用随时间变化的低阶多项式进行表示,其外方位元素模型可以表示为

$$\begin{cases} X_S = X_{SInstr} + a_X + b_X \bar{t} \\ Y_S = Y_{SInstr} + a_Y + b_Y \bar{t} \\ Z_S = Z_{SInstr} + a_Z + b_Z \bar{t} \\ \varphi = \varphi_{Instr} + a_\varphi + b_\varphi \bar{t} \\ \omega = \omega_{Instr} + a_\omega + b_\omega \bar{t} \\ \kappa = \kappa_{Instr} + a_\kappa + b_\kappa \bar{t} \end{cases} \qquad (2\text{-}2)$$

式中:$(X_S, Y_S, Z_S, \varphi, \omega, \kappa)$ 为任一成像时刻对应的外方位元素真值;Instr 为定轨定姿设备;$(X_{SInstr}, Y_{SInstr}, Z_{SInstr}, \varphi_{Instr}, \omega_{Instr}, \kappa_{Instr})$ 为定轨定姿设备在该时刻观测得到的外方

位元素；$(a_X, a_Y, a_Z, a_\varphi, a_\omega, a_\kappa)$ 和 $(b_X, b_Y, b_Z, b_\varphi, b_\omega, b_\kappa)$ 分别为外方位元素误差部分的平移和漂移改正数；$\bar{t}$ 为该时刻相对于基准行的时间差，基准行可以根据情况进行确定。

完整的低阶多项式模型对线元素和角元素分别进行系统误差建模，而当前由于多数遥感卫星星上所测的定轨精度经地面后处理，精度可以达到分米甚至厘米数量级，因此有学者提出将测得的外方位线元素作为真值对待，仅对姿态误差进行建模，这样一方面简化了外方位模型，更主要的是避免了航天摄影测量中线角元素的强相关性导致的法方程病态问题，相关研究也表明该方法是正确可行的。因此，仅描述姿态的系统误差模型可以表示为

$$
\begin{cases}
X_S = X_{SInstr} \\
Y_S = Y_{SInstr} \\
Z_S = Z_{SInstr} \\
\varphi = \varphi_{Instr} + a_\varphi + b_\varphi \bar{t} \\
\omega = \omega_{Instr} + a_\omega + b_\omega \bar{t} \\
\kappa = \kappa_{Instr} + a_\kappa + b_\kappa \bar{t}
\end{cases}
\tag{2-3}
$$

为描述方便，本书将式（2-3）表示的外方位元素模型称为简化的低阶多项式模型（simplified LPM，SLPM），式（2-3）中各参数表示的意义可参照式（2-2），这里不再赘述。

2.3.2　定向片模型

定向片模型是在卫星的飞行轨道上抽取若干离散的成像时刻，这些离散的影像扫描行称为定向片，平差过程中仅求解定向片时刻的外方位元素，其他任一扫描行的外方位元素由定向片时刻的外方位元素内插得到。

在常规拉格朗日线性内插的基础上，本书采用的定向片模型加上了由观测数据计算得到的内插修正项，其模型可以表示为

$$
\begin{cases}
X_S = c(X_{SInstr}^K + a_X^K) + (1-c)(X_{SInstr}^{K+1} + a_X^{K+1}) \\
Y_S = c(Y_{SInstr}^K + a_Y^K) + (1-c)(Y_{SInstr}^{K+1} + a_Y^{K+1}) \\
Z_S = c(Z_{SInstr}^K + a_Z^K) + (1-c)(Z_{SInstr}^{K+1} + a_Z^{K+1}) \\
\varphi = c(\varphi_{Instr}^K + a_\varphi^K) + (1-c)(\varphi_{Instr}^{K+1} + a_\varphi^{K+1}) \\
\omega = c(\omega_{Instr}^K + a_\omega^K) + (1-c)(\omega_{Instr}^{K+1} + a_\omega^{K+1}) \\
\kappa = c(\kappa_{Instr}^K + a_\kappa^K) + (1-c)(\kappa_{Instr}^{K+1} + a_\kappa^{K+1})
\end{cases}
\tag{2-4}
$$

式中：$(X_S, Y_S, Z_S, \varphi, \omega, \kappa)$ 为任一成像时刻对应的外方位元素真值；c 为像点在相邻定向片间的内插系数，且有 $c = (t_{K+1} - t_i)/(t_{K+1} - t_K)$，$t_K$、$t_{K+1}$ 为第 K 个和第 $K+1$

个的定向片时刻；$(X_{\text{SInstr}}^K, Y_{\text{SInstr}}^K, Z_{\text{SInstr}}^K, \varphi_{\text{Instr}}^K, \omega_{\text{Instr}}^K, \kappa_{\text{Instr}}^K)$ 和 $(X_{\text{SInstr}}^{K+1}, Y_{\text{SInstr}}^{K+1}, Z_{\text{SInstr}}^{K+1}, \varphi_{\text{Instr}}^{K+1},$ $\omega_{\text{Instr}}^{K+1}, \kappa_{\text{Instr}}^{K+1})$ 分别为第 K 个和第 $K+1$ 个定向片时刻对应的外方位元素观测值；$(a_X^K, a_Y^K, a_Z^K, \varphi^K, \omega^K, \kappa^K)$ 和 $(a_X^{K+1}, a_Y^{K+1}, a_Z^{K+1}, \varphi^{K+1}, \omega^{K+1}, \kappa^{K+1})$ 分别为待求的第 K 个和第 $K+1$ 个定向片处外方位元素的改正数。

为了使定向片模型更加合理，本书在式(2-4)的基础上考虑外方位元素平滑制约条件方程，当选取定向片数大于 3 时，增加外方位元素的二阶差分等于零这一约束条件，因此可得平滑约条件的误差方程如下：

$$
\begin{cases}
v_{X_S} = a_X^{K-1} - 2a_X^K + a_X^{K+1} - l_{X_s} \\
v_{Y_S} = a_Y^{K-1} - 2a_Y^K + a_Y^{K+1} - l_{Y_s} \\
v_{Z_S} = a_Z^{K-1} - 2a_Z^K + a_Z^{K+1} - l_{Z_s} \\
v_{\varphi} = a_{\varphi}^{K-1} - 2a_{\varphi}^K + a_{\varphi}^{K+1} - l_{\varphi} \\
v_{\omega} = a_{\omega}^{K-1} - 2a_{\omega}^K + a_{\omega}^{K+1} - l_{\omega} \\
v_{\kappa} = a_{\kappa}^{K-1} - 2a_{\kappa}^K + a_{\kappa}^{K+1} - l_{\kappa}
\end{cases}
\tag{2-5}
$$

式中：$(v_{X_S}, v_{Y_S}, v_{Z_S}, v_{\varphi}, v_{\omega}, v_{\kappa})$ 为未知数观测值的残差向量；$(l_{X_S}, l_{Y_S}, l_{Z_S}, l_{\varphi}, l_{\omega}, l_{\kappa})$ 为常数项，由相邻三个定向片的外方位元素观测值计算得到，其具体表达式为

$$
\begin{cases}
l_{X_S} = X_{\text{SInstr}}^{K-1} - 2X_{\text{SInstr}}^K + X_{\text{SInstr}}^{K+1} \\
l_{Y_S} = Y_{\text{SInstr}}^{K-1} - 2Y_{\text{SInstr}}^K + Y_{\text{SInstr}}^{K+1} \\
l_{Z_S} = Z_{\text{SInstr}}^{K-1} - 2Z_{\text{SInstr}}^K + Z_{\text{SInstr}}^{K+1} \\
l_{\varphi} = \varphi_{\text{Instr}}^{K-1} - 2\varphi_{\text{Instr}}^K + \varphi_{\text{Instr}}^{K+1} \\
l_{\omega} = \omega_{\text{Instr}}^{K-1} - 2\omega_{\text{Instr}}^K + \omega_{\text{Instr}}^{K+1} \\
l_{\kappa} = \kappa_{\text{Instr}}^{K-1} - 2\kappa_{\text{Instr}}^K + \kappa_{\text{Instr}}^{K+1}
\end{cases}
\tag{2-6}
$$

综合上述对定向片模型的描述，其示意图如图 2-13 所示。

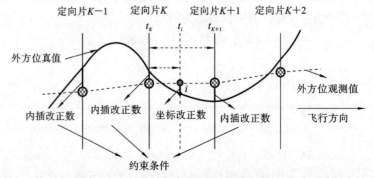

图 2-13　定向片模型内插示意图

2.3.3 分段多项式模型

分段多项式模型是将整个卫星飞行轨道按照一定的时间间隔分成若干段,每一段的外方位元素误差部分用一个关于时间 t 的低阶多项式来描述,同时将轨道分段连接处外方位元素连续和光滑作为约束条件,其模型可以表示为

$$
\begin{cases}
X_S = X_{SInstr} + X_0 + X_1 \bar{d} + X_2 \bar{d}^2 \\
Y_S = Y_{SInstr} + X_0 + Y_1 \bar{d} + Y_2 \bar{d}^2 \\
Z_S = Z_{SInstr} + X_0 + Z_1 \bar{d} + Z_2 \bar{d}^2 \\
\varphi = \varphi_{Instr} + \varphi_0 + \varphi_1 \bar{d} + \varphi_2 \bar{d}^2 \\
\omega = \omega_{Instr} + \omega_0 + \omega_1 \bar{d} + \omega_2 \bar{d}^2 \\
\kappa = \kappa_{Instr} + \kappa_0 + \kappa_1 \bar{d} + \kappa_2 \bar{d}^2
\end{cases}
\tag{2-7}
$$

式中: $(X_0, Y_0, Z_0, \varphi_0, \omega_0, \kappa_0)$、$(X_1, Y_1, Z_1, \varphi_1, \omega_1, \kappa_1)$ 和 $(X_2, Y_2, Z_2, \varphi_2, \omega_2, \kappa_2)$ 为待求的分段多项式系数;$\bar{d} = (t_i - t_{start})/(t_{end} - t_{start})$ 为该分段轨道内像点相对于起始和终止时刻处的贡献系数,t_{start}^j、t_{end}^j 分别为像点所在轨道数的起始时刻和终止时刻。

此外,考虑到卫星轨道在一景影像成像周期内平滑连续的特点,在各分段连接处把 0 阶、1 阶和 2 阶导数相等作为模型约束条件,将原本离散的各分段作为一个整体,使模型更加合理,在分段 j 的起点和终点处,分别有 $\bar{d}=1$ 和 $\bar{d}=0$。

在分段连接处,由 0 阶导数相等,可得约束条件,有

$$
\begin{cases}
X_0^j + X_1^j + X_2^j = X_0^{j+1} \\
Y_0^j + Y_1^j + Y_2^j = Y_0^{j+1} \\
Z_0^j + Z_1^j + Z_2^j = Z_0^{j+1} \\
\varphi_0^j + \varphi_1^j + \varphi_2^j = \varphi_0^{j+1} \\
\omega_0^j + \omega_1^j + \omega_2^j = \omega_0^{j+1} \\
\kappa_0^j + \kappa_1^j + \kappa_2^j = \kappa_0^{j+1}
\end{cases}
\tag{2-8}
$$

在分段连接处,由 1 阶导数相等,可得约束条件,有

$$
\begin{cases}
X_1^j + 2X_2^j = X_1^{j+1} \\
Y_1^j + 2Y_2^j = Y_1^{j+1} \\
Z_1^j + 2Z_2^j = Z_1^{j+1} \\
\varphi_1^j + 2\varphi_2^j = \varphi_1^{j+1} \\
\omega_1^j + 2\omega_2^j = \omega_1^{j+1} \\
\kappa_1^j + 2\kappa_2^j = \kappa_1^{j+1}
\end{cases}
\tag{2-9}
$$

在分段连接处,由 2 阶导数相等,可得约束条件,有

$$\begin{cases} X_2^j = X_2^{j+1} \\ Y_2^j = Y_2^{j+1} \\ Z_2^j = Z_2^{j+1} \\ \varphi_2^j = \varphi_2^{j+1} \\ \omega_2^j = \omega_2^{j+1} \\ \kappa_2^j = \kappa_2^{j+1} \end{cases} \tag{2-10}$$

综合上述对分段多项式模型的描述,其示意图如图 2-14 所示。

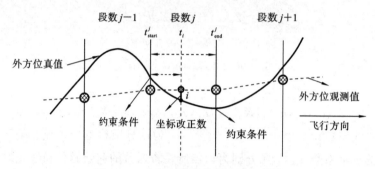

图 2-14　分段多项式模型内插示意图

2.4　本 章 小 结

本章主要介绍了高分辨率遥感影像定位的基础知识,以航天遥感传感器为平台,在实现对地面目标定位的过程中,主要涉及坐标系统及其相互转换关系,针对线阵传感器每一扫描行的外方位元素不一样的特点,构建了不同的外方位元素内插模型。

第3章 常见地理信息数据及实验数据

通常情况下,消除几何定位中系统误差需要一定地面实测控制点,而对于测绘困难或难以到达的地区,实测控制数据不易获取。随着新型传感器的出现和发展,大量地理数据成果不断产生和积累,因此,本书将研究一种利用多源地理数据辅助遥感影像几何定位的方法,期望在不增加地面实测控制条件的情况下提高几何定位精度。

本章主要介绍了地理信息数据及本书采用的实验影像数据,包括携带地面平面坐标和高程坐标信息的地理数据,以及实验中采用的高分辨率遥感影像数据,如卫星平台的有效载荷及传感器基本参数、星历姿态等辅助数据及影像区域内的地面控制点的数量与分布情况等。

3.1 常见地理信息数据

本书采用的多源数据辅助定位的基本方法是利用已有地理信息成果获取辅助控制点参与定位,需要依靠携带地面平面坐标和高程坐标信息的地理数据,因此,本书所使用的地理数据分为带有平面坐标的基准影像数据和 DEM 数据两类。

3.1.1 基准影像数据

获取辅助控制点的地面坐标首先需要利用携带平面坐标的基准影像数据与卫星影像匹配,确定同名像点的实际地面位置。本书使用的基准影像来源有高精度商业卫星生成的正射影像数据和 Google Earth 软件提供的多分辨率遥感影像。

1. 高精度正射影像数据

由高精度商业遥感影像生产的正射影像数据是本书所使用的基准影像数据之一。本书实验中用到 WorldView-2 生产的正射影像,其平面精度约为 3 m(CE90),换算成中误差约为 1.98 m,高程精度 1.75 m。

2. Google Earth 提供的遥感影像

Google Earth 软件发布于 2005 年,提供的影像是卫星影像与航拍数据的整合,影像来源包括美国 QuickBird 卫星、美国 IKONOS 卫星、法国 SPOT5 卫星等。该软件可为用户提供全球范围不同分辨率的遥感影像,并携带有 WGS84 坐标系下的经纬度,可以测量出全球任意地面点的坐标信息。

目前,Google Earth 软件可提供 20 级的全球影像,最高空间分辨率为 0.11 m 左右,而中国大陆可提供最高级别 19 级的影像,最高空间分辨率为 0.25 m 左右。

3.1.2　数字高程模型数据

DEM 是数字地面模型(DTM)的地形分量,是表示区域 D 上地形的三维向量有限序列 $\{V_i = (X_i, Y_i, Z_i), i = 1, 2, \cdots, n\}$,其中 $((X_i, Y_i) \in D)$ 为平面坐标,Z_i 为 (X_i, Y_i) 点对应的高程数据。

利用基准影像数据确定辅助控制点的平面位置后,用其平面坐标在 DEM 数据中内插得到高程数据。本书使用的数字高程模型数据的来源有 SRTM 系统提供的 DEM 数据和 Google Earth 软件提供的高程数据。

1. SRTM 获取的 DEM 数据

2000 年,搭载着 SRTM 系统的"奋进号"发射升空,获取了地球陆地表面 80％ 的数据,并制作了覆盖全球的 DEM 数据。

目前 SRTM 数据的修订版本为 4.1 版本,所提供的 DEM 数据中,美国地区的采样间距为 30 m,其余地区的为 90 m。SRTM DEM 数据在平坦地区精度较高,远高于其标称精度,山地地区精度相对较低,但也高于其标称精度。

2. Google Earth 提供的高程数据

Google Earth 软件提供的遥感影像中,除携带地面点的平面坐标外,还可对任意点在 EGM 系统下的高程信息进行量测。目前可提供的高程数据最高为 18 级,采样间距为 7 m 左右。

3.2　模拟数据生成

为了对后续章节中模型和算法正确性的验证,首先要生成模拟数据。本书根据模拟数据生成原理生成了单线阵 CCD 模拟数据及三线阵 CCD 模拟数据,以下分别描述具体生成步骤。

共线条件方程是生成线阵模拟数据的基础方程,具体形式为

$$\begin{cases} X = X_S + (Z - Z_S) \dfrac{a_1(x - x_0) + a_2(0 - y_0) - fa_3}{c_1(x - x_0) + c_2(0 - y_0) - fc_3} \\ Y = Y_S + (Z - Z_S) \dfrac{b_1(x - x_0) + b_2(0 - y_0) - fb_3}{c_1(x - x_0) + c_2(0 - y_0) - fc_3} \end{cases} \tag{3-1}$$

式中:(X, Y, Z) 为地面点坐标;(X_S, Y_S, Z_S) 为投影中心坐标;$(x, 0)$ 为像点坐标;(x_0, y_0) 为像主点坐标;f 为主距;a_1、a_2、a_3、b_1、b_2、b_3、c_1、c_2、c_3 为由外方位角元素 $(\varphi, \omega, \kappa)$ 组成的旋转矩阵各元素,具体形式为

$$
\begin{cases}
a_1 = \cos\varphi\cos\kappa - \sin\varphi\sin\omega\sin\kappa \\
a_2 = -\cos\varphi\sin\kappa - \sin\varphi\sin\omega\cos\kappa \\
a_3 = -\sin\varphi\cos\omega \\
b_1 = \cos\omega\sin\kappa \\
b_2 = \cos\omega\cos\kappa \\
b_3 = -\sin\omega \\
c_1 = \sin\varphi\cos\kappa + \cos\varphi\sin\omega\sin\kappa \\
c_2 = -\sin\varphi\sin\kappa + \cos\varphi\sin\omega\cos\kappa \\
c_3 = \cos\varphi\cos\omega
\end{cases}
\tag{3-2}
$$

3.2.1　单线阵 CCD 模拟数据生成

单线阵 CCD 模拟数据生成的具体步骤如下。

(1) 根据给定的地形高差大小、范围、采样间隔、地形变化的周期等已知条件按照式(3-3)生成模拟地形。

$$
Z = \delta H \cdot \sin(dX \cdot 2\pi/T_t)\cos(dY \cdot 2\pi/T_t) + \sqrt{R_E^2 - dX^2 - dY^2} \tag{3-3}
$$

式中：根据地面范围(dX、dY 为 80 km×80 km)和采样间隔，随机生成格网坐标；Z 为地面高程坐标；δH 为地形的相对高度变化，设置为 3 km；T_t 为地形变化的周期，设置为 30 km；$R_E = 6378.140$ km 为地球半径，以 1750 m 的采样间隔生成模拟地形，共 900 个控制点。

(2) 给定传感器成像时刻的内方位参数(如主距、主点坐标、像元大小)、卫星高度等卫星和成像传感器摄影测量参数信息，按照一定数学模型模拟卫星外方位元素的变化规律，并给定像点的像素坐标，按照式(3-4)计算得到对应像点的地面点平面坐标(X, Y)。

$$
P_i = a \times \cos\left(\frac{2\pi t}{T}\right) + b \times \sin\left(\frac{2\pi t}{U}\right) \tag{3-4}
$$

式中：P_i 为任一时刻的外方位元素$(X_s, Y_s, Z_s, \varphi, \omega, \kappa)$；$t$ 为成像时刻；a、T、b、U 为根据卫星飞行状态模拟外方位元素所选择的具体参数，如表 3-1 所示。

表 3-1　外方位元素模拟数据参数

P_i	a	T	b	U
X_s/m	1.4	220	14	120
Y_s/m	−1.9	230	19	130
Z_s/m	−0.9	240	9	140
φ/gon	0.1	240	−1	140
ω/gon	0	320	0.5	220
κ/gon	0.1	220	−1	120

注：gon 为直角的 1/100

通过对待标定参数加入误差并生成模拟数据，按照摄影测量参数动态检测模型对摄影测量参数进行标定，将结果与加入的误差比较来验证模型的正确性，具体模型与解算将在第 5 章进行详细阐述。图 3-1 和图 3-2 分别为模拟数据像方坐标及对应的物方坐标，其中，物方坐标为 Z 减去地球半径 R_E，成像参数分别为：地面分辨率 GSD=5 m，像元尺寸 p=6.5 μm，卫星高度 H=500 km，从而可以求出焦距为 f=$\dfrac{H \times p}{GSD}$=0.65 m。

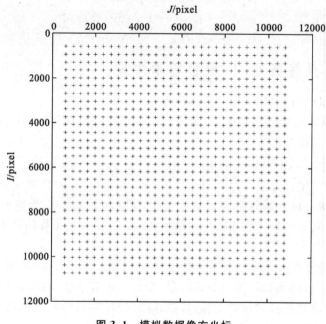

图 3-1　模拟数据像方坐标

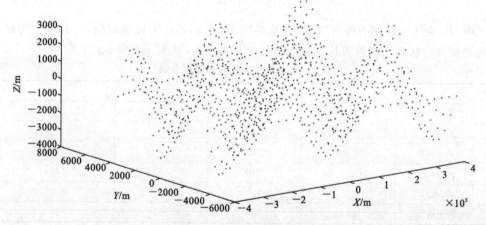

图 3-2　模拟数据物方坐标

3.2.2　三线阵 CCD 模拟数据生成

三线阵 CCD 模拟数据生成的具体步骤如下。

（1）首先根据单线阵 CCD 模拟数据生成原理生成下视模拟数据，给定前视和后视相机与下视相机的夹角 α，卫星高度 H，可以得到前视和后视相机与下视相机之间的基线长度 $B = H \times \tan\alpha$，然后根据卫星飞行速度计算得到前视和后视与下视成像时间间隔。

（2）根据下视模拟数据地面点坐标 (X, Y, Z)，并将下视模拟数据中像点坐标作为前视和后视同名像点坐标的初始值在一定像素范围内按照共线条件方程迭代计算前视和后视对应下视的同名像点坐标，从而可得前视和后视像方模拟坐标，如图 3-3 和图 3-4 所示。

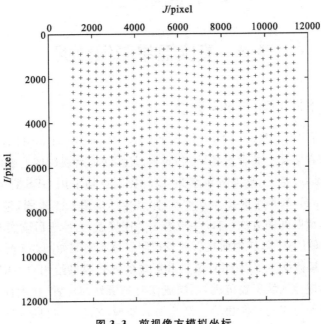

图 3-3　前视像方模拟坐标

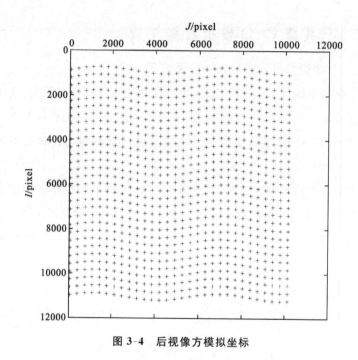

图 3-4 后视像方模拟坐标

3.3 真实卫星影像数据

3.3.1 SPOT5 HRS 数据

本书实验所用的 SPOT5 HRS 影像数据为 2005 年 10 月 29 日获取的河南某地区的一景影像,在影像上共采集控制点 56 个,且均在前后视影像上成像,影像大小为 15608 像元×12000 像元,地面分辨率为 5 m;控制点均采用 GPS 野外实地测量,平面精度优于 0.1 m,高程精度优于 0.2 m,像点坐标采用人工量测,精度约为 1 个像素;同时采用影像匹配的方法,自动生成若干个连接点;为便于后续实验描述,将该景影像编号为 SPOT5-HN,其中前视影像及控制点分布略图如图 3-5 所示。

SPOT5 卫星数据主要以 DIM 文件和影像的方式提供给用户,DIM 文件中包含影像获取时间,成像区域覆盖范围,不同成像时刻摄站的位置、速度向量、姿态角,以及每个 CCD 探元对应的指向角等。经地面后处理,每 30 s 提供一次位置和速度向量,每 1/8 s 提供一次姿态角信息,可以采用不同的插值方式内插任意成像时刻对应的星历和姿态信息。以 SPOT5-HN 前视影像为例,对其辅助数据 DIM 文件解析后进行可视化显示,图 3-6 所示的为卫星运行位置和速率变化示意图,图 3-7 所示的为卫星运行姿态角变化示意图(假设起始时刻为 0),图 3-8 所示的为 CCD 探元指向角

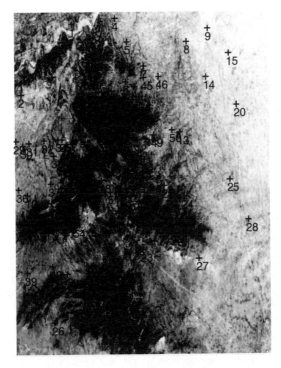

图 3-5　SPOT5-HN 前视影像及控制点分布略图

变化示意图。不难发现,SPOT5 卫星的摄站位置和速率变化较为平稳;姿态角的测定由于是在轨道坐标系下,且轨道坐标系随卫星运行不断发生变化,故并不呈现明显的规律性;CCD 探元变化趋势非常平稳,这说明 SPOT5 卫星运行状态非常平稳,且内部参数没有出现明显的畸变,这便于选择合适的函数模型对其进行描述。

3.3.2　天绘一号卫星三线阵数据

本书实验所用的天绘一号卫星三线阵影像数据为 2010 年 12 月 20 日获取的河南某地区同一轨相邻的两景影像,分别在影像上采集控制点 31 个、10 个,且各控制点均为三视成像,影像大小均为 12000 像元×12000 像元;控制点均采用 GPS 野外实地测量,平面精度优于 0.1 m,高程精度优于 0.2 m,像点坐标采用人工量测,精度约为 1 个像素;同时采用影像匹配的方法,自动生成若干个连接点;为便于后续实验描述,将河南某地区两景影像分别编号为 TH-1-HN1 和 TH-1-HN2,其对应的下视影像及控制点分布略图分别如图 3-9 和图 3-10 所示。

本书采用的第三景天绘一号三线阵遥感影像成像于 2012 年,所摄区域为河南登封地区,空间分辨率为 5 m。影像范围内共有实测控制点 30 个,地面点三维坐标由野外 GPS 实测得到,精度为分米数量级,像点坐标为手工量测,精度为一个像素左

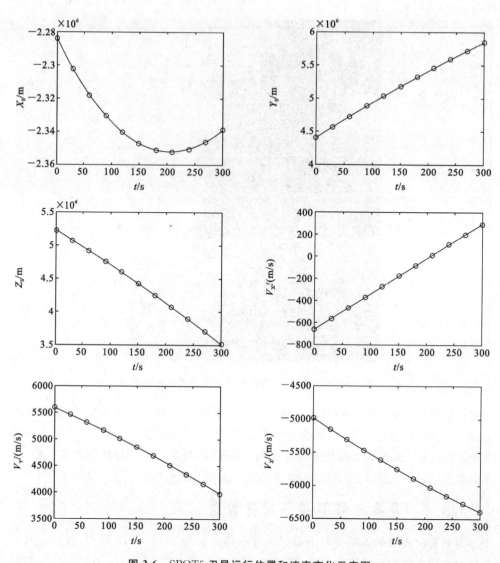

图 3-6　SPOT5 卫星运行位置和速率变化示意图

右,在三线阵影像匹配得到 51 个连接点,为便于后续实验描述,将该景影像编号为河南登封地区影像,实测控制点分布如图 3-11 所示,三线阵影像中实测控制点位置如图 3-12 所示。

天绘一号卫星三线阵影像辅助数据主要包括影像信息、精定轨文件、精定姿文件和行时文件等。从辅助数据中可以获取影像成像的区域范围,内插任意成像时刻的传感器位置和姿态数据等信息。以 TH-1-HN1 影像为例,对其辅助数据解析后进行可视化显示,图 3-13 所示的为天绘一号卫星运行位置变化示意图,图 3-14 所示的为天绘一号卫星运行姿态变化示意图(假设起始时刻为 0),可以发现卫星运行过程中,

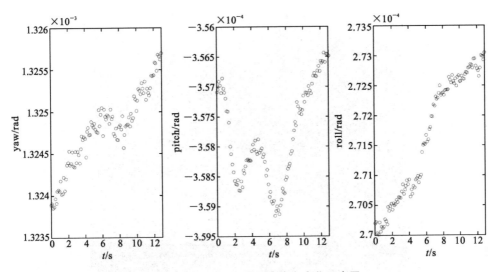

图 3-7 SPOT5 卫星运行姿态角变化示意图

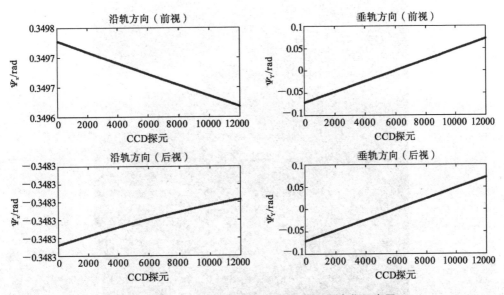

图 3-8 SPOT5 卫星传感器 CCD 探元指向角变化示意图

图 3-9　TH-1-HN1 下视影像及控制点分布略图

图 3-10　TH-1-HN2 下视影像及控制点分布略图

图 3-11　河南登封地区实测控制点分布

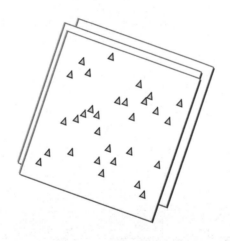

图 3-12　天绘一号卫星三线阵影像中实测控制点位置

其位置变化较为平稳,即线元素变化平稳,便于内插;角元素中,τ 角和 α 角变化也较为平稳,而 κ_v 角则呈现一定的抖动性,说明卫星平台姿态变化率不是非常平稳。

3.3.3　资源三号卫星三线阵数据

本书实验所用的资源三号卫星三线阵影像数据为 2012 年 2 月 3 日获取的河南某地区同一轨相邻的两景影像,分别在影像上采集 27 个和 5 个控制点,且各控制点均为三视成像;控制点采用 GPS 野外实地测量,平面精度优于 0.1 m,高程精度优于 0.2 m,像点坐标采用人工量测,精度约为 1 个像素;同时采用影像匹配的方法,自动生成若干个连接点;为便于后续实验描述,将两景影像分别编号为 ZY-3-HN1 和 ZY-

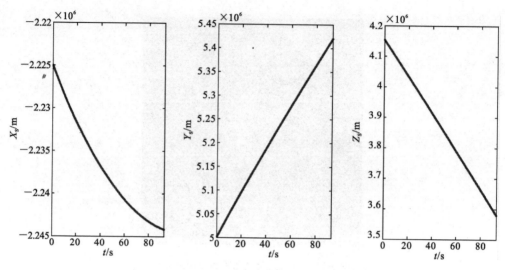

图 3-13　天绘一号卫星运行位置变化示意图

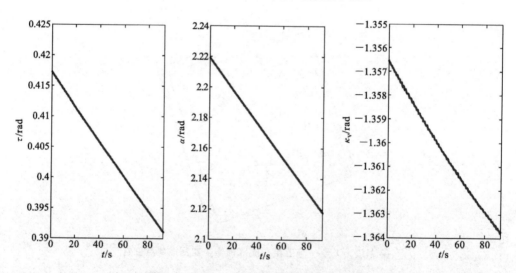

图 3-14　天绘一号卫星运行姿态变化示意图

3-HN2,其对应的下视影像及控制点分布略图分别如图 3-15 和图 3-16 所示。

资源三号卫星三线阵影像辅助数据主要包括影像信息、探元指向角信息、传感器位置信息和四元数描述的姿态信息等。用户可以从辅助数据中获取影像成像的区域范围,内插任意成像时刻的传感器位置和姿态数据等信息。以 ZY-3-HN1 影像为例,对其辅助数据解析后进行可视化显示,图 3-17 所示的为资源三号卫星运行位置和速率变化示意图,图 3-18 所示的为资源三号卫星运行姿态四元数变化示意图(假设起始时刻为 0),图 3-19 所示的为资源三号卫星探元指向角变化示意图。不难发现,卫星运行位置和姿态变化均较为平稳,便于描述,且探元指向角变化具有明显的

图 3-15　ZY-3-HN1 下视影像及控制点分布略图

图 3-16　ZY-3-HN2 下视影像及控制点分布略图

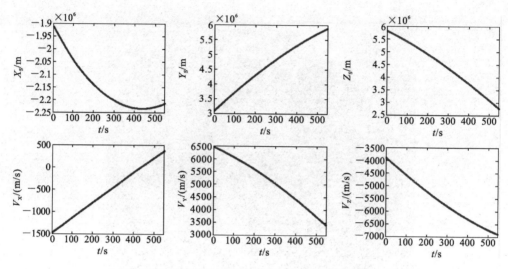

图 3-17　资源三号卫星运行位置和速率变化示意图

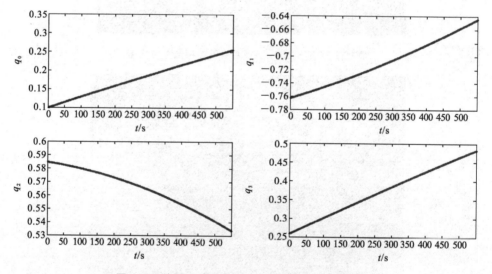

图 3-18　资源三号卫星运行姿态四元数变化示意图

规律性。

资源三号三线阵遥感影像成像于 2014 年 8 月 27 日，所摄区域为法国 Sainte-Maxime 地区，前后视空间分辨率为 3.6 m，下视空间分辨率为 2.1 m。影像范围内共有 12 个实测控制点，像点坐标及地面点三维坐标均由国际摄影测量与遥感协会（International Society of Photogrammetry and Remote Sensing, ISPRS）提供，在三线阵影像匹配得到 131 个连接点。实测控制点分布如图 3-20 所示，三线阵影像中实测控制点位置如图 3-21 所示。

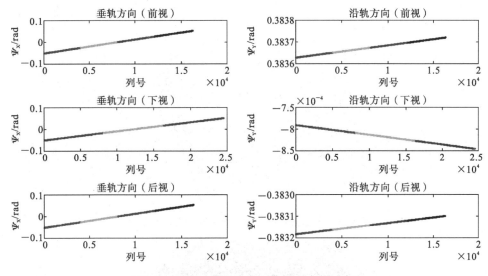

图 3-19　资源三号卫星探元指向角变化示意图

图 3-20　法国 Sainte-Maxime 地区实测控制点分布

3.3.4　IKONOS 卫星影像数据

IKONOS 卫星遥感影像成像于 2003 年 2 月 22 日,所摄区域为澳大利亚 Hobart 地区,空间分辨率为 1 m。影像可以构成三视立体影像,成像时的卫星高度角分别为 69°、75°和−69°。影像范围内共有 34 个实测控制点,像点坐标及地面点三维坐标均由国际摄影测量与遥感协会提供,在三线阵影像匹配得到 108 个连接点。实测控制点的分布和位置分别如图 3-22 和图 3-23 所示。

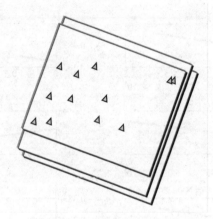

图 3-21　资源三号三线阵影像中实测控制点位置

图 3-22　澳大利亚 Hobart 地区实测控制点分布

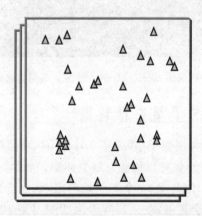

图 3-23　IKONOS 卫星三视立体影像中实测控制点位置

3.4　本 章 小 结

　　本章主要介绍了地理信息数据及本书采用的实验影像数据，包括携带地面平面坐标和高程坐标信息的地理数据，以及实验中采用的高分辨率遥感影像数据，如卫星平台的有效载荷及传感器基本参数、星历姿态等辅助数据及影像区域内的地面控制点的数量与分布情况等。

第4章　高分辨率遥感影像
严格成像几何模型

高分辨率遥感影像严格成像几何模型从传感器的成像机理出发,对于线阵 CCD 传感器,以成像瞬间像点、投影中心和地面点三点共线为依据,并综合传感器的特征参数、星历姿态观测数据和设备间的安装矩阵等因素,所建立起的像点和对应地面点之间的严格几何关系式。但由于受到卫星位置测量误差,传感器姿态测量误差等各种成像因素的影响,基于严格成像几何模型的无控制直接立体定位精度往往有限,通常需要利用地面控制点对成像几何模型中的系统误差进行改正和补偿,提高对地定位精度及影像产品质量。

本章首先介绍遥感影像严格成像几何模型中涉及的坐标系及其相互之间的转换关系,在构建遥感影像严格成像几何模型的基础上,结合各类型传感器及星上辅助数据格式,有针对性地建立 SPOT5 HRS 影像、天绘一号卫星三线阵影像和资源三号卫星三线阵影像的成像几何模型。然后介绍基于成像几何模型的直接立体定位方法,针对成像几何模型中姿态测量误差为主要误差源这一特点,构建了姿态系统误差检校模型。最后分别对三种传感器真实影像进行相关实验,分析并得出实验结论。

4.1　遥感影像成像几何模型

建立遥感影像成像几何模型的目的在于确定地面点与对应像点坐标之间的几何关系。其理论依据是共线条件方程,即像点、投影中心、地面点三点共线,其中涉及各类坐标系的转换,且转换参数的定义及形式也因传感器类型的差异而不尽相同,与遥感影像供应商提供的辅助数据格式也密切相关。

尽管各种影像公布的坐标系定义及其相关参数各不相同,但基本原理是一致的,遥感影像严格成像几何模型可归结为(飞行方向为 x 方向)。

$$\begin{bmatrix} X \\ Y \\ Z \end{bmatrix} = \begin{bmatrix} X_{\mathrm{S}} \\ Y_{\mathrm{S}} \\ Z_{\mathrm{S}} \end{bmatrix} + \boldsymbol{R}_{\mathrm{J2000}}^{\mathrm{WGS84}} \boldsymbol{R}_{\mathrm{Star}}^{\mathrm{J2000}} \boldsymbol{R}_{\mathrm{Body}}^{\mathrm{Star}} \left\{ \begin{bmatrix} D_x \\ D_y \\ D_z \end{bmatrix} + \begin{bmatrix} d_x \\ d_y \\ d_z \end{bmatrix} + \lambda \boldsymbol{R}_{\mathrm{Camera}}^{\mathrm{Body}} \begin{bmatrix} 0 \\ y \\ -f \end{bmatrix} \right\} \tag{4-1}$$

式中:$[X \quad Y \quad Z]^{\mathrm{T}}$ 和 $[X_{\mathrm{S}} \quad Y_{\mathrm{S}} \quad Z_{\mathrm{S}}]^{\mathrm{T}}$ 分别为地面点和投影中心在 WGS84 坐标系下的坐标;$[0 \quad y \quad -f]^{\mathrm{T}}$ 为像点在相机坐标系下的坐标(像点坐标与指向角形式时类似),f 为相机主距;$\boldsymbol{R}_{\mathrm{Camera}}^{\mathrm{Body}}$ 为相机坐标系到本体坐标系的安置矩阵;$[d_x \quad d_y \quad d_z]^{\mathrm{T}}$

为相机节点在本体坐标系下的偏移向量，$[D_x \quad D_y \quad D_z]^T$ 为 GPS 相位中心在本体坐标系下的偏移向量；$\boldsymbol{R}_{Body}^{Star}$ 为本体坐标系到星敏坐标系的安置矩阵；$\boldsymbol{R}_{Star}^{J2000}$ 为星敏坐标系到 J2000 坐标系的旋转矩阵；$\boldsymbol{R}_{J2000}^{WGS84}$ 为 J2000 坐标系到 WGS84 坐标系的旋转矩阵；λ 为比例系数。

在式（4-1）表示的严格成像几何模型中，安置矩阵 $\boldsymbol{R}_{Camera}^{Body}$、$\boldsymbol{R}_{Body}^{Star}$，偏移向量 $[D_x \quad D_y \quad D_z]^T$、$[d_x \quad d_y \quad d_z]^T$，相机主距 f，均由相机、星敏感器和 GPS 接收机与卫星本体的固联安装关系或相机本身确定，这些矩阵或参数均在卫星发射前由实验室检定得到。由于遥感影像的严格成像几何模型较为复杂，直接对其进行几何处理难度较大，而且星上提供的辅助数据中通常不包含这些参数，因此，实际应用中，需要结合辅助数据格式对严格成像几何模型进行适当简化。下面分别针对不同遥感卫星，依次构建其成像几何模型。

4.1.1　SPOT5 卫星 HRS 影像成像几何模型

1. SPOT5 数据格式的特点

SPOT5 卫星采用的 Dimap 数据格式用于产品的分发，Dimap 格式包含两部分：影像文件（image data）和元数据文件（metadata）。元数据文件详细记录了卫星、轨道、影像和产品的信息，如影像数据集的 ID 号，影像获取时间，影像采集区域范围，卫星的位置，速度和时间，卫星姿态角及变化率，每个 CCD 探元在本体坐标下指向角等。

2. 任意像元成像时刻的确定

像元成像时刻的确定对通过插值方法获取该时刻卫星的星历和姿态等数据十分重要，从 SPOT5 卫星辅助文件中可以获取影像的中心行行号、中心行成像时刻及每行的扫描周期。因此，任意像元对应的成像时刻 t 可以表示为

$$t = t_c + (L - L_c) * T_{period} \tag{4-2}$$

式中：t_c 为中心行成像时刻；L_c 为中心行行号；T_{period} 为行扫描周期。

3. 像元在本体坐标系下的视线向量

SPOT5 卫星以指向角的形式直接提供了像元在卫星本体坐标下的位置，定义 y 方向为飞行方向，其中 ψ_X 表示沿轨方向的侧视角，ψ_Y 为垂轨方向的侧视角，如图 4-1 所示，假定焦距为 1，因此其在本体坐标系下的位置向量可以表示为 $[-\tan(\psi_Y)$ $+\tan(\psi_X) \quad -1]^T$，若需将其转换为传统 $[x \quad y \quad -f]^T$ 的形式，只需乘以焦距 f 即可。

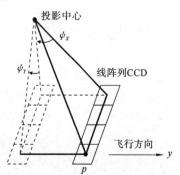

图 4-1　探元指向角几何示意图

因此,像元 p 在本体坐标系下的位置向量 v_1 可以表示为

$$v_1 = \begin{bmatrix} x \\ y \\ -f \end{bmatrix} = \begin{bmatrix} -\tan(\psi_Y) \\ +\tan(\psi_X) \\ -1 \end{bmatrix} \cdot f \tag{4-3}$$

4. 像元在轨道坐标系下的视线向量

SPOT5 卫星辅助数据 DIM 文件中,通过三个姿态角 pitch、roll、yaw 按 X-Y-Z 轴序的旋转来描述由本体坐标系到轨道坐标系的转换,其旋转矩阵 $R_{\text{Body}}^{\text{Orbit}}$ 可以表示为

$$R_{\text{Body}}^{\text{Orbit}} = R_{\text{pitch}} R_{\text{roll}} R_{\text{yaw}} = \begin{bmatrix} 1 & 0 & 0 \\ 0 & \cos p & \sin p \\ 0 & -\sin p & \cos p \end{bmatrix} \begin{bmatrix} \cos r & 0 & -\sin r \\ 0 & 1 & 0 \\ \sin r & 0 & \cos r \end{bmatrix} \begin{bmatrix} \cos y & -\sin y & 0 \\ \sin y & \cos y & 0 \\ 0 & 0 & 1 \end{bmatrix} \tag{4-4}$$

式中:分别将 pitch、roll、yaw 简写为 p、r、y。因此,像元在轨道坐标系下的视线向量可以表示为

$$v_2 = R_{\text{Body}}^{\text{Orbit}} \cdot v_1 \tag{4-5}$$

5. 像元在 WGS84 坐标系下的视线向量

假设 $P(t)$ 和 $V(t)$ 分别为像元对应成像时刻通过插值得到的卫星位置和速度向量,并令

$$Z_2 = \frac{P(t)}{\| P(t) \|}, \quad X_2 = \frac{V(t) \times Z_2}{\| V(t) \times Z_2 \|}, \quad Y_2 = Z_2 \times X_2 \tag{4-6}$$

从轨道坐标系到 WGS84 坐标系的转化通过卫星的位置和速度向量描述的旋转矩阵 $R_{\text{Orbit}}^{\text{WGS84}}$ 来实现,$R_{\text{Orbit}}^{\text{WGS84}}$ 可以表示为

$$R_{\text{Orbit}}^{\text{WGS84}} = \begin{bmatrix} (X_2)_1 & (Y_2)_1 & (Z_2)_1 \\ (X_2)_2 & (Y_2)_2 & (Z_2)_2 \\ (X_2)_3 & (Y_2)_3 & (Z_2)_3 \end{bmatrix} \tag{4-7}$$

因此,像元在 WGS84 坐标系下的位置可以表示为

$$v_3 = R_{\text{Orbit}}^{\text{WGS84}} \cdot v_2 \tag{4-8}$$

综上所述,经由像点坐标的一系列旋转变换与缩放平移,本书采用的 SPOT5 HRS 影像的成像几何模型可以表示为

$$\begin{bmatrix} X \\ Y \\ Z \end{bmatrix} = \begin{bmatrix} X_s \\ Y_s \\ Z_s \end{bmatrix} + \lambda R_{\text{Orbit}}^{\text{WGS84}} R_{\text{Body}}^{\text{Orbit}} \cdot \begin{bmatrix} -\tan(\psi_Y) \\ +\tan(\psi_X) \\ -1 \end{bmatrix} \tag{4-9}$$

式中:$[X \quad Y \quad Z]^{\text{T}}$ 和 $[X_s \quad Y_s \quad Z_s]^{\text{T}}$ 分别为地面点和投影中心在 WGS84 坐标系下的坐标;λ 为比例系数。

4.1.2　天绘一号卫星三线阵影像成像几何模型

1. 天绘一号卫星数据格式特点

天绘一号卫星发布的产品有以卫星影像基本信息、行时、星历和姿态参数为主要形式的严格成像几何模型和以 RPC 参数为主要形式的通用成像几何模型两种。影像信息文件为 XML 格式，可用任何浏览器打开阅读该文件，其主要包含影像产品编号、起始、结束成像时间、绝对行号、影像覆盖区域的角点坐标及中心点坐标等。

2. 任意像元成像时刻的确定

从辅助数据中可以获取影像起始行在一轨影像中的行号 StartLine，行时文件提供了一轨影像中每一扫描行对应的成像时刻，因此任意像元成像时刻的确定过程可以描述为：由该像元所在的扫描行 Line 确定该像元在该轨影像中的绝对行号 JDH，根据行时文件，选择合适的插值方法，内插出该像元的成像时刻 t，绝对行号 JDH 和成像时刻 t 可以表示为

$$\begin{cases} JDH = Line(i) + StartLine \\ t = Interp(LINE, TIME, JDH) \end{cases} \tag{4-10}$$

3. 像元在瞬时影像坐标系下的视线向量

若天绘一号卫星定义飞行方向为 x 方向，则像元在瞬时影像坐标下的视线向量可以表示为

$$\boldsymbol{v}_1 = \begin{bmatrix} 0 \\ y \\ -f \end{bmatrix} \tag{4-11}$$

4. 像元在下视相机坐标系下的视线向量

辅助数据中提供了前后视相机相对于下视相机的安装角 Φ，通过绕 Y 轴旋转可以得到前后视像点在下视相机坐标系下的视线向量，因此，旋转矩阵 $\boldsymbol{R}_\Phi$ 可以表示为

$$\boldsymbol{R}_\Phi = \begin{bmatrix} \cos\Phi & 0 & -\sin\Phi \\ 0 & 1 & 0 \\ \sin\Phi & 0 & \cos\Phi \end{bmatrix} \tag{4-12}$$

因此，像元在下视相机坐标系下的视线向量可以表示为

$$\boldsymbol{v}_2 = \boldsymbol{R}_\Phi \cdot \boldsymbol{v}_1 \tag{4-13}$$

5. 像元在 CGCS2000 坐标系下的视线向量

在天绘一号卫星提供的定姿数据中，采用的是 $\tau\text{-}\alpha\text{-}\kappa_v$ 描述的转角系统，该系统的外方位角元素是按照 $Z\text{-}X\text{-}Z$ 轴序的联动轴系统定义的，因此其旋转矩阵可以表示为

$$\boldsymbol{R}_{\text{Sensor}}^{\text{CGCS2000}} = \boldsymbol{R}_\tau \boldsymbol{R}_\alpha \boldsymbol{R}_{\kappa_v} = \begin{bmatrix} \cos\tau & -\sin\tau & 0 \\ \sin\tau & \cos\tau & 0 \\ 0 & 0 & 1 \end{bmatrix} \begin{bmatrix} 1 & 0 & 0 \\ 0 & \cos\alpha & -\sin\alpha \\ 0 & \sin\alpha & \cos\alpha \end{bmatrix} \begin{bmatrix} \cos\kappa_v & -\sin\kappa_v & 0 \\ \sin\kappa_v & \cos\kappa_v & 0 \\ 0 & 0 & 1 \end{bmatrix}$$

$$\tag{4-14}$$

旋转矩阵 $\boldsymbol{R}_{\text{Sensor}}^{\text{CGCS2000}}$ 描述的是由下视相机坐标系到 CGCS2000 坐标系的旋转变换,该矩阵角元素计算的方向余弦公式可以表示为

$$\begin{cases} a_1 = \cos\kappa_v \cos\tau - \cos\alpha \sin\kappa_v \sin\tau \\ a_2 = -\cos\tau \sin\kappa_v - \cos\alpha \cos\kappa_v \sin\tau \\ a_3 = \sin\alpha \sin\tau \\ b_1 = \cos k_v \sin\tau + \cos\alpha \cos\tau \sin\kappa_v \\ b_2 = \cos\alpha \cos\kappa_v \cos\tau - \sin\kappa_v \sin\tau \\ b_3 = -\sin\alpha \cos\tau \\ c_1 = \sin\alpha \sin\kappa_v \\ c_2 = \cos\kappa_v \sin\alpha \\ c_3 = \cos\alpha \end{cases} \tag{4-15}$$

因此,像元在 CGCS2000 坐标系下的视线向量可以表示为

$$v_2 = \boldsymbol{R}_{\text{Sensor}}^{\text{CGCS2000}} \cdot \boldsymbol{R}_\Phi \cdot v_1 \tag{4-16}$$

综上所述,经由像点坐标的一系列旋转变换与缩放平移,本书采用的天绘一号卫星三线阵影像的成像几何模型可以表示为

$$\begin{bmatrix} X \\ Y \\ Z \end{bmatrix} = \begin{bmatrix} X_S \\ Y_S \\ Z_S \end{bmatrix} + \lambda \boldsymbol{R}_{\text{Sensor}}^{\text{CGCS2000}} \boldsymbol{R}_\Phi \begin{bmatrix} 0 \\ y \\ -f \end{bmatrix} \tag{4-17}$$

式中:$[X \quad Y \quad Z]^{\text{T}}$ 和 $[X_S \quad Y_S \quad Z_S]^{\text{T}}$ 分别为地面点和投影中心在 CGCS2000 坐标系下的坐标;λ 为比例系数。

4.1.3 资源三号卫星三线阵影像成像几何模型

1. 资源三号卫星数据格式特点

资源三号卫星发布的产品有以卫星影像基本信息、行时、星历和姿态参数为主要形式的严格成像几何模型和以 RPC 参数为主要形式的通用成像几何模型两种。影像信息文件为 AUX 格式,可用任何浏览器打开并阅读该文件,其主要包含影像产品编号、起始成像时间、结束成像时间和绝对行号及影像覆盖区域,卫星位置、速率和时间,卫星姿态四元数和时间,三视相机各分片 CCD 的指向角数据等。

2. 任意像元成像时刻的确定

资源三号卫星辅助文件中提供了一景影像开始成像的时刻及行扫描周期,据此,可以根据像元所在的行号,计算出该像元的成像时刻 t,即

$$t = t_0 + (L-1) \times T_{\text{period}} \tag{4-18}$$

式中:t_0 为影像起始的成像时刻;L 为像元所在的行号;T_{period} 为行扫描周期。

3. 像元在本体坐标系下的视线向量

与 SPOT5 卫星类似,资源三号卫星采用指向角的形式描述像元在本体坐标系

下的位置,但由于其飞行方向定义为 x 方向,指向角描述意义恰好相反,故 ψ_X 表示垂轨方向的侧视角,ψ_Y 表示沿轨方向的侧视角。像元在本体坐标系下的视线向量可以简化为

$$v_1 = \begin{bmatrix} -\tan(\psi_Y) \\ +\tan(\psi_X) \\ -1 \end{bmatrix} \cdot f \qquad (4\text{-}19)$$

此外,资源三号卫星提供的辅助数据中包含了每个分片 CCD 的指向角,鉴于各分片 CCD 之间有安装重叠部分,需要顾及对重叠部分指向角的内插方法选择。本书针对此部分重叠像元采用的计算方法为取其所在两片 CCD 指向角的均值作为其内插值。

4. 像元在 J2000 坐标系下的视线向量

资源三号卫星采用四元数 (q_0, q_1, q_2, q_3) 的形式描述传感器姿态信息,其描述的是卫星本体在 J2000 坐标系下的姿态,实现由本体坐标系到 J2000 坐标系的转换,因此,由四元数描述的从本体坐标系到 J2000 坐标系的旋转矩阵可以表示为

$$\boldsymbol{R}_{\text{Body}}^{\text{J2000}} = \begin{bmatrix} q_0^2 + q_1^2 - q_2^2 - q_3^2 & 2(q_1 q_2 - q_0 q_3) & 2(q_1 q_3 + q_0 q_2) \\ 2(q_2 q_1 + q_0 q_3) & q_0^2 - q_1^2 + q_2^2 - q_3^2 & 2(q_2 q_3 - q_0 q_1) \\ 2(q_1 q_3 - q_0 q_2) & 2(q_2 q_3 + q_0 q_1) & q_0^2 - q_1^2 - q_2^2 + q_3^2 \end{bmatrix} \qquad (4\text{-}20)$$

因此,像元在 J2000 坐标系下的视线向量可以表示为

$$v_2 = \boldsymbol{R}_{\text{Body}}^{\text{J2000}} \cdot v_1 \qquad (4\text{-}21)$$

5. 像元在 WGS84 坐标系下的视线向量

由空间固定惯性坐标参考系 J2000 到地球固定参考系的转换,需要涉及像元成像时刻的极移、地球自转、岁差章动,且形式较为复杂,其旋转矩阵可以表示为

$$\boldsymbol{R}_{\text{J2000}}^{\text{WGS84}} = \boldsymbol{R}_{\text{XY}} \cdot \boldsymbol{R}_{\text{GAST}} \cdot \boldsymbol{R}_{\text{PN}} \qquad (4\text{-}22)$$

式中:$\boldsymbol{R}_{\text{XY}}$ 为极移矩阵;$\boldsymbol{R}_{\text{GAST}}$ 为地球自转矩阵;$\boldsymbol{R}_{\text{PN}}$ 为岁差章动矩阵。

因此,像元在 WGS84 坐标系下的视线向量 v_3 可以表示为

$$v_3 = \boldsymbol{R}_{\text{J2000}}^{\text{WGS84}} \cdot v_2 \qquad (4\text{-}23)$$

综上所述,经由像点坐标的一系列旋转变换与缩放平移,本书采用的资源三号卫星三线阵影像的成像几何模型可以表示为

$$\begin{bmatrix} X \\ Y \\ Z \end{bmatrix} = \begin{bmatrix} X_S \\ Y_S \\ Z_S \end{bmatrix} + \lambda \boldsymbol{R}_{\text{J2000}}^{\text{WGS84}} \boldsymbol{R}_{\text{Body}}^{\text{J2000}} \begin{bmatrix} -\tan(\psi_Y) \\ +\tan(\psi_X) \\ -1 \end{bmatrix} \qquad (4\text{-}24)$$

式中:$[X \quad Y \quad Z]^{\text{T}}$ 和 $[X_S \quad Y_S \quad Z_S]^{\text{T}}$ 分别为地面点和投影中心在 WGS84 坐标系下的坐标;λ 为比例系数。

由于卫星影像的严格成像几何模型涉及的参数较多,构成形式较为复杂,在实际

应用中,通常对一些影响较小且具有相同影响的参数进行合并,结合卫星的辅助数据产品,得到简化的卫星影像的成像几何模型。基于此,得到本书在进行卫星影像处理时采用的三种成像几何模型分别如式(4-9)、式(4-17)和式(4-24)所示,为方便后文描述,这里综合将各类传感器的成像几何模型描述如下

$$\begin{bmatrix} X \\ Y \\ Z \end{bmatrix} = \begin{bmatrix} X_S \\ Y_S \\ Z_S \end{bmatrix} + \lambda \boldsymbol{R}_1 \boldsymbol{R}_2 \boldsymbol{R}_3 \begin{bmatrix} x \\ y \\ -f \end{bmatrix} \tag{4-25}$$

式中:$\boldsymbol{R}_1$、$\boldsymbol{R}_2$、$\boldsymbol{R}_3$ 分别表示实现各坐标系间转换的旋转矩阵。

4.2 星历姿态辅助条件下的卫星影像直接立体定位

对于卫星影像,在已知星历姿态数据的前提下,可以将其转换为成像时刻的外方位元素,结合同名像点坐标,通过两张或两张以上影像,利用前方交会来确定对应的地面点坐标,如图4-2所示。

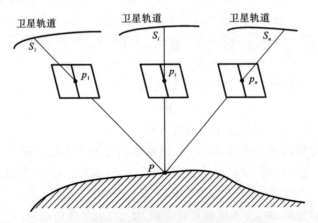

图 4-2 多片影像联合直接立体定位示意图

以两张影像为例,直接立体定位的计算过程简单描述如下。

从式(4-25)出发,令

$$\begin{bmatrix} u_x \\ u_y \\ u_z \end{bmatrix} = \boldsymbol{R}_1 \boldsymbol{R}_2 \boldsymbol{R}_3 \begin{bmatrix} x \\ y \\ -f \end{bmatrix}, \quad \begin{bmatrix} u'_x \\ u'_y \\ u'_z \end{bmatrix} = \boldsymbol{R}'_1 \boldsymbol{R}'_2 \boldsymbol{R}'_3 \begin{bmatrix} x' \\ y' \\ -f' \end{bmatrix} \tag{4-26}$$

可得

$$\begin{bmatrix} X - X_S \\ Y - Y_S \\ Z - Z_S \end{bmatrix} = \lambda \begin{bmatrix} u_x \\ u_y \\ u_z \end{bmatrix}, \quad \begin{bmatrix} X - X'_S \\ Y - Y'_S \\ Z - Z'_S \end{bmatrix} = \lambda' \begin{bmatrix} u'_x \\ u'_y \\ u'_z \end{bmatrix} \tag{4-27}$$

式中：$[u_x \quad u_y \quad u_z]^T$ 和 $[u'_x \quad u'_y \quad u'_z]^T$ 分别为地面点 P 对应同名点 p 和 p' 在物方坐标系下的位置向量，消去比例系数 λ、λ'，则式(4-27)可以改写为

$$\begin{cases} F_1 = u_z(X - X_S) - u_x(Z - Z_S) = 0 \\ F_2 = u_z(Y - Y_S) - u_y(Z - Z_S) = 0 \\ F_3 = u'_z(X - X'_S) - u'_x(Z - Z'_S) = 0 \\ F_4 = u'_z(Y - Y'_S) - u'_y(Z - Z'_S) = 0 \end{cases} \tag{4-28}$$

整理可得

$$AX - L = 0 \tag{4-29}$$

式中：

$$A = \begin{bmatrix} u_z & 0 & -u_x \\ 0 & u_z & -u_y \\ u'_z & 0 & -u'_x \\ 0 & u'_z & -u'_y \end{bmatrix}, \quad X = \begin{bmatrix} X \\ Y \\ Z \end{bmatrix}, \quad L = \begin{bmatrix} u_z X_S - u_x Z_S \\ u_z Y_S - u_y Z_S \\ u'_z X'_S - u'_x Z'_S \\ u'_z Y'_S - u'_y Z'_S \end{bmatrix} \tag{4-30}$$

根据最小二乘原理,有

$$X = (A^T A)^{-1} A^T L \tag{4-31}$$

根据式(4-31)便可以求解像点对应的地面点的三维坐标。对于多张影像,只需增加观测方程,按同样方法答解即可,从而实现多片影像的直接立体定位。

4.3　姿态系统误差检校模型的建立和解算

在当前卫星定轨精度较高,即外方位坐标元素精确已知的前提下,姿态测量装置引起的系统误差成为影响卫星影像直接立体定位精度的主要系统误差源。在我国,由于星敏感器硬件的制作工艺,以及发达国家对高精度星敏的技术保护等原因,使得我国自主研制的遥感卫星直接立体定位精度并不理想,通常需要依赖适量地面控制点对影像进行处理以达到任务需求。

不同类型传感器的姿态辅助数据对姿态描述采用的方式也有所区别,如 SPOT5 HRS 采用姿态角(pitch,roll,yaw)描述本体坐标系到轨道坐标系的旋转变换,天绘一号卫星三线阵影像直接采用角元素(τ, α, κ_v)描述像空间坐标系到物方坐标系的旋转变换,资源三号卫星三线阵影像采用姿态四元数(q_0, q_1, q_2, q_3)描述本体坐标系到 J2000 坐标系的旋转变换。虽然描述方式有所不同,但姿态系统误差检校的实质是一样的,即修正像点到投影中心的含系统误差的视线向量和地面点到投影中心的精确视线向量这两者间的差异,理论基础依然是像点、地面点和投影中心三点共线。

通常情况下,将姿态误差描述为常差建立姿态系统误差模型(简称常差模型)就可以取得较好的检校效果,考虑到卫星运行过程中姿态变化较为平稳,且一景影像成像时间较短这一特点,本书在常差模型的基础上,建立了姿态随扫描时间变化的系统

误差模型,实现了对姿态系统误差的检校。

4.3.1　模型的建立

本节主要针对传感器姿态系统误差进行建模,主要建立三种模型,即常差模型、线性误差模型和二次多项式误差模型,具体形式因描述姿态方式的不同而略有差异。

1. 常差模型

常差模型是将传感器成像过程中的姿态误差当作一个常数进行处理的,认为在成像过程中的姿态误差主要为偏移误差,通过少量的地面控制点对姿态误差进行解算。

对于 SPOT5 HRS 影像,其常差模型可以表示为

$$\begin{cases} \Delta\mathrm{pitch}=a_0 \\ \Delta\mathrm{roll}=b_0 \\ \Delta\mathrm{yaw}=c_0 \end{cases} \tag{4-32}$$

对于天绘一号卫星三线阵影像,其常差模型可以表示为

$$\begin{cases} \Delta\tau=a_0 \\ \Delta\alpha=b_0 \\ \Delta\kappa_v=c_0 \end{cases} \tag{4-33}$$

对于资源三号卫星三线阵影像,其常差模型可以表示为

$$\begin{cases} \Delta q_0=a_0 \\ \Delta q_1=b_0 \\ \Delta q_2=c_0 \\ \Delta q_3=d_0 \end{cases} \tag{4-34}$$

2. 线性误差模型

由于卫星在运行的过程中,姿态是不断平稳变化的,这里将姿态误差的变化看作是一个随扫描时间线性变化的函数,即在常差模型描述的偏移误差改正数的基础上,增加了随时间变化的漂移误差改正数。

对于 SPOT5 HRS 影像,其线性误差模型可以表示为

$$\begin{cases} \Delta\mathrm{pitch}=a_0+a_1 t \\ \Delta\mathrm{roll}=b_0+b_1 t \\ \Delta\mathrm{yaw}=c_0+c_1 t \end{cases} \tag{4-35}$$

对于天绘一号卫星三线阵影像,其线性误差模型可以表示为

$$\begin{cases} \Delta\tau=a_0+a_1 t \\ \Delta\alpha=b_0+b_1 t \\ \Delta\kappa_v=c_0+c_1 t \end{cases} \tag{4-36}$$

对于资源三号卫星三线阵影像,其线性误差模型可以表示为

$$\begin{cases} \Delta q_0 = a_0 + a_1 t \\ \Delta q_1 = b_0 + b_1 t \\ \Delta q_2 = c_0 + c_1 t \\ \Delta q_3 = d_0 + d_1 t \end{cases} \tag{4-37}$$

3. 二次多项式误差模型

二次多项式误差模型是在线性误差模型的基础上,将姿态误差变化看作是一个随扫描时间变化而变化的二次多项式函数。从理论上讲,二次函数能够更加准确地拟合姿态的系统误差,并能够取得较常差模型和线性误差模型更为理想的结果。

对于 SPOT5 HRS 影像,其二次多项式误差模型可以表示为

$$\begin{cases} \Delta \text{pitch} = a_0 + a_1 t + a_2 t^2 \\ \Delta \text{roll} = b_0 + b_1 t + b_2 t^2 \\ \Delta \text{yaw} = c_0 + c_1 t + c_2 t^2 \end{cases} \tag{4-38}$$

对于天绘一号卫星三线阵影像,其二次多项式误差模型可以表示为

$$\begin{cases} \Delta \tau = a_0 + a_1 t + a_2 t^2 \\ \Delta \alpha = b_0 + b_1 t + b_2 t^2 \\ \Delta \kappa_v = c_0 + c_1 t + c_2 t^2 \end{cases} \tag{4-39}$$

对于资源三号卫星三线阵影像,其二次多项式误差模型可以表示为

$$\begin{cases} \Delta q_0 = a_0 + a_1 t + a_2 t^2 \\ \Delta q_1 = b_0 + b_1 t + b_2 t^2 \\ \Delta q_2 = c_0 + c_1 t + c_2 t^2 \\ \Delta q_3 = d_0 + d_1 t + d_2 t^2 \end{cases} \tag{4-40}$$

4.3.2　模型的解算

姿态系统误差模型的解算从卫星影像的成像几何模型出发,目的是使模型两边所表示的原本含误差的视线向量,通过误差模型的引入,使两视线向量实现最大程度的吻合,从而改正或补偿原始模型中的系统误差,以达到提高影像定位精度的目的。

令

$$\boldsymbol{u}_2' = \frac{1}{\lambda} \begin{bmatrix} X - X_S \\ Y - Y_S \\ Z - Z_S \end{bmatrix} \tag{4-41}$$

对其进行单位化,有

$$\boldsymbol{u}_2 = \frac{\boldsymbol{u}_2'}{\| \boldsymbol{u}_2' \|} \tag{4-42}$$

式中:$\boldsymbol{u}_2$ 为像点在标准化空间辅助坐标下的精确视线向量,以此作为姿态系统误差

检校的依据,同时令

$$\boldsymbol{u}_1 = \begin{bmatrix} u_x \\ u_y \\ u_z \end{bmatrix} \tag{4-43}$$

(1) 对于 SPOT5 HRS 影像,参照式(4-9),有

$$\boldsymbol{u}_1 = \boldsymbol{R}_{\text{Orbit}}^{\text{WGS84}} \cdot \boldsymbol{R}_{\text{Body}}^{\text{Orbit}} \cdot \boldsymbol{u}_S \tag{4-44}$$

式中:$\boldsymbol{u}_S = [-\tan(\psi_Y) + \tan(\psi_X) - 1]^{\text{T}}$,以 $\dfrac{\partial(\boldsymbol{u}'_1)}{\partial a_0}$ 为例,有

$$\frac{\partial(\boldsymbol{u}'_1)}{\partial a_0} = \frac{\partial(\boldsymbol{R}_{\text{Orbit}}^{\text{WGS84}} \cdot \boldsymbol{R}_{\text{Body}}^{\text{Orbit}} \cdot \boldsymbol{u}_S)}{\partial a_0} = \boldsymbol{R}_{\text{Orbit}}^{\text{WGS84}} \cdot \frac{\partial(\boldsymbol{R}_{\text{Body}}^{\text{Orbit}})}{\partial a_0} \cdot \boldsymbol{u}_S \tag{4-45}$$

其余未知参数的偏导形式与此类似,因此,向量 $\boldsymbol{u}_1$ 对各未知数的偏导可以转换为由 $\boldsymbol{R}_{\text{Body}}^{\text{Orbit}}$ 对各未知数求偏导,为便于表述,令

$$\boldsymbol{R}_{\text{Body}}^{\text{Orbit}} = \boldsymbol{R} \tag{4-46}$$

将姿态角 pitch、roll、yaw 分别简写为 p、r、y,可以得到

$$\boldsymbol{R} = \begin{bmatrix} \cos r\cos y & -\cos r\sin y & -\sin r \\ \cos p\sin y + \cos y\sin p\sin r & \cos p\cos y - \sin p\sin r\sin y & \cos r\sin p \\ \cos p\cos y\sin r - \sin p\sin y & -\cos y\sin p - \cos p\sin r\sin y & \cos p\cos r \end{bmatrix} \tag{4-47}$$

姿态矩阵 $\boldsymbol{R}$ 对姿态角 p、r、y 的偏导数形式可以表示为

$$\frac{\partial \boldsymbol{R}}{\partial p} = \begin{bmatrix} 0 & 0 & 0 \\ \cos p\cos y\sin r - \sin p\sin y & -\cos y\sin p - \cos p\sin r\sin y & \cos p\cos r \\ -\cos p\sin y - \cos y\sin p\sin r & \sin p\sin r\sin y - \cos p\cos y & -\cos r\sin p \end{bmatrix},$$

$$\frac{\partial \boldsymbol{R}}{\partial r} = \begin{bmatrix} -\cos y\sin r & \sin r\sin y & -\cos r \\ \cos r\cos y\sin p & -\cos r\sin p\sin y & -\sin p\sin r \\ \cos p\cos r\cos y & -\cos p\cos r\sin y & -\cos p\sin r \end{bmatrix},$$

$$\frac{\partial \boldsymbol{R}}{\partial y} = \begin{bmatrix} -\cos r\sin y & -\cos r\cos y & 0 \\ \cos p\cos y - \sin p\sin r\sin y & -\cos p\sin y - \cos y\sin p\sin r & 0 \\ -\cos y\sin p - \cos p\sin r\sin y & \sin p\sin y - \cos p\cos y\sin r & 0 \end{bmatrix}$$

姿态矩阵 $\boldsymbol{R}$ 对各未知参数的偏导数形式可以表示为

$$\frac{\partial \boldsymbol{R}}{\partial a_0} = \frac{\partial \boldsymbol{R}}{\partial p} \cdot \frac{\partial p}{\partial a_0} = \frac{\partial \boldsymbol{R}}{\partial p}, \quad \frac{\partial \boldsymbol{R}}{\partial a_1} = \frac{\partial \boldsymbol{R}}{\partial p} \cdot \frac{\partial p}{\partial a_1} = \frac{\partial \boldsymbol{R}}{\partial p}t, \quad \frac{\partial \boldsymbol{R}}{\partial a_2} = \frac{\partial \boldsymbol{R}}{\partial p} \cdot \frac{\partial p}{\partial a_2} = \frac{\partial \boldsymbol{R}}{\partial p}t^2,$$

$$\frac{\partial \boldsymbol{R}}{\partial b_0} = \frac{\partial \boldsymbol{R}}{\partial r} \cdot \frac{\partial r}{\partial b_0} = \frac{\partial \boldsymbol{R}}{\partial r}, \quad \frac{\partial \boldsymbol{R}}{\partial b_1} = \frac{\partial \boldsymbol{R}}{\partial r} \cdot \frac{\partial r}{\partial b_1} = \frac{\partial \boldsymbol{R}}{\partial r}t, \quad \frac{\partial \boldsymbol{R}}{\partial b_2} = \frac{\partial \boldsymbol{R}}{\partial r} \cdot \frac{\partial r}{\partial b_2} = \frac{\partial \boldsymbol{R}}{\partial r}t^2,$$

$$\frac{\partial \boldsymbol{R}}{\partial c_0} = \frac{\partial \boldsymbol{R}}{\partial y} \cdot \frac{\partial y}{\partial c_0} = \frac{\partial \boldsymbol{R}}{\partial y}, \quad \frac{\partial \boldsymbol{R}}{\partial c_1} = \frac{\partial \boldsymbol{R}}{\partial y} \cdot \frac{\partial y}{\partial c_1} = \frac{\partial \boldsymbol{R}}{\partial y}t, \quad \frac{\partial \boldsymbol{R}}{\partial c_2} = \frac{\partial \boldsymbol{R}}{\partial y} \cdot \frac{\partial y}{\partial c_2} = \frac{\partial \boldsymbol{R}}{\partial y}t^2$$

(2) 对于天绘一号卫星三线阵影像,有

$$\boldsymbol{u}_1 = \boldsymbol{R}_{\text{Sensor}}^{\text{CGCS2000}} \cdot \boldsymbol{u}_S \tag{4-48}$$

式中：$u_S = R_\Phi \cdot [\,0 \quad y \quad -f\,]^T$，以 $\dfrac{\partial(u_1)}{\partial a_0}$ 为例，有

$$\frac{\partial u_1}{\partial a_0} = \frac{\partial R_{\text{Sensor}}^{\text{CGCS2000}}}{\partial a_0} \cdot u_S \tag{4-49}$$

其余未知参数的偏导形式与此类似，因此，向量 u_1 对各未知数的偏导可以转换为由 $R_{\text{Sensor}}^{\text{CGCS2000}}$ 对各未知数求偏导，为便于表述，令

$$R_{\text{Sensor}}^{\text{CGCS2000}} = R \tag{4-50}$$

对旋转角 τ、α、κ_v 求偏导，可得

$$\frac{\partial R}{\partial \tau} = \begin{bmatrix} \cos\kappa_v \sin\tau - \cos\alpha\cos\tau\sin\kappa_v & \sin\kappa_v \sin\tau - \cos\alpha\cos\kappa_v\cos\tau & \sin\alpha\cos\tau \\ \cos\kappa_v\cos\tau - \cos\alpha\sin\kappa_v\sin\tau & -\cos\tau\sin\kappa_v - \cos\alpha\cos\kappa_v\sin\tau & \sin\alpha\sin\tau \\ 0 & 0 & 0 \end{bmatrix},$$

$$\frac{\partial R}{\partial \alpha} = \begin{bmatrix} \sin\alpha\sin\kappa_v\sin\tau & \cos\kappa_v\sin\alpha\sin\tau & \cos\alpha\sin\tau \\ -\sin\alpha\cos\tau\sin\kappa_v & -\cos\kappa_v\sin\alpha\cos\tau & -\cos\alpha\cos\tau \\ \cos\alpha\sin\kappa_v & \cos\alpha\cos\kappa_v & -\sin\alpha \end{bmatrix},$$

$$\frac{\partial R}{\partial \kappa_v} = \begin{bmatrix} -\cos\tau\sin\kappa_v - \cos\alpha\cos\kappa_v\sin\tau & \cos\alpha\sin\kappa_v\sin\tau - \cos\kappa_v\cos\tau & 0 \\ \cos\alpha\cos\kappa_v\cos\tau - \sin\kappa_v\sin\tau & -\cos\kappa_v\sin\tau - \cos\alpha\cos\tau\sin\kappa_v & 0 \\ \cos\kappa_v\sin\alpha & -\sin\alpha\sin\kappa_v & 0 \end{bmatrix}$$

角元素矩阵 R 对各未知参数的偏导数形式可以表示为

$$\frac{\partial R}{\partial a_0} = \frac{\partial R}{\partial \tau} \cdot \frac{\partial \tau}{\partial a_0} = \frac{\partial R}{\partial \tau}, \quad \frac{\partial R}{\partial a_1} = \frac{\partial R}{\partial \tau} \cdot \frac{\partial \tau}{\partial a_1} = \frac{\partial R}{\partial \tau}t, \quad \frac{\partial R}{\partial a_2} = \frac{\partial R}{\partial \tau} \cdot \frac{\partial \tau}{\partial a_2} = \frac{\partial R}{\partial \tau}t^2,$$

$$\frac{\partial R}{\partial b_0} = \frac{\partial R}{\partial \alpha} \cdot \frac{\partial \alpha}{\partial b_0} = \frac{\partial R}{\partial \alpha}, \quad \frac{\partial R}{\partial b_1} = \frac{\partial R}{\partial \alpha} \cdot \frac{\partial \alpha}{\partial b_1} = \frac{\partial R}{\partial \alpha}t, \quad \frac{\partial R}{\partial b_2} = \frac{\partial R}{\partial \alpha} \cdot \frac{\partial \alpha}{\partial b_2} = \frac{\partial R}{\partial \alpha}t^2,$$

$$\frac{\partial R}{\partial c_0} = \frac{\partial R}{\partial \kappa_v} \cdot \frac{\partial \kappa_v}{\partial c_0} = \frac{\partial R}{\partial \kappa_v}, \quad \frac{\partial R}{\partial c_1} = \frac{\partial R}{\partial \kappa_v} \cdot \frac{\partial \kappa_v}{\partial c_1} = \frac{\partial R}{\partial \kappa_v}t, \quad \frac{\partial R}{\partial c_2} = \frac{\partial R}{\partial \kappa_v} \cdot \frac{\partial \kappa_v}{\partial c_2} = \frac{\partial R}{\partial \kappa_v}t^2$$

（3）对于资源三号卫星三线阵影像，有

$$u_1 = R_{\text{J2000}}^{\text{WGS84}} \cdot R_{\text{Body}}^{\text{J2000}} \cdot u_S \tag{4-51}$$

式中：$u_S = [\,-\tan(\psi_Y) \quad \tan(\psi_X) \quad -1\,]^T$，以 $\dfrac{\partial(u_1)}{\partial a_0}$ 为例，有

$$\frac{\partial u_1}{\partial a_0} = R_{\text{J2000}}^{\text{WGS84}} \cdot \frac{\partial R_{\text{Body}}^{\text{J2000}}}{\partial a_0} \cdot u_S \tag{4-52}$$

其余未知参数的偏导形式与此类似，因此，向量 u_1 对各未知数的偏导可以转换为由 $R_{\text{Body}}^{\text{J2000}}$ 对各未知数求偏导，为便于表述，令

$$R_{\text{Body}}^{\text{J2000}} = R \tag{4-53}$$

对四元数 q_0、q_1、q_2、q_3 求偏导，可得

$$\frac{\partial R}{\partial q_0} = \begin{bmatrix} 2q_0 & -2q_3 & 2q_2 \\ 2q_3 & 2q_0 & -2q_1 \\ -2q_2 & 2q_1 & 2q_0 \end{bmatrix}, \quad \frac{\partial R}{\partial q_1} = \begin{bmatrix} 2q_1 & 2q_2 & 2q_3 \\ 2q_2 & -2q_1 & -2q_0 \\ -2q_3 & 2q_0 & 2q_1 \end{bmatrix},$$

$$\frac{\partial \boldsymbol{R}}{\partial q_2} = \begin{bmatrix} -2q_2 & 2q_1 & 2q_0 \\ 2q_1 & 2q_2 & 2q_3 \\ -2q_0 & 2q_3 & -2q_2 \end{bmatrix}, \quad \frac{\partial \boldsymbol{R}}{\partial q_3} = \begin{bmatrix} -2q_3 & -2q_0 & 2q_1 \\ 2q_0 & -2q_3 & 2q_2 \\ 2q_1 & 2q_2 & 2q_3 \end{bmatrix}$$

姿态矩阵 $\boldsymbol{R}$ 对各未知参数的偏导数形式可以表示为

$$\frac{\partial \boldsymbol{R}}{\partial a_0} = \frac{\partial \boldsymbol{R}}{\partial q_0} \cdot \frac{\partial q_0}{\partial a_0} = \frac{\partial \boldsymbol{R}}{\partial q_0}, \quad \frac{\partial \boldsymbol{R}}{\partial a_1} = \frac{\partial \boldsymbol{R}}{\partial q_0} \cdot \frac{\partial q_0}{\partial a_1} = \frac{\partial \boldsymbol{R}}{\partial q_0} t, \quad \frac{\partial \boldsymbol{R}}{\partial a_2} = \frac{\partial \boldsymbol{R}}{\partial q_0} \cdot \frac{\partial q_0}{\partial a_2} = \frac{\partial \boldsymbol{R}}{\partial q_0} t^2,$$

$$\frac{\partial \boldsymbol{R}}{\partial b_0} = \frac{\partial \boldsymbol{R}}{\partial q_1} \cdot \frac{\partial q_1}{\partial b_0} = \frac{\partial \boldsymbol{R}}{\partial q_1}, \quad \frac{\partial \boldsymbol{R}}{\partial b_1} = \frac{\partial \boldsymbol{R}}{\partial q_1} \cdot \frac{\partial q_1}{\partial b_1} = \frac{\partial \boldsymbol{R}}{\partial q_1} t, \quad \frac{\partial \boldsymbol{R}}{\partial b_2} = \frac{\partial \boldsymbol{R}}{\partial q_1} \cdot \frac{\partial q_1}{\partial b_2} = \frac{\partial \boldsymbol{R}}{\partial q_1} t^2,$$

$$\frac{\partial \boldsymbol{R}}{\partial c_0} = \frac{\partial \boldsymbol{R}}{\partial q_2} \cdot \frac{\partial q_2}{\partial c_0} = \frac{\partial \boldsymbol{R}}{\partial q_2}, \quad \frac{\partial \boldsymbol{R}}{\partial c_1} = \frac{\partial \boldsymbol{R}}{\partial q_2} \cdot \frac{\partial q_2}{\partial c_1} = \frac{\partial \boldsymbol{R}}{\partial q_2} t, \quad \frac{\partial \boldsymbol{R}}{\partial c_2} = \frac{\partial \boldsymbol{R}}{\partial q_2} \cdot \frac{\partial q_2}{\partial c_2} = \frac{\partial \boldsymbol{R}}{\partial q_2} t^2,$$

$$\frac{\partial \boldsymbol{R}}{\partial d_0} = \frac{\partial \boldsymbol{R}}{\partial q_3} \cdot \frac{\partial q_3}{\partial d_0} = \frac{\partial \boldsymbol{R}}{\partial q_3}, \quad \frac{\partial \boldsymbol{R}}{\partial d_1} = \frac{\partial \boldsymbol{R}}{\partial q_3} \cdot \frac{\partial q_3}{\partial d_1} = \frac{\partial \boldsymbol{R}}{\partial q_3} t, \quad \frac{\partial \boldsymbol{R}}{\partial d_2} = \frac{\partial \boldsymbol{R}}{\partial q_3} \cdot \frac{\partial q_3}{\partial d_2} = \frac{\partial \boldsymbol{R}}{\partial q_3} t^2$$

在对不同类型传感器、不同姿态系统误差模型中各未知参数偏导数形式表示完毕后,可得观测方程,即

$$\boldsymbol{u}_2 = \boldsymbol{u}_1 \tag{4-54}$$

对于单个控制点,可以列出如下误差方程,即

$$\boldsymbol{V} = \boldsymbol{A}\boldsymbol{X} - \boldsymbol{L} \tag{4-55}$$

式中:$\boldsymbol{V}$ 为观测值残差向量,$\boldsymbol{V} = \begin{bmatrix} V_X & V_Y & V_Z \end{bmatrix}^{\mathrm{T}}$;$\boldsymbol{L}$ 为 $\boldsymbol{u}_2$ 与 $\boldsymbol{u}_1$ 各分量间的差值,$\boldsymbol{L} = \begin{bmatrix} (\boldsymbol{u}_2)_X - (\boldsymbol{u}_1)_X & (\boldsymbol{u}_2)_Y - (\boldsymbol{u}_1)_Y & (\boldsymbol{u}_2)_Z - (\boldsymbol{u}_1)_Z \end{bmatrix}^{\mathrm{T}}$;系数矩阵 $\boldsymbol{A}$ 和未知数 $\boldsymbol{X}$ 因系统误差检校模型不同而形式有所不同。

由最小二乘原理,可得

$$\boldsymbol{X} = (\boldsymbol{A}^{\mathrm{T}}\boldsymbol{A})^{-1}(\boldsymbol{A}^{\mathrm{T}}\boldsymbol{L}) \tag{4-56}$$

此外,对于以四元数描述传感器姿态的卫星平台,如资源三号卫星,则应增加一个约束条件,即

$$q_0^2 + q_1^2 + q_2^2 + q_3^2 = 1 \tag{4-57}$$

式中:

$$\begin{cases} q_0 = q_0^0 + \Delta q_0 \\ q_1 = q_1^0 + \Delta q_1 \\ q_2 = q_2^0 + \Delta q_2 \\ q_3 = q_3^0 + \Delta q_3 \end{cases} \tag{4-58}$$

$(q_0^0, q_1^0, q_2^0, q_3^0)$ 为星上姿态四元数观测值;$(\Delta q_0, \Delta q_1, \Delta q_2, \Delta q_3)$ 因所选误差模型而形式略有差异。

对式(4-56)进行线性化,得到的误差方程为

$$\boldsymbol{B}\boldsymbol{X} + \boldsymbol{W} = 0 \tag{4-59}$$

式中:$W = (q_0^2 + q_1^2 + q_2^2 + q_3^2 - 1)/2$。

采用带有约束条件的间接平差进行答解,整体平差的原始误差方程可以表示为

$$\begin{cases} V = AX - L \\ BX + W = 0 \end{cases} \qquad (4\text{-}60)$$

由最小二乘原理,可得

$$X = (N^{\mathrm{T}} N)^{-1} (N^{\mathrm{T}} Y) \qquad (4\text{-}61)$$

式中:$N = [A \quad B]^{\mathrm{T}}$,$Y = [L \quad W]^{\mathrm{T}}$。

对于常差模型,有

$$A = \left[\frac{\partial(u_1)}{\partial a_0} \quad \frac{\partial(u_1)}{\partial b_0} \quad \frac{\partial(u_1)}{\partial c_0} \right], \quad X = [da_0 \quad db_0 \quad dc_0]^{\mathrm{T}}$$

或

$$A = \left[\frac{\partial(u_1)}{\partial a_0} \quad \frac{\partial(u_1)}{\partial b_0} \quad \frac{\partial(u_1)}{\partial c_0} \quad \frac{\partial(u_1)}{\partial d_0} \right], \quad X = [da_0 \quad db_0 \quad dc_0 \quad dd_0]^{\mathrm{T}},$$

$$B = [2q_0 \quad 2q_1 \quad 2q_2 \quad 2q_3]$$

对于线性误差模型,有

$$A = \left[\frac{\partial(u_1)}{\partial a_0} \quad \frac{\partial(u_1)}{\partial b_0} \quad \frac{\partial(u_1)}{\partial c_0} \quad \frac{\partial(u_1)}{\partial a_1} \quad \frac{\partial(u_1)}{\partial b_1} \quad \frac{\partial(u_1)}{\partial c_1} \right],$$

$$X = [da_0 \quad db_0 \quad dc_0 \quad da_1 \quad db_1 \quad dc_1]^{\mathrm{T}}$$

或

$$A = \left[\frac{\partial(u_1)}{\partial a_0} \quad \frac{\partial(u_1)}{\partial b_0} \quad \frac{\partial(u_1)}{\partial c_0} \quad \frac{\partial(u_1)}{\partial d_0} \quad \frac{\partial(u_1)}{\partial a_1} \quad \frac{\partial(u_1)}{\partial b_1} \quad \frac{\partial(u_1)}{\partial c_1} \quad \frac{\partial(u_1)}{\partial d_1} \right],$$

$$X = [da_0 \quad db_0 \quad dc_0 \quad dd_0 \quad da_1 \quad db_1 \quad dc_1 \quad dd_1]^{\mathrm{T}},$$

$$B = [2q_0 \quad 2q_1 \quad 2q_2 \quad 2q_3 \quad 2q_0 t \quad 2q_1 t \quad 2q_2 t \quad 2q_3 t]$$

对于二次多项式误差模型,有

$$A = \left[\frac{\partial(u_1)}{\partial a_0} \quad \frac{\partial(u_1)}{\partial b_0} \quad \frac{\partial(u_1)}{\partial c_0} \quad \frac{\partial(u_1)}{\partial a_1} \quad \frac{\partial(u_1)}{\partial b_1} \quad \frac{\partial(u_1)}{\partial c_1} \quad \frac{\partial(u_1)}{\partial a_2} \quad \frac{\partial(u_1)}{\partial b_2} \quad \frac{\partial(u_1)}{\partial c_2} \right],$$

$$X = [da_0 \quad db_0 \quad dc_0 \quad da_1 \quad db_1 \quad dc_1 \quad da_2 \quad db_2 \quad dc_2]^{\mathrm{T}}$$

或

$$A = \left[\frac{\partial(u_1)}{\partial a_0} \quad \frac{\partial(u_1)}{\partial b_0} \quad \frac{\partial(u_1)}{\partial c_0} \quad \frac{\partial(u_1)}{\partial d_0} \quad \frac{\partial(u_1)}{\partial a_1} \quad \frac{\partial(u_1)}{\partial b_1} \quad \frac{\partial(u_1)}{\partial c_1} \quad \frac{\partial(u_1)}{\partial d_1} \quad \frac{\partial(u_1)}{\partial a_2} \quad \frac{\partial(u_1)}{\partial b_2} \quad \frac{\partial(u_1)}{\partial c_2} \quad \frac{\partial(u_1)}{\partial d_2} \right],$$

$$X = [da_0 \quad db_0 \quad dc_0 \quad dd_0 \quad da_1 \quad db_1 \quad dc_1 \quad dd_1 \quad da_2 \quad db_2 \quad dc_2 \quad dd_2]^{\mathrm{T}},$$

$$B = [2q_0 \quad 2q_1 \quad 2q_2 \quad 2q_3 \quad 2q_0 t \quad 2q_1 t \quad 2q_2 t \quad 2q_3 t \quad 2q_0 t^2 \quad 2q_1 t^2 \quad 2q_2 t^2 \quad 2q_3 t^2]$$

至此,便可以根据选取的姿态误差模型,依据最小二乘原理进行答解。无论是姿态信息以欧拉角形式描述,还是姿态信息以四元数形式描述,两种形式下的未知数初值赋予零即可,迭代收敛后便可以得到姿态系统误差的检校值。需要指出的是,每个地面控制点可列两个有效误差方程,由于不同误差模型涉及的未知参数个数不同,故答解所需的最少地面控制点数量也有所不同。对于常差模型,其包含未知数为 3 个,

因此至少需要 2 个地面控制点参与答解；对于线性误差模型，其包含未知数为 6 个，因此至少需要 3 个地面控制点参与答解；对于二次多项式误差模型，其包含未知数为 9 个，因此至少需要 4 个地面控制点参与答解。

4.4 实验与分析

本章实验主要包括：SPOT5 HRS 影像、天绘一号卫星三线阵影像和资源三号卫星三线阵影像，结合星上辅助数据，进行无地面控制点直接立体定位，验证所建各卫星传感器成像几何模型的正确性，并评价各卫星影像的直接立体定位精度；针对影响直接立体定位精度主要因素，即姿态系统误差，由 4.3 节中建立的误差检校模型，对各类传感器姿态系统误差进行相关实验，分析实验结果并得出结论；将星历姿态数据作为观测值，利用控制点进行卫星影像定向，通过前方交会分别统计控制点和检查点的定位精度，并与姿态系统误差检校结果进行对比，得出实验结论。

4.4.1 卫星影像无地面控制点直接立体定位实验

利用星上提供的辅助数据，分别对 SPOT5 HRS 影像、天绘一号卫星三线阵影像、资源三号卫星三线阵影像进行无地面控制点直接立体定位实验，实验结果如表 4-1 所示，图 4-3 至图 4-7 分别为对应卫星影像直接立体定位的残差分布图。

表 4-1　卫星影像无地面控制点直接立体定位实验结果

影 像	检查点数量/个	最大残差绝对值/m			中误差/m			
		X	Y	Z	X	Y	平面	Z
SPOT5-HN	56	23.96	18.58	29.47	9.20	7.34	11.77	16.85
TH-1-HN1	31	30.49	60.70	80.88	16.63	34.49	36.49	56.01
TH-1-HN2	10	34.03	35.78	57.52	24.09	16.26	29.06	44.50
ZY-3-HN1	27	1245.06	173.90	1147.70	1224.08	90.70	1225.44	1120.85
ZY-3-HN2	5	1250.42	128.12	1151.05	1237.34	66.89	1239.15	1133.70

综合分析上述实验结果，可以得出如下结论。

(1) SPOT5-HN 影像直接立体定位精度达到平面 11.77 m，高程 16.85 m，完全满足 SPOT5 卫星标称的无地面控制点 50 m 的定位精度，这是由于 SPOT5 卫星在全球分布有较多的地面检校场，并定期对摄影测量参数进行在轨几何定标，因而能够较好地削弱系统性误差，并保持较高的定位精度。图 4-3 所示的为对应的直接立体定位残差分布图，可以看出，平面方向系统性误差较弱，而高程方向系统性误差较强，故有必要采取一定措施以消除系统性误差的影响。

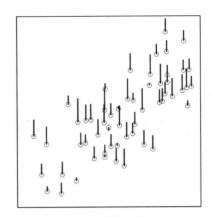

（a）平面方向 （b）高程方向

图 4-3 SPOT5-HN 影像无地面控制点直接立体定位残差分布图（图中比例尺为 10 m）

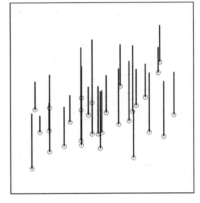

（a）平面方向 （b）高程方向

图 4-4 TH-1-HN1 影像无地面控制点直接立体定位残差分布图（图中比例尺为 10 m）

（2）TH-1-HN1 影像直接立体定位精度为平面 36.49 m，高程 56.01 m，TH-1-HN2 影像直接立体定位精度为平面 29.06 m，高程 44.50 m，从该实验结果可以推断出天绘一号卫星三线阵影像的直接立体定位精度为平面 40 m，高程 50 m 左右。从两景影像直接立体定位残差分布图（见图 4-4 和图 4-5）可以看出，平面方向的系统性误差较弱，而高程方向的系统性误差较强，造成这一结果的原因与卫星的姿态变化率有关，有必要采取一定措施以消除系统误差的影响。

（3）ZY-3-HN1 和 ZY-3-HN2 两景影像直接立体定位精度较差，定位精度均为公里数量级，且从两景影像直接立体定位残差分布图（见图 4-6 和图 4-7）可知，平面和高程方向均存在明显的系统性误差。而资源三号卫星发布的经地面处理后的定轨精度，可以达到分米数量级甚至厘米数量级。此外，由卫星影像定位误差传播规律可

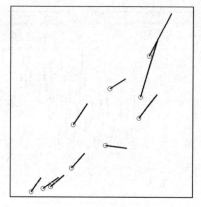 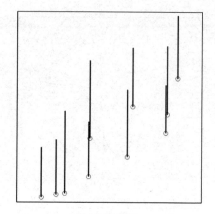

（a）平面方向　　　　　　　　　　　　　　　（b）高程方向

图 4-5　TH-1-HN2 影像无地面控制点直接立体定位残差分布图（图中比例尺为 10 m）

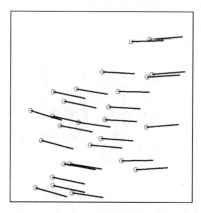 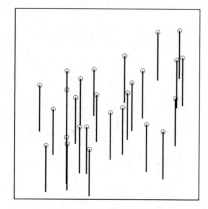

（a）平面方向　　　　　　　　　　　　　　　（b）高程方向

图 4-6　ZY-3-HN1 影像无地面控制点直接立体定位残差分布图（图中比例尺为 200 m）

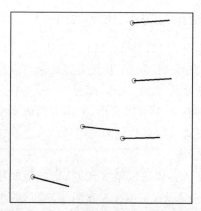 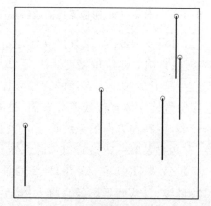

（a）平面方向　　　　　　　　　　　　　　　（b）高程方向

图 4-7　ZY-3-HN2 影像无地面控制点直接立体定位残差分布图（图中比例尺为 200 m）

知,角元素误差比线元素误差对定位精度的影响要大得多,因此,姿态测量误差是导致直接立体定位精度较差的主要原因,且该系统误差主要为常差,故有必要对资源三号卫星影像进行姿态四元数的系统误差检校。

4.4.2 卫星影像姿态系统误差检校实验

1. SPOT5 HRS 影像姿态角系统误差检校实验

依据 4.4 节建立的 SPOT5 HRS 影像姿态角元素系统误差检校模型,在 SPOT5-HN 影像上选取了 16 个均匀分布的地面控制点进行系统误差检校实验。

TH-1-HN1 影像姿态角系统误差检校结果如表 4-2 所示,其中,改正数 a_0、b_0、c_0 的单位都为 rad,改正数 a_1、b_1、c_1 的单位都为 rad/s,改正数 a_2、b_2、c_2 的单位都为 rad/s^2。从表 4-2 中可以看出,常数项部分误差改正数的数量级较大,一次项部分误差改正数的数量级次之,二次项部分误差改正数数量级最小,这说明 SPOT5 卫星影像姿态系统误差项中,主要误差为常数项表示的偏移改正数,说明对常数项改正是必要的,对高次项的改正的必要性可以由各误差模型的定位结果进行验证。

表 4-2　SPOT5-HN 影像姿态角系统误差检校实验结果

改正数	误差检校模型					
	前视影像			后视影像		
	A	B	C	A	B	C
a_0	−4.80e−6	−5.35e−6	−4.51e−6	−1.07e−5	−1.10e−5	−1.09e−5
a_1	—	−3.92e−7	−6.75e−7	—	−4.63e−7	3.09e−7
a_2	—	—	−1.19e−7	—	—	7.87e−8
b_0	−8.68e−6	−1.28e−5	−1.31e−5	−7.80e−6	−5.26e−6	1.95e−5
b_1	—	1.00e−6	−4.39e−6	—	3.47e−7	−4.89e−6
b_2	—	—	−4.48e−7	—	—	−4.87e−8
c_0	−1.11e−5	−4.23e−5	−1.51e−5	−1.53e−5	−4.22e−5	−9.83e−5
c_1	—	−4.64e−6	−7.68e−6	—	−9.17e−7	8.93e−6
c_2	—	—	−1.52e−6	—	—	8.70e−6

表 4-3 所示的为不同姿态角系统误差模型检校后,SPOT5-HN 影像的直接立体定位实验结果,图 4-8 所示的为利用误差模型 A 检校后,SPOT5-HN 影像中控制点和检查点的残差分布图。

表 4-3 SPOT5-HN 影像姿态角系统误差检校后直接立体定位实验结果

误差模型	控制点数量/个	控制点精度/m				检查点数量/个	检查点精度/m			
		X	Y	平面	Z		X	Y	平面	Z
A		6.47	4.97	8.16	6.56		7.22	6.87	9.97	7.68
B	16	6.48	4.94	8.15	6.29	40	7.23	6.85	9.96	7.55
C		6.17	4.98	7.92	6.05		7.09	6.79	9.82	7.82

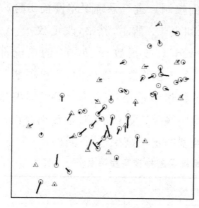

（a）平面方向

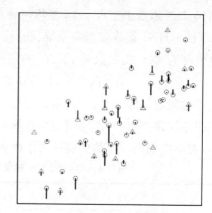

（b）高程方向

图 4-8 SPOT5-HN 影像姿态角系统误差检校后直接立体定位残差分布图（图中比例尺为 10 m）

分析实验结果，可以得出以下几点结论。

（1）经过姿态角系统误差检校后，SPOT5-HN 影像的定位精度较表 4-1 有一定提升。

（2）通过比较不同误差模型检校后的影像定位精度可以看出，采用模型 C 时，控制点的定位精度较其他两种模型均有略微提高，这说明模型 C 能够更好地拟合控制点处的姿态角系统误差变化规律。

（3）从检查点的定位精度来看，当采用误差模型 A 进行检校时，平面方向精度提升为 $15.3\% = (11.77 - 9.97)/11.77$，高程方向精度提升为 $54.4\% = (16.85 - 7.68)/16.85$，高程方向精度提升更为显著。采用模型 B 和模型 C 时，定位结果差异不大，这说明对于 SPOT5 卫星影像，只需对其进行姿态角常差检校即可，高次误差项的引入不一定能够进一步提升定位精度，这与 SPOT5 卫星利用全球地面检校场定期进行在轨几何定标并及时更新辅助数据是密不可分的。

2. 天绘一号卫星三线阵影像角元素系统误差检校实验

依据 4.4 节建立的天绘一号卫星三线阵影像角元素系统误差检校模型，在 TH-1-HN1 影像上选取了 16 个均匀分布的地面控制点进行系统误差检校实验，由于

TH-1-HN2 影像上控制点数量较少,因此暂不对其进行系统误差检校实验。

TH-1-HN1 影像角元素系统误差检校结果如表 4-4 所示,其中,改正数 a_0、b_0、c_0 的单位都为 rad,改正数 a_1、b_1、c_1 的单位都为 rad/s,改正数 a_2、b_2、c_2 的单位都为 rad/s^2。从表 4-4 可以看出,三视影像的常数项部分误差改正数的数量级相对较大,这说明在角元素系统误差中,主要误差为常差,因此对常数项进行改正是必要的,对高次项误差改正的必要性可以由各误差模型的定位结果进行验证。

表 4-4　TH-1-HN1 影像角元素系统误差检校实验结果

改正数	误差检校模型								
	前视影像			下视影像			后视影像		
	A	B	C	A	B	C	A	B	C
a_0	$-1.71e-4$	$-3.15e-5$	$7.32e-4$	$-4.54e-5$	$-4.46e-5$	$-3.30e-5$	$-4.03e-4$	$-1.94e-4$	$6.33e-4$
a_1	—	$-4.99e-5$	$-3.48e-4$	—	$-4.38e-7$	$5.78e-6$	—	$4.77e-6$	$-3.94e-4$
a_2			$3.21e-5$			$-7.46e-7$			$4.08e-5$
b_0	$6.00e-5$	$3.38e-5$	$-1.71e-4$	$6.09e-5$	$5.61e-5$	$5.88e-5$	$1.19e-4$	$1.32e-4$	$4.22e-5$
b_1		$5.47e-6$	$9.77e-5$		$1.06e-6$	$1.84e-6$		$-3.85e-6$	$5.16e-5$
b_2	—	—	$-9.67e-6$			$-1.73e-7$			$-5.74e-6$
c_0	$5.74e-5$	$-7.21e-5$	$-1.04e-3$	$1.21e-4$	$-4.80e-5$	$5.58e-5$	$-3.65e-4$	$-4.05e-4$	$1.60e-3$
c_1		$4.77e-5$	$4.44e-4$		$3.18e-5$	$-4.88e-4$		$4.02e-5$	$-9.49e-4$
c_2			$-4.27e-5$			$3.42e-5$			$1.00e-4$

表 4-5 所示的为 TH-1-HN1 影像不同系统误差模型检校后的直接立体定位实验结果,图 4-9 所示的为利用误差模型 C 进行检校后,TH-1-HN1 影像中控制点和检查点的残差分布图。

表 4-5　TH-1-HN1 影像角元素系统误差检校后直接立体定位实验结果

误差模型	控制点数量/个	控制点精度/m				检查点数量/个	检查点精度/m			
		X	Y	平面	Z		X	Y	平面	Z
A	16	11.35	24.15	24.89	14.06	15	9.97	24.20	24.33	16.52
B		8.56	20.11	21.85	14.58		10.77	21.49	24.04	14.58
C		7.83	17.74	19.39	11.48		10.26	20.87	23.26	14.94

分析实验结果,可以得出以下几点结论。

(1) 经过三种角元素系统误差模型检校后,TH-1-HN1 影像直接立体定位精度较表 4-1 的结果均有一定提升,其中高程方向精度提升更为明显。对比不同误差模

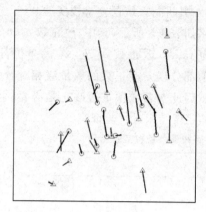

（a）平面方向

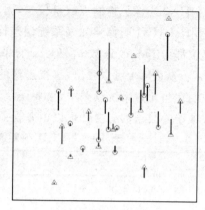

（b）高程方向

图 4-9 TH-1-HN1 影像角元素系统误差检校后直接立体定位残差分布图（图中比例尺为 10 m）

型下取得的定位精度，在采用模型 C 时，控制点定位精度较其他两种模型均有略微提升，这说明模型 C 能够更好拟合控制点处的角元素系统误差变化规律，这一结论与 SPOT5 卫星影像的实验结论一致。

（2）比较不同误差模型检校后的影像直接立体定位精度，可以发现，在建立角元素随扫描时间变化的误差模型后，影像直接立体定位精度略有提升，但效果并不明显，也仅达到平面精度 24 m，高程精度 14 m 左右的水平，整体定位结果并不理想，因此有必要采取其他的方法或手段进一步提升影像的定位精度。

将 TH-1-HN1 影像的角元素系统误差检校模型 A，即常差模型，应用于相邻的 TH-1-HN2 影像中，并对其进行直接立体定位，实验结果如表 4-6 和图 4-10 所示。可以看出，TH-1-HN2 影像的直接立体定位精度提升较为明显，其中平面方向提升 40.2% =（29.06－17.37）/29.06，高程方向提升 67.8% =（44.50－14.33）/44.50。这说明，天绘一号卫星在运行相隔不太长的一段时间内，姿态变化较为平稳，影像角元素的系统误差基本一致，因此该方法可以用于对少控制点或无控制点区域的定位精度的提升。

表 4-6 TH-1-HN2 影像直接立体定位实验结果

影 像	最小残差绝对值/m			最大残差绝对值/m			中误差/m			
	X	Y	Z	X	Y	Z	X	Y	平面	Z
TH-1-HN2	0.28	3.63	4.64	24.91	25.48	24.29	14.12	14.45	17.37	14.33

3. 资源三号卫星三线阵影像姿态四元数系统误差检校实验

依据 4.4 节建立的资源三号卫星三线阵影像姿态四元数系统误差检校模型，在 ZY-3-HN1 影像上选取了 12 个均匀分布的地面控制点进行系统误差检校实验，由于

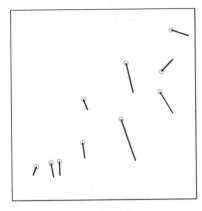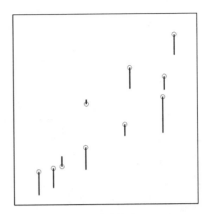

（a）平面方向　　　　　　　　　（b）高程方向

图 4-10　TH-1-HN1 影像角元素系统误差检校后 TH-1-HN2
影像定位残差分布图（图中比例尺为 10 m）

ZY-3-HN2 影像上控制点数量较少，因此暂不对其进行系统误差检校实验。

ZY-3-HN1 影像姿态四元数系统误差检校实验结果如表 4-7 所示。从表 4-7 可以看出，三视影像的常数项部分误差改正数的数量级相对较大，一次项和二次项部分误差改正数的数量级相对较小，这说明在姿态四元数系统误差中，主要误差为常差，这一结果与 SPOT5 HRS 和天绘一号卫星三线阵影像系统误差检校结果是相一致的，因此对常数项进行改正是必要的，对一次项和二次项改正的必要性可以由各误差模型的定位结果进行验证。

表 4-7　ZY-3-HN1 影像姿态四元数系统误差检校实验结果

改正数	误差检校模型								
	前视影像			下视影像			后视影像		
	A	B	C	A	B	C	A	B	C
a_0	5.84e−4	5.82e−4	6.01e−4	−1.44e−5	1.15e−5	6.10e−5	7.03e−4	7.63e−4	7.67e−4
a_1	—	3.61e−7	−6.69e−6	—	−5.94e−6	−4.73e−5	—	−1.31e−5	−1.09e−5
a_2	—	—	5.51e−7	—	—	1.95e−6	—	—	−6.11e−7
b_0	1.38e−3	1.40e−3	1.33e−3	1.35e−3	1.32e−3	1.27e−3	1.56e−3	1.52e−3	1.52e−3
b_1	—	−5.01e−6	−1.56e−5	—	5.81e−6	4.86e−5	—	8.63e−6	5.19e−6
b_2	—	—	−8.99e−7	—	—	−1.86e−6	—	—	6.49e−7
c_0	1.21e−3	1.23e−3	1.13e−3	1.63e−3	1.59e−3	1.52e−3	1.14e−3	1.10e−3	1.10e−3
c_1	—	−7.01e−6	4.67e−5	—	7.45e−6	3.99e−5	—	8.48e−6	5.88e−6

续表

改正数	误差检校模型								
	前视影像			下视影像			后视影像		
	A	B	C	A	B	C	A	B	C
c_2	—	—	−1.98e−6	—	—	−4.86e−6		—	5.68e−7
d_0	4.06e−4	4.07e−4	4.21e−4	5.99e−5	4.99e−5	3.35e−5	6.39e−4	6.04e−4	6.04e−4
d_1	—	−3.47e−7	−8.20e−6	—	4.23e−6	7.28e−6	—	7.80e−6	4.61e−6
d_2	—	—	−9.20e−7	—	—	−4.32e−7	—	—	6.08e−7

表 4-8 所示的为 ZY-3-HN1 影像不同系统误差模型检校后直接立体定位实验结果,图 4-11 所示的为利用误差模型 C 进行检校后,ZY-3-HN1 影像中控制点和检查点的残差分布图。

表 4-8　ZY-3-HN1 影像姿态四元数系统误差检校后直接立体定位实验结果

误差模型	控制点数量/个	控制点精度/m				检查点数量/个	检查点精度/m			
		X	Y	平面	Z		X	Y	平面	Z
A	12	5.24	4.05	6.92	4.59	15	3.87	4.78	6.15	4.05
B		5.26	3.22	6.17	4.08		4.01	4.32	5.89	3.70
C		5.18	4.21	5.63	4.00		3.61	3.64	5.12	3.69

（a）平面方向

（b）高程方向

图 4-11　ZY-3-HN1 影像姿态四元数系统误差检校后直接立体定位残差
分布图(图中比例尺为 10 m)

分析实验结果,可以得出以下几点结论。

（1）经三线阵影像姿态四元数系统误差模型检校后,ZY-3-HN1 影像的直接立体定位精度较表 4-1 中的结果均有显著提升,达到平面方向 6 m 左右,高程方向优于 4 m。比较各误差模型下的影像定位结果,可以发现,采用模型 C 时,影像定位精度提升最高,较之模型 A,平面方向提升 $16.7\% = (6.15 - 5.12)/6.15$,高程方向提升 $8.9\% = (4.05 - 3.69)/4.05$。

（2）由 ZY-3-HN1 影像的系统误差检校结果可以得出,仅添加常数项系统误差检校便可以显著提升影像的直接立体定位精度,若在此基础上增加随扫描时间变化的一次项和二次项的误差模型,则能够进一步提升影像定位精度,且从图 4-11 可以看出,系统性误差得到了很好的改正和消除,验证了本书所建资源三号卫星姿态四元数系统误差检校模型的正确性和有效性。

与 TH-1 影像处理方法类似,将 ZY-3-HN1 影像姿态四元数系统误差检校模型 A 的结果作用于相邻一景的 ZY-3-HN2 影像,并对其进行直接立体定位,实验结果如表 4-9 所示。可以看出,ZY-3-HN2 影像的直接立体定位精度达到平面方向9.07 m,高程方向 5.57 m,精度虽稍差于 ZY-3-HN1 影像的检查点精度,但其已有显著提升,且从图 4-12 可以看出,系统性误差已经得到了很好的改正或消除,因此该方法可以用于对少控制点或无控制点区域的定位精度的提升。

表 4-9　姿态四元数系统误差检校后 ZY-3-HN2 影像直接立体定位实验结果

影　　像	最小残差绝对值/m			最大残差绝对值/m			中误差/m			
	X	Y	Z	X	Y	Z	X	Y	平面	Z
ZY-3-HN2	4.91	0.94	0.65	9.36	15.24	9.81	5.67	7.08	9.07	5.57

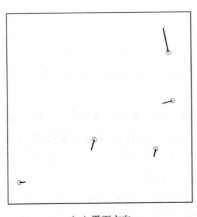
（a）平面方向

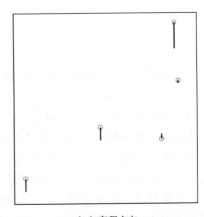
（b）高程方向

图 4-12　ZY-3-HN1 影像姿态四元数系统误差检校后 ZY-3-HN2 影像直接立体定位残差分布图(图中比例尺为 10 m)

4.4.3　利用地面控制点的影像定位实验

在对卫星影像姿态系统误差进行检校后,这里将星上的星历和姿态数据作为观测值,利用地面控制点求解影像外方位元素,然后通过前方交会的方法计算检查点的地面点坐标,并统计控制点和检查点的精度,实验结果如表4-10所示。通过与4.4.2节中不同影像姿态系统误差检校结果对比,可以发现:对于SPOT5-HN影像和TH-1-HN1影像,本节方法与4.4.2节中姿态系统误差方法求得检查点精度基本一致;对于ZY-3-HN1影像,本节方法求得的检查点精度稍优于姿态四元数系统误差检校方法下的检查点精度。这一结果表明,将星历姿态数据作为观测值,并利用控制点进行影像定位的方法,与直接利用控制点进行姿态系统误差检校的方法均能够提高遥感影像的直接立体定位精度,这两种方法均是正确可行的。

表 4-10　不同影像利用控制点进行影像直接立体定位实验结果

影　　像	控制点数量/个	控制点精度/m				检查点数量/个	检查点精度/m			
		X	Y	平面	Z		X	Y	平面	Z
SPOT5-HN	12	6.44	4.97	8.13	6.38	40	7.20	6.83	9.92	7.52
TH-1-HN1	16	7.57	24.42	23.66	14.85	15	9.16	24.13	23.94	16.17
ZY-3-HN1	12	1.46	4.53	4.92	1.79	15	4.37	4.47	5.06	3.40

4.5　本 章 小 结

针对采用的SPOT5 HRS影像、天绘一号卫星三线阵影像和资源三号三线阵影像数据,通过构建对应的遥感卫星成像几何模型,本章主要进行了无地面控制点直接立体定位实验、姿态系统误差检校实验和利用控制点的影像直接立体定位实验,得出的主要结论有以下几点。

(1) 由于SPOT5卫星定期利用全球地面检校场对传感器参数进行检校,故可以获取较高的无地面控制点直接立体定位精度。天绘一号卫星的无地面控制点直接立体定位精度,平面优于50 m,高程约为50 m。资源三号卫星原始星上辅助数据存在较大系统误差,需要采取必要措施对其进行改正或补偿。

(2) 影响卫星影像直接立体定位精度的主要因素为姿态测量误差,且该部分系统误差主要为常差。通过利用一定数量的地面控制点对遥感卫星姿态信息进行常差检校,便能够明显提升卫星影像直接立体定位精度,对相邻景影像同样有适用性。在利用二次多项式模型描述姿态系统误差时,控制点精度均优于常差模型和线性模型的精度,而检查点精度则因卫星影像不同和模型不同表现略有差异,这说明进行姿态系统误差的常差检校是非常必要的。

（3）将星历和姿态数据作为观测值，并利用地面控制点进行影像定位，同样能够较好地改正或补偿成像几何模型中的系统误差，且取得的检查点精度与姿态系统误差检校取得检查点精度基本相当，说明这两种方法均能有效改正或消除成像几何模型中的系统误差。

第5章 遥感卫星线阵传感器摄影测量参数在轨几何定标

遥感卫星在发射之前都会在实验室对传感器参数进行校准,而在卫星发射过程及在轨运行过程中,由于外界及内部自身环境变化的影响,使得传感器参数不可避免地发生一定的变化。若直接将传感器实验室的标定参数用于摄影测量定位,则可能会导致对地定位精度不理想而不能满足后续的成图等测绘任务要求。在有地面控制点参与的卫星摄影测量中,由传感器参数误差引起的摄影测量误差,大部分可以借助适量地面控制点予以消除,但在无地面控制点参与的卫星摄影测量中,传感器参数的变化必须通过在轨几何定标的方法予以改正。通过对传感器摄影测量参数的在轨几何定标,能够较为准确地获取摄影测量参数,使传感器严格成像几何模型更加严密,确保影像产品的几何精度满足设计需求。换言之,传感器摄影测量参数的在轨几何定标是实现无地面控制点条件下高精度定位的关键环节。

本章首先针对卫星线阵传感器的成像特点,结合星上星历和姿态辅助数据,建立不同的外方位元素模型;其次根据不同卫星的成像几何模型差异,对成像几何模型中的旋转变换进行预处理,为摄影测量的内部参数标定提供模型基础;然后分别建立了用于摄影测量定标的内部参数标定模型和外部参数标定模型,详细推导了对模型参数的解算过程,并对几何定标的方法进行了深入讨论;最后利用三种卫星的真实影像数据进行相关实验,验证本书算法的正确性和有效性。

5.1 卫星成像几何模型旋转变换预处理

当前卫星平台上搭载的定轨定姿装置,能够较为精确地获取摄站位置和姿态信息,摄站位置通常定义在 WGS84 或 CGCS2000 坐标系下,因此可以直接作为外方位线元素,而姿态信息则根据传感器类型不同涉及的坐标系统也不尽相同。通常情况下,需要进行相应的坐标旋转变换,将姿态信息转换为等效的外方位角元素,进行后续的几何处理。通过简化、合并,可以将卫星成像几何模型表示为

$$\begin{bmatrix} x \\ y \\ -f \end{bmatrix} = \lambda' \boldsymbol{R}^{\mathrm{T}} \begin{bmatrix} X - Y_{\mathrm{s}} \\ Y - Y_{\mathrm{s}} \\ Z - Z_{\mathrm{s}} \end{bmatrix} \tag{5-1}$$

矩阵 $\boldsymbol{R}$ 的具体形式为

$$\boldsymbol{R}=\begin{bmatrix} a_1 & a_2 & a_3 \\ b_1 & b_2 & b_3 \\ c_1 & c_2 & c_3 \end{bmatrix} \tag{5-2}$$

结合上述两式,消去比例系数 λ' ,则共线条件方程形式可以表示为

$$\begin{cases} x=-f\dfrac{a_1(X-X_S)+b_1(Y-Y_S)+c_1(Z-Z_S)}{a_3(X-X_S)+b_3(Y-Y_S)+c_3(Z-Z_S)} \\[3mm] y=-f\dfrac{a_2(X-X_S)+b_2(Y-Y_S)+c_2(Z-Z_S)}{a_3(X-X_S)+b_3(Y-Y_S)+c_3(Z-Z_S)} \end{cases} \tag{5-3}$$

式中:

$$\begin{cases} a_1=\cos\varphi\cos\kappa-\sin\varphi\sin\omega\sin\kappa \\ a_2=-\cos\varphi\sin\kappa-\sin\varphi\sin\omega\cos\kappa \\ a_3=-\sin\varphi\cos\omega \\ b_1=\cos\omega\sin\kappa \\ b_2=\cos\omega\cos\kappa \\ b_3=-\sin\omega \\ c_1=\sin\varphi\cos\kappa+\cos\varphi\sin\omega\sin\kappa \\ c_2=-\sin\varphi\sin\kappa+\cos\varphi\sin\omega\cos\kappa \\ c_3=\cos\varphi\cos\omega \end{cases} \tag{5-4}$$

将旋转矩阵 $\boldsymbol{R}$ 中的元素转换为传统的角元素系统,则 (ϕ,ω,κ) 可以表示为

$$\begin{cases} \phi=-\arctan(\boldsymbol{R}(1,3)/\boldsymbol{R}(3,3)) \\ \omega=-\arcsin(\boldsymbol{R}(2,3)) \\ \kappa=\arctan(\boldsymbol{R}(2,1)/\boldsymbol{R}(2,2)) \end{cases} \tag{5-5}$$

式(5-5)描述了由像空间坐标系到摄影测量坐标系的旋转变换,这种表示方法能够降低直接对成像几何模型进行线性化的复杂性,减少计算量,提高解算效率。该方法适用于 SPOT5 HRS 和资源三号卫星三线阵影像,而对于天绘一号卫星三线阵影像,由于其辅助数据提供的直接为像空间坐标系到摄影测量坐标系的旋转变换,故可以直接采用 (τ,α,κ_v) 转角系统进行线性化及后续的几何处理。

5.2　摄影测量参数标定模型的构建

对摄影测量参数进行标定,应该从卫星影像的严格成像几何模型出发,从模型中分析需要标定的参数或者需要合并标定的参数。由第 4 章构建的卫星严格成像几何模型可知,安置矩阵 $\boldsymbol{R}_{\mathrm{Camera}}^{\mathrm{Body}}$ 和 $\boldsymbol{R}_{\mathrm{Body}}^{\mathrm{Star}}$,偏移向量 $[D_x \quad D_y \quad D_z]^{\mathrm{T}}$ 和 $[d_x \quad d_y \quad d_z]^{\mathrm{T}}$,相机主距 f ,均由相机、星敏感器和 GPS 接收机与卫星本体的固联安装关系或相机本身确定,这些矩阵或参数均在卫星发射前由实验室检定得到,也可以利用地面检校场

对其进行标定,但由于严格成像几何模型中涉及的参数众多,且极易造成答解的不稳定,另外某些量值较小的参数未必会在实验室检定时给出,故要对其进行标定的难度很大。

因此,本书将第 4 章中构建的简化的严格卫星成像几何模型作为本章摄影测量参数的标定模型,结合传感器成像机理,可以将标定参数分为两大类。一类是内部参数,若以$(x,y,-f)$的形式表示像点坐标,则待标定参数为其像点变化$(\Delta x,\Delta y)$,如天绘一号卫星,这里并没有对镜头焦距变化 Δf 进行标定,其主要原因是镜头焦距的变化反映在像平面坐标的变化上,若对镜头焦距变化 Δf 进行标定,则会由于参数间的强相关性和相互替代作用而导致无法正确求解。若以(ψ_X,ψ_Y)的形式表示像点坐标,则无须顾及镜头焦距的变化,其待标定参数为指向角变化$(\Delta\psi_X,\Delta\psi_Y)$,如 SPOT5卫星和资源三号卫星。一类是外部参数,本章将成像几何模型中传感器的各种外部因素误差用一个正交旋转矩阵来描述,通过标定这样一个外部矩阵,达到改正或补偿整体外部误差的目的。

在有星上观测数据辅助的前提下,本章把简化的卫星成像几何模型作为构建摄影测量参数的标定模型的基础,简化的卫星成像几何模型可以表示为

$$
\begin{bmatrix} X \\ Y \\ Z \end{bmatrix} = \begin{bmatrix} X_s \\ Y_s \\ Z_s \end{bmatrix} + \lambda \boldsymbol{R} \begin{bmatrix} x \\ y \\ -f \end{bmatrix} \tag{5-6}
$$

$$
\begin{bmatrix} X \\ Y \\ Z \end{bmatrix} = \begin{bmatrix} X_s \\ Y_s \\ Z_s \end{bmatrix} + \lambda \boldsymbol{R} \begin{bmatrix} -\tan(\psi_Y) \\ \tan(\psi_X) \\ -1 \end{bmatrix} \tag{5-7}
$$

式(5-6)和式(5-7)分别为以$(x,y,-f)$和(ψ_X,ψ_Y)为像点坐标形式的卫星影像成像几何模型。其中,$\boldsymbol{R}$ 为经过一系列旋转变换后,像空间坐标系到地面辅助坐标系的旋转矩阵,即经典共线条件方程下的旋转矩阵。

此外,考虑到内部参数和外部参数在成像几何模型中的相关性,若对其进行整体定标,即同时答解内部参数和外部参数,一方面会增加解算的复杂程度,另一方面容易造成答解的不稳定,甚至得到错误的解。鉴于此,本章将采取分步标定的方法依次完成内部参数和外部参数的标定,下面分别构建内部参数标定模型和外部参数标定模型。

5.2.1　内部参数标定模型的建立与解算

1. 模型的建立

在对内部参数进行标定时,除了要解算像点坐标改正数以外,还要同时解算外方位元素,其本质是一个后方交会的过程。在利用地面控制点数据标定内部参数时,受地面控制点数量的限制,不太可能对所有 CCD 探元进行标定,通常的方法是假定所

有像元具有相同的误差位移,即每个像元的坐标改正数相同,利用适量的地面控制点即可实现对内部参数的标定。然而,由于卫星发射及运行过程中各种因素的影响或干扰,必然会使传感器参数较发射前发生一定变化而偏离实验室检定值,在这种情况下,假定所有像元具有相同的误差位移显然并不合适。基于此思想,可以将线阵CCD进行虚拟分段,利用地面控制点标定每一分段CCD的像元误差位移,并选取合适的数学模型以描述其变化规律,对像元坐标变化(Δx,Δy)或指向角变化($\Delta\psi_X$,$\Delta\psi_Y$)进行标定,最终实现对内部参数的标定。

本书所用内部参数分段标定模型有两种:一种是常数模型,即对每个分段CCD的变化采用一个常数进行描述;一种是多项式模型,即对每个分段CCD的变化采用一个二次多项式拟合CCD的变化。从理论上讲,采用多项式对分段CCD的内部参数进行建模是更为合理的。

对线阵CCD传感器来讲,其CCD阵列构成形式可以分为两类:一类是单线阵分片CCD未采用拼接技术直接扫描成像,如SPOT5 HRS和天绘一号卫星三线阵传感器;一类是多线阵分片CCD在焦平面内采用几何拼接技术形成长线阵CCD进行扫描成像,以获取更宽影像成像区域,如资源三号卫星三线阵传感器。由于卫星发射过程及在轨运行过程中各种因素的干扰,导致线阵CCD参数发生变化或偏离实验室的标定值,实际情况下的CCD阵列和理想情况下的CCD阵列必然存在一定的偏移,且该偏移可能随CCD探元位置不同而具有一定的随机性。本章描述的多线阵分片CCD和单线阵分片CCD的变化分别如图5-1和图5-2所示。

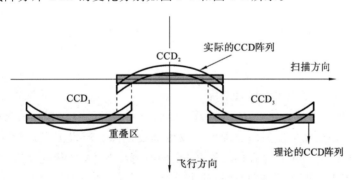

图 5-1 多线阵分片 CCD 变化示意图

在利用多项式模型对传感器内部参数变化进行描述时,假设将线阵CCD分成j段,则第i个像元处的像点坐标和指向角坐标的改正数可以分别表示为

$$\begin{cases} \Delta x_i = a_j + b_j k + c_j k^2 \\ \Delta y_i = d_j + e_j k + f_j k^2 \end{cases} \tag{5-8}$$

$$\begin{cases} \Delta\psi_{X_i} = a_j + b_j k + c_j k^2 \\ \Delta\psi_{Y_i} = d_j + e_j k + f_j k^2 \end{cases} \tag{5-9}$$

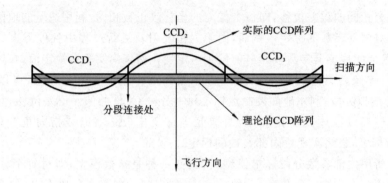

图 5-2 单线阵分片 CCD 变化示意图

式中: k 为像元 i 在线阵 CCD 上对应的列号。此外,对单线阵分片 CCD 传感器来讲, 在对其进行分段标定时,为了使内部参数模型更加严密和合理,可以考虑增加在分片 CCD 连接处的 0 阶、1 阶和 2 阶导数相等这一约束条件。以 SPOT5 HRS 传感器和 天绘一号卫星三线阵传感器为例,其约束条件可以表示为

$$\begin{cases} a_j + b_j + c_j = a_{j+1} \\ d_j + e_j + f_j = d_{j+1} \\ b_j + 2c_j = b_{j+1} \\ e_j + 2f_j = e_{j+1} \\ c_j = c_{j+1} \\ f_j = f_{j+1} \end{cases} \quad (5\text{-}10)$$

由于资源三号卫星三线阵传感器采用分片 CCD 拼接技术进行扫描成像,因此可 按其几何安装上的分段数进行建模,即前后视线阵 CCD 为 4 段,下视线阵 CCD 为 3 段。由于分片 CCD 之间有重叠像元,在采用多项式模型进行内部参数建模时,则无 须考虑描述的分段连接处的约束条件。

事实上,在利用空间后方交会对内部参数进行标定时,应该根据所选的内部参数 标定模型和外方位元素模型来合理地布设地面控制点。假设卫星运行状态平稳,采 用低阶多项式模型描述其外方位元素变化,同时将分片 CCD 分成 2 段,每段采用多 项式描述其变化趋势,则需要答解的未知参数个数为 $(12+2\times6)$ 个 $=24$ 个,每个控 制点可列 2 个误差方程,则至少需要的控制点数量为 12 个,才能实现对内部参数的 解算。

2. 模型的解算

对以 $(x, y, -f)$ 为像点坐标形式的内部参数标定模型而言,依据待标定的参数 为 $(\Delta x, \Delta y)$,则其严格像点坐标形式应表示为 $(x+\Delta x, y+\Delta y, -f)$,在式(5-6)的基 础上,卫星影像成像几何模型可以表示为

$$\begin{bmatrix} X \\ Y \\ Z \end{bmatrix} = \begin{bmatrix} X_S \\ Y_S \\ Z_S \end{bmatrix} + \lambda \boldsymbol{R} \begin{bmatrix} x + \Delta x \\ y + \Delta y \\ -f \end{bmatrix} \tag{5-11}$$

对式(5-11)进行变化,可得

$$\begin{cases} x + \Delta x = -f \dfrac{a_1(X-X_S)+b_1(Y-Y_S)+c_1(Z-Z_S)}{a_3(X-X_S)+b_3(Y-Y_S)+c_3(Z-Z_S)} \\ y + \Delta y = -f \dfrac{a_2(X-X_S)+b_2(Y-Y_S)+c_2(Z-Z_S)}{a_3(X-X_S)+b_3(Y-Y_S)+c_3(Z-Z_S)} \end{cases} \tag{5-12}$$

误差方程形式可以表示为

$$\begin{cases} F_x = x + \Delta x + f \dfrac{\overline{X}}{\overline{Z}} \\ F_y = y + \Delta y + f \dfrac{\overline{Y}}{\overline{Z}} \end{cases} \tag{5-13}$$

式(5-13)即为完整的以$(x, y, -f)$为像点坐标形式的内部参数标定模型,需要的答解的未知数为内部参数$(\Delta x, \Delta y)$和外方位元素模型的参数。

对以指向角(ψ_X, ψ_Y)为像点坐标形式的内部参数标定模型而言,依据待标定的参数为$(\Delta\psi_X, \Delta\psi_Y)$,则其严格像点坐标形式应表示为$(-\tan(\psi_Y + \Delta\psi_Y), \tan(\psi_X + \Delta\psi_X), -1)$,因此,卫星影像成像几何模型可以表示为

$$\begin{bmatrix} X \\ Y \\ Z \end{bmatrix} = \begin{bmatrix} X_S \\ Y_S \\ Z_S \end{bmatrix} + \lambda \boldsymbol{R} \begin{bmatrix} -\tan(\psi_Y + \Delta\psi_Y) \\ \tan(\psi_X + \Delta\psi_X) \\ -1 \end{bmatrix} \tag{5-14}$$

对式(5-14)进行变化,可得

$$\begin{cases} \tan(\psi_Y + \Delta\psi_Y) = \dfrac{\overline{X}}{\overline{Z}} = \dfrac{a_1(X-X_S)+b_1(Y-Y_S)+c_1(Z-Z_S)}{a_3(X-X_S)+b_3(Y-Y_S)+c_3(Z-Z_S)} \\ -\tan(\psi_X + \Delta\psi_X) = \dfrac{\overline{Y}}{\overline{Z}} = \dfrac{a_2(X-X_S)+b_2(Y-Y_S)+c_2(Z-Z_S)}{a_3(X-X_S)+b_3(Y-Y_S)+c_3(Z-Z_S)} \end{cases} \tag{5-15}$$

误差方程形式可以表示为

$$\begin{cases} F_x = -\tan(\psi_Y + \Delta\psi_Y) + \dfrac{\overline{X}}{\overline{Z}} \\ F_y = \tan(\psi_X + \Delta\psi_X) + \dfrac{\overline{Y}}{\overline{Z}} \end{cases} \tag{5-16}$$

式(5-16)即为完整的以(ψ_X, ψ_Y)为像点坐标形式的内部参数标定模型,需要答解的未知数为内部参数$(\Delta\psi_X, \Delta\psi_Y)$和外方位元素模型的参数。

至此,对于以$(x, y, -f)$和(ψ_X, ψ_Y)为像点坐标表示形式的内部参数标定模型均已建立完毕,分别进行线性化后,可得像点观测的误差方程矩阵形式为

$$\boldsymbol{V} = \boldsymbol{AX} + \boldsymbol{BY} - \boldsymbol{L} \tag{5-17}$$

式中:$\boldsymbol{V}$为像点坐标观测值的残差向量;$\boldsymbol{X}$为外方位元素的改正数向量;$\boldsymbol{Y}$为内部参

数的改正数向量；A、B 为相应的设计矩阵；L 为常数项，可以根据最小二乘原理，进行参数答解，从而实现对内部参数的标定。

式(5-17)描述的方法为仅考虑像点观测方程条件下的参数答解，通常情况下，由于航天摄影测量中外方位线角元素间不可避免的强相关性，可以将星历姿态数据作为观测值、内部参数作为虚拟观测值引入解算模型，并分别赋予一定的权值，在式(5-17)的基础上，其形式可以表示为

$$\begin{cases} V_X = AX + BY - L_X & P_X \\ V_A = EX - L_A & P_A \\ V_B = EY - L_B & P_B \end{cases} \tag{5-18}$$

式中：V_X、V_A、V_B 分别为像点坐标观测值、外方位元素观测值和内部参数观测值的残差向量；P_X、P_A、P_B 分别为相应观测值的权矩阵；E 为单位矩阵；L_X、L_A、L_B 分别为相应误差方程观测值常数项。各元素表示完毕后，根据最小二乘法进行空间后方交会解算，可以实现对内部参数的标定。

5.2.2　外部参数标定模型的建立与解算

从描述的严格成像几何模型可以看出，影响卫星影像对地定位精度的因素是多种多样的，如定轨定姿设备的观测误差$\begin{bmatrix} X_S & Y_S & Z_S \end{bmatrix}^T$ 和 R_{Star}^{J2000}，不同类型传感器与卫星平台间的安装偏差如 R_{Body}^{Star} 和 R_{Camera}^{Body}，以及其他设备的安装误差$\begin{bmatrix} D_x & D_y & D_z \end{bmatrix}^T$ 和$\begin{bmatrix} d_x & d_y & d_z \end{bmatrix}^T$ 等，这些矩阵或参数都属于需要标定的外部参数，这些参数的综合作用造成实际成像光线与理想成像光线间的指向差异，导致卫星影像直接立体定位精度受限。由于严格成像几何模型较为复杂，且参数与参数间可能会产生替代效应，因此，要将这些综合误差定量分解为各个误差因素，有着相当大的难度。

鉴于此，这里将影响卫星影像定位的外部误差因素综合考虑为一个正交旋转矩阵 R_{bias}，将其引入成像几何模型，则成像几何模型可以表示为

$$\begin{bmatrix} X - X_S \\ Y - Y_S \\ Z - Z_S \end{bmatrix} = \lambda R R_{bias} \begin{bmatrix} x \\ y \\ -f \end{bmatrix} \tag{5-19}$$

令

$$u_1' = \begin{bmatrix} x \\ y \\ -f \end{bmatrix}, \quad u_2' = \frac{1}{\lambda} R^T \begin{bmatrix} X - X_S \\ Y - Y_S \\ Z - Z_S \end{bmatrix} \tag{5-20}$$

为避免数量级差异过大而导致的舍入误差和比例系数 λ 对解算结果的影响，对两个向量分别进行单位化，即令

$$u_1 = \frac{u_1'}{\|u_1'\|}, \quad u_2 = \frac{u_2'}{\|u_2'\|} \tag{5-21}$$

则有
$$\boldsymbol{u}_2 = \boldsymbol{R}_{\text{bias}} \cdot \boldsymbol{u}_1 \tag{5-22}$$

对式(5-22)进行线性化,其误差方程的矩阵形式可以表示为
$$\boldsymbol{V} = \boldsymbol{CX} - \boldsymbol{L} \tag{5-23}$$

式中:$\boldsymbol{V}$ 为像点观测值的残差向量;$\boldsymbol{X}$ 为矩阵元素改正数;$\boldsymbol{C}$ 为对应的系数矩阵;$\boldsymbol{L}$ 为像点观测值,且有

$$\boldsymbol{C} = \begin{bmatrix} (\boldsymbol{u}_1)_X & (\boldsymbol{u}_1)_Y & (\boldsymbol{u}_1)_Z & 0 & 0 & 0 & 0 & 0 & 0 \\ 0 & 0 & 0 & (\boldsymbol{u}_1)_X & (\boldsymbol{u}_1)_Y & (\boldsymbol{u}_1)_Z & 0 & 0 & 0 \\ 0 & 0 & 0 & 0 & 0 & 0 & (\boldsymbol{u}_1)_X & (\boldsymbol{u}_1)_Y & (\boldsymbol{u}_1)_Z \end{bmatrix},$$

$$\boldsymbol{X} = \begin{bmatrix} da_1 & da_2 & da_3 & db_1 & db_2 & db_3 & dc_1 & dc_2 & dc_3 \end{bmatrix}^{\mathrm{T}},$$

$$\boldsymbol{L} = \begin{bmatrix} (\boldsymbol{u}_2)_X - a_1(\boldsymbol{u}_1)_X - a_2(\boldsymbol{u}_1)_Y - a_3(\boldsymbol{u}_1)_Z \\ (\boldsymbol{u}_2)_Y - b_1(\boldsymbol{u}_1)_X - b_2(\boldsymbol{u}_1)_Y - b_3(\boldsymbol{u}_1)_Z \\ (\boldsymbol{u}_2)_Z - c_1(\boldsymbol{u}_1)_X - c_2(\boldsymbol{u}_1)_Y - c_3(\boldsymbol{u}_1)_Z \end{bmatrix}$$

此外,$\boldsymbol{R}_{\text{bias}}$ 可以表示为

$$\boldsymbol{R}_{\text{bias}} = \begin{bmatrix} a_1 & a_2 & a_3 \\ b_1 & b_2 & b_3 \\ c_1 & c_2 & c_3 \end{bmatrix} \tag{5-24}$$

由于 $\boldsymbol{R}_{\text{bias}}$ 为单位正交矩阵,因此 $\boldsymbol{R}_{\text{bias}}$ 的 9 个元素间存在 6 个约束条件方程,即

$$\begin{cases} a_1^2 + a_2^2 + a_3^2 = 1 \\ b_1^2 + b_2^2 + b_3^2 = 1 \\ c_1^2 + c_2^2 + c_3^2 = 1 \\ a_1 b_1 + a_2 b_2 + a_3 b_3 = 0 \\ a_1 c_1 + a_2 c_2 + a_3 c_3 = 0 \\ b_1 c_1 + b_2 c_2 + b_3 c_3 = 0 \end{cases} \tag{5-25}$$

由式(5-25)的约束条件方程,并对其进行线性化,写成矩阵形式,得到的约束条件方程为

$$\boldsymbol{BX} + \boldsymbol{W} = 0 \tag{5-26}$$

式中:

$$\boldsymbol{B} = \begin{bmatrix} 2a_1 & 2a_2 & 2a_3 & 0 & 0 & 0 & 0 & 0 & 0 \\ 0 & 0 & 0 & 2b_1 & 2b_2 & 2b_3 & 0 & 0 & 0 \\ 0 & 0 & 0 & 0 & 0 & 0 & 2c_1 & 2c_2 & 2c_3 \\ b_1 & b_2 & b_3 & a_1 & a_2 & a_3 & 0 & 0 & 0 \\ c_1 & c_2 & c_3 & 0 & 0 & 0 & a_1 & a_2 & a_3 \\ 0 & 0 & 0 & c_1 & c_2 & c_3 & b_1 & b_2 & b_3 \end{bmatrix},$$

$$W = \begin{bmatrix} 1-a_1^2-a_2^2-a_3^2 \\ 1-b_1^2-b_2^2-b_3^2 \\ 1-c_1^2-c_2^2-c_3^2 \\ -a_1b_1-a_2b_2-a_3b_3 \\ -a_1c_1-a_2c_2-a_3c_3 \\ -b_1c_1-b_2c_2-b_3c_3 \end{bmatrix}$$

采用带有约束条件的间接平差进行答解,但略有不同,对于每个控制点可以采用式(5-23)描述的误差方程,而对于每张影像可以列误差方程,结合式(5-23)和式(5-26),整体平差的原始误差方程可以表示为

$$\begin{cases} V = CX - L \\ BX + W = 0 \end{cases} \tag{5-27}$$

由最小二乘原理,可得

$$X = (N^T N)^{-1}(N^T Y) \tag{5-28}$$

式中:

$$N = \begin{bmatrix} C \\ B \end{bmatrix}, \quad Y = \begin{bmatrix} L \\ W \end{bmatrix}$$

按上述方法,可以完成对外部参数的求解。式(5-23)描述的三个分量中只有两个分量是相互独立的,也就是说一个控制点只能列出两个误差方程,再加上约束条件方程,理论上至少需要两个控制点才能满足答解条件,而从标定的角度来讲,在对外部参数进行标定时,应当尽可能选取较多的控制点参与答解。

5.3 几何定标的方法

在上节构建摄影测量参数标定模型的过程中,考虑到内部参数和外部参数在成像几何模型中的相关性,因此若对其进行整体定标,即同时答解内部参数和外部参数,这样一方面会增加解算的复杂程度,另一方面容易造成答解的不稳定,甚至得到错误的解。

鉴于此,本章将采取分部定标的方法依次完成内部参数和外部参数的标定,就其方法而言,可以分为先标定内部参数后标定外部参数(简称先内后外)方法和先标定外部参数后标定内部参数(简称先外后内)方法两大类。前者是首先通过空间后方交会的方法对传感器内部参数进行标定,然后对成像几何模型中的内部参数进行更新,再利用更新后的成像几何模型对外部参数进行标定;后者是首先对成像几何模型的外部参数进行标定,然后利用更新后的成像几何模型通过空间后方交会的方法对内部参数进行标定。

为了能够更好地分析内部参数和外部参数对定位精度的影响大小,在按照本书

标定方法进行在轨几何定标时,主要统计两类检查点的定位精度。例如,对于先内后外标定方法,在对内部参数标定完毕后,进行直接立体定位,统计检查点的精度,评价仅标定内部参数的情况下对定位精度的提升情况,此为第一类检查点的定位精度;在标定内部参数的基础上,对外部参数进行标定和直接立体定位,评价内部参数和外部参数均标定完毕后对定位精度的提升情况,此为第二类检查点的定位精度,该方法的具体流程如图 5-3 所示。对于先外后内标定方法,其思想与此一致,标定参数的顺序相反,该方法的具体流程如图 5-4 所示。

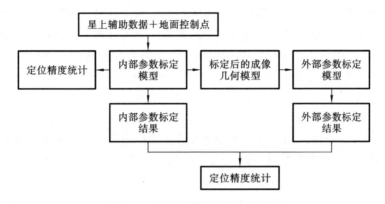

图 5-3　先内后外标定方法流程图

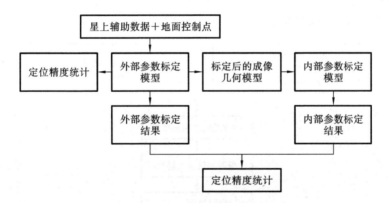

图 5-4　先外后内标定方法流程图

在摄影测量中,空间后方交会是用于相机内部参数标定的有效方法,通过利用一定数量的地面控制点及对应像点,解算影像的内外方位元素,实现对内方位元素的检定。在不需要星历姿态数据的辅助的前提下,从理论上讲,先进行内部参数标定是较为合适的选择,在标定完内部参数后,再采用一个综合的误差矩阵对外部参数系统误差进行改正或补偿,完成对摄影测量参数的几何定标。本章将利用真实影像数据,对两种标定方法分别进行实验,通过实验结果来评定两种标定方法的适用性与有效性。

5.4　基于模拟数据的摄影测量参数解算

对内部参数和外部参数标定模型的正确性需要利用生成的模拟数据进行实验验证,然后才可以对真实数据进行摄影测量参数动态检测处理。根据第 3 章中生成的模拟数据对摄影测量参数动态解算模型进行实验分析和验证。

基于模拟数据的摄影测量参数解算主要是针对所建立的内部参数和外部参数标定模型进行参数解算,通过对具体参数加入预设的系统误差,将解算结果与加入的系统误差进行比对来确定模型的正确性,并对解算模型进行评估。具体解算步骤如下。

(1)按照一定间隔在像方生成规则的像方控制点数据并模拟地形数据,根据卫星飞行规律和高分辨率遥感卫星成像几何参数模拟成像时刻的内、外方位元素并加入系统误差,依据共线条件方程生成物方控制点数据。

(2)利用空间后方交会解算外方位元素,为内部参数标定提供较为准确的外方位元素近似值,然后将内部参数与外方位元素按照内部参数标定模型一并解算。

(3)将解算出的内部参数对像点坐标和相机主距进行更新,然后按照外部参数标定模型对外部参数进行解算。

(4)将解算结果与预设的系统误差值进行比较,进而对摄影测量参数标定模型进行验证与评估。

基于模拟数据的摄影测量参数解算具体流程如图 5-5 所示。

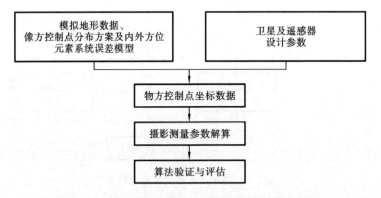

图 5-5　基于模拟数据的摄影测量参数解算流程图

5.5　基于地面检校场的摄影测量参数解算

高分辨率遥感卫星在发射入轨及在轨运行当中,会受到各种复杂环境的影响,使摄影测量参数发生不可预知的变化,而模拟数据只是在理想情况下生成的,很难对高分辨率遥感卫星的真实情况进行分析和建模,因而不能描述真实情况下各种摄影测量参数的变化情况。

高精度的地面检校场是对高分辨率遥感卫星搭载的各种传感器进行几何性能评价和摄影测量参数标定的地面控制基础,如法国在全球布设了 21 个地面检校场,用于对 SPOT 系列卫星的摄影测量参数标定;美国空间成像公司利用 Lunar Lake、Denver、Dark Brooking、Railroad Valley 等多个地面检校场对世界上第一颗高分辨率遥感卫星 IKONOS 进行摄影测量参数标定,完善了卫星的几何性能;针对 ALOS 卫星,日本利用分布于日本、意大利、瑞士、南非等几个地面检校场进行了摄影测量参数标定实验,为 ALOS 卫星的几何定位精度和后续应用奠定了基础,我国也建立了多个高精度的地面检校场,用于标定高分辨率遥感卫星及航空成像传感器的摄影测量参数,如河南登封地区几何定标场、东北几何定标场等。

基于地面检校场的内外摄影参数标定就是由地面控制点确定内外摄影参数,其中内部参数标定确定的是中心投影参数,外部参数标定确定的是集成传感器与卫星平台之间的几何变换关系。基于地面定标场对内部参数进行标定时,由于地面控制点数量有限,不可能对所有像元进行全部标定,可假定所有像元具有相同的移位,即所有像元的坐标误差改正数相同,或者根据地面控制点的分布将线阵 CCD 等间隔分成若干段,对于每一段具有相同的移位,根据每一段的移位可以看出线阵 CCD 移位的变化趋势。此时,对同一相机只需要答解内部标定参数(Δx_i,Δy_i,Δf),($i=1,\cdots,n$),n 为线阵 CCD 所分的段数,当 $n=1$ 时类似于框幅式影像内方位元素的标定。

如果考虑多条 CCD 线阵拼接的"虚拟线阵影像"具有线性几何变形,内部参数标定中增加了两个与线阵位置有关的参数及其他更加复杂的数学模型对内部参数进行的描述。基于地面检校场的摄影测量参数解算与基于模拟数据的摄影测量参数解算在数学方法上相同,只是数据不同,基于地面检校场的摄影测量参数解算的具体流程如图 5-6 所示。

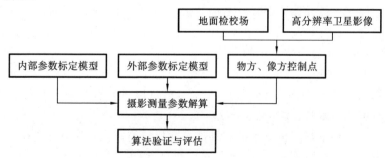

图 5-6　基于地面检校场的摄影测量参数解算流程图

5.6 实验与分析

在 5.3 节中介绍的摄影测量参数在轨几何定标理论及方法的基础上,本节主要分别采用本书的 SPOT5 HRS 影像、天绘一号卫星三线阵影像和资源三号卫星三线阵影像数据,根据不同的几何定标方法和内部参数模型的选择进行相关实验,并得出实验结论。

摄影测量参数的几何定标需要利用地面控制点进行解算,在控制点精度足够的情况下,参与解算的控制点数量越多,解算出的摄影测量参数也就越准确,从而能够获取更高的定位精度。结合所用卫星影像区域控制点实际分布情况,针对 SPOT5 HRS 影像,选取 40 个地面控制点用于摄影测量参数几何定标;针对 TH-1-HN1 影像,选取 20 个地面控制点用于摄影测量参数几何定标;针对 ZY-5-HN1 影像,选取 20 个地面控制点用于摄影测量参数几何定标;由于 TH-1-HN2 影像和 ZY-5-HN2 影像覆盖区域控制点数量较少,暂不进行几何定标实验,仅用于验证定标结果的适应性。

5.6.1 基于模拟数据的摄影测量参数解算实验

第一,针对单线阵 CCD 模拟数据进行实验,在生成模拟数据时,在像方扫描坐标系坐标(I, J)上加入误差$(\Delta I, \Delta J)$,在主距 f 上加入主距变化量 Δf,根据内部参数标定模型对模拟数据进行摄影测量解算,其中外方位元素的变化用二阶多项式模型进行描述,最后比较加入的误差量与解算的标定量,从而验证内部参数标定模型的正确性。然而在内部参数解算时,由于飞行方向上是列平行投影,导致飞行方向上的偏移误差与外方位元素之间有互相补偿作用,目前情况下无法有效地进行答解,需要进一步研究,因此本书只对扫描方向上偏移误差和主距变化量进行标定。在模拟数据生成时按照 1 m、3 m 和 5 m 的地面分辨率分别进行标定,标定结果如表 5-1 所示。

从模拟数据内部参数标定结果可以看出,经过内部参数标定解算模型可以将在扫描方向上加入的像元偏移误差及主距变化量解算出来,且解算的改正数与加入的误差基本吻合,说明内部参数标定模型的正确性;同时可以看出主距越大,视场角越小,对内部参数解算会产生一定的影响。

以 5 m 地面分辨率、主距 650 mm 为例,分别在扫描方向和飞行方向加入 0.3 像元和 0.4 像元的误差,主距变化量为 -4 μm,通过以下几种方案分析摄影测量参数标定模型对定位精度的影响(见表 5-2):

方案 A——在不进行内部参数和外部参数标定前影像直接立体定位;

方案 B——只对扫描方向 ΔJ 和主距变化量 Δf 标定改正数后直接立体定位;

方案 C——只对外部参数标定矩阵求解改正数后直接立体定位;

表 5-1　单线阵 CCD 模拟数据内部参数标定实验结果

成像参数	地面分辨率 GSD/m	主距 f/mm	误差量		标定量	
			ΔJ/pixel	Δf/μm	ΔJ/pixel	Δf/μm
卫星高度 $H=500$ km 像元尺寸 $p=6.5$ μm	1	3250	0.1	4	0.02	5.54
			0.2	4	0.12	5.54
			0.3	−4	0.22	−4.46
	3	1085.33	0.1	4	0.07	5.84
			0.2	4	0.17	5.84
			0.3	−4	0.27	−4.16
	5	650	0.1	4	0.08	5.90
			0.2	4	0.18	5.90
			0.3	−4	0.28	−4.10

表 5-2　影像直接立体定位精度

方案	中误差	
	X/m	Y/m
方案 A	17.9336	25.9189
方案 B	0.1052	25.8903
方案 C	1.0466	0.0036
方案 D	0.0269	0.0023

方案 D——先对内部参数扫描方向 ΔJ 和主距变化量 Δf 标定,后对外部参数标定矩阵求解,改正后进行影像直接立体定位。

对比分析实验结果,可以看出方案 A 影像直接立体定位精度较低,方案 B 只标定扫描方向和主距可以使 X 方向定位精度有所提高,而 Y 方向提高有限,再对其进行外部参数矩阵定标后即方案 D,使平面定位精度大幅提高,且外部参数矩阵包含了飞行方向上的像元偏移误差。对比方案 C 只对外部参数标定,虽然使定位精度得到提高,但外部参数标定矩阵中包含内部参数误差,再对内部参数标定则得不到正确的内部参数标定量,因此在进行摄影测量参数动态检测时需要先进行内部参数标定,然后将内部参数改正后再对外部参数标定。

第二,针对第 4 章生成的三线阵 CCD 模拟数据主要对内部参数标定模型进行实验分析,以 5 m 地面分辨率、主距 650 mm 为例,分别在前视、下视和后视模拟数据扫描方向和飞行方向加入 0.3 像元和 0.4 像元的误差,主距变化量为−4 μm,

利用内部参数标定模型对扫描方向和主距变化量进行标定,实验结果如表 5-3 所示。从表 5-3 可以看出,前视、下视和后视在扫描方向上的标定量与加入的误差差别较小,下视主距标定量也与加入的误差相差较小,前后视主距有一定的标定误差,主要由于主距与前后视相机的夹角有一定的相关性造成的,但总体上可以比较好地进行标定。

表 5-3 三线阵 CCD 模拟数据内部参数标定结果

影　　像	标　定　量	
	$\Delta J/\text{pixel}$	$\Delta f/\mu\text{m}$
前视	0.31	−5.01
下视	0.28	−4.10
后视	0.31	−5.04

从单线阵和三线阵 CCD 模拟数据摄影测量内部参数标定可以看出,在扫描方向的像元偏移和主距变化都可以比较好地标定出来,说明摄影测量内部参数标定模型的正确性。

5.6.2 SPOT5 HRS 影像实验

1. 仅考虑像点观测方程条件下的在轨几何定标实验

线阵卫星传感器外方位元素间的强相关性是航天摄影测量领域中一个不可回避的事实,这种强相关性造成在进行影像定向参数解算时的法方程矩阵病态,引起解的不稳定性甚至得到错误的解。但随着卫星定轨技术的不断进步,当前定轨精度普遍较高,经地面处理后一般可以达到分米数量级、米数量级甚至更高,这时可以将定轨数据作为真值,仅对姿态误差进行建模,即进行影像定向时仅解算姿态参数,这一设定完全回避了线角元素间的强相关性问题,可以得到无偏最优解,但其解算参数是否可靠,即是否能够较为真实地反映传感器的飞行状态,有待进一步实验验证。基于此,本小节利用 SLPM 模型描述外方位元素变化特征,对 SPOT5-HN 影像进行在轨几何定标实验,采用最小二乘法对内部参数进行标定,外部参数标定时所用方法不变。

这里将线阵分为 6 段,按照不同的标定方法对摄影测量参数进行标定,表 5-4 所示的为先内后外标定方法下的实验结果,表 5-5 所示为先外后内标定方法下的实验结果。表 5-6 分别统计了先外后内标定方法下,仅标定外部参数的直接立体定位精度,以及先内后外标定方法下,不同分段数的内部参数建模,并标定外部参数后的直接立体定位精度。

表 5-4　SPOT5-HN 影像先内后外标定方法下的摄影测量参数标定结果 1

影像	迭代次数	内部参数标定项/″		迭代次数	外部参数标定项
		段号	$\Delta\psi_X$	$\Delta\psi_Y$		
前视	4	1	17.072	917.939	4	1.000e+00 1.567e−03 −5.871e−03 −1.567e−03 1.000e+00 7.073e−05 5.871e−03 −6.466e−05 1.000e+00
		2	17.373	917.204		
		3	15.409	916.938		
		4	14.531	918.110		
		5	15.691	917.724		
		6	14.170	917.923		
后视	6	1	58.891	5348.942	4	9.997e−01 −8.402e−03 −2.286e−02 8.408e−03 1.000e+00 1.808e−04 2.286e−02 −5.730e−04 9.997e−01
		2	60.083	5348.309		
		3	59.847	5347.441		
		4	59.995	5348.323		
		5	61.052	5344.882		
		6	61.452	5345.616		

表 5-5　SPOT5-HN 影像先外后内标定方法下的摄影测量参数标定结果 1

影像	迭代次数	外部参数标定项	迭代次数	内部参数标定项/″		
				段号	$\Delta\psi_X$	$\Delta\psi_Y$
前视	4	1.000e+00 −5.016e−05 −5.938e−06 5.020e−05 1.000e+00 −6.421e−06 5.833e−06 6.398e−06 1.000e+00	4	1	17.072	917.959
				2	17.373	917.254
				3	15.409	916.957
				4	14.530	918.129
				5	15.691	917.743
				6	14.170	917.942
后视	4	1.000e+00 −8.926e−07 1.637e−05 8.661e−07 1.000e+00 −1.355e−05 −1.644e−05 1.359e−05 1.000e+00	6	1	58.887	5349.044
				2	60.079	5348.411
				3	59.844	5347.543
				4	59.992	5348.426
				5	61.048	5344.984
				6	61.449	5345.719

表 5-6　SPOT5-HN 影像在轨几何定标后直接立体定位实验结果

统　计　项		中误差/m			
		X	Y	平面	Z
直接立体定位		9.20	7.34	11.77	16.85
先外后内	标定外部参数	7.01	6.34	9.45	7.06
先内后外	分段数 1	6.84	6.34	9.33	7.06
	3	6.74	5.99	9.01	7.14
	6	6.65	5.78	8.81	7.06

分析实验结果,可以得出以下几点结论。

(1) 表 5-4 和表 5-5 所示的不同标定方法下的内部参数标定结果基本一致,且段数与段数间的标定值差异较小(为 1″左右),说明 CCD 的直线性良好,但从标定数值上看,$\Delta\psi_Y$ 前视达到 900 多秒,后视达到 5300 多秒,$\Delta\psi_X$ 相对较小但也分别达到前视 15″左右、后视 60″左右,虽然解算过程均能较快收敛,但其解算值已严重偏离其真实值,按 SPOT5 卫星轨道参数和传感器参数估算可得,$\Delta\psi_X$ 和 $\Delta\psi_Y$ 大小均为 1″时,引起的沿轨方向误差约为 4.5 m,垂轨方向误差约为 4 m。换言之,虽然仅考虑像点观测的最小二乘法在数学上满足最优无偏估计条件,但其最终标定结果与实际情况是不相吻合的。

(2) 由于内部参数标定的值较大,因此在利用内部参数更新成像几何模型(含较大误差)并对外部参数进行解算时,造成解算得到的矩阵元素数量级较大,如表 5-4 所示,且其作用除了用于补偿原始成像几何模型的系统误差外,更主要则是用于补偿内部参数引起的模型误差,在内外标定参数的综合作用下,实验影像定位精度依然得到明显提升,如表 5-6 所示。

(3) 由于实验影像的直接立体定位精度已较理想,在先对其进行外部参数标定时得到的矩阵元素数量级较小,如表 5-5 所示,但在此基础上对内部参数标定得到的解算值与表 5-4 的基本一致,在这种情况下利用标定的外部参数和内部参数进行直接立体定位时,则会得到错误的定位结果。因此在表 5-6 中,按先外后内标定方法进行实验时,仅给出标定外部参数后的直接立体定位结果。

(4) 仅利用像点观测误差方程对摄影测量参数进行在轨几何定标时,虽然最终的定位结果较为理想,但从其标定参数的结果来看,并不符合真实情况,这说明不考虑星历与姿态信息时,内部参数和外部参数的替代作用是非常明显的,因此这种标定方法有待进一步分析和验证。

2. 星历姿态数据作为带权观测值的在轨几何定标实验

由于 SPOT5 传感器在整个成像过程中星历姿态变化较为平稳,因此,在对

SPOT5 HRS 影像进行几何定标的过程中,通常可以采用低阶多项式模型描述其外方位元素的变化特征。由 5.6.1 节实验可知,仅考虑像点观测方程条件下的几何定标,解得的参数与真实值有较大偏差,为了解决这一问题,对摄影测量参数进行标定,并按观测精度对各观测值进行定权。

依然将线阵划分为 6 段,并按不同的定标方法对摄影测量参数进行解算,表 5-7 所示的为先内后外标定方法下的摄影测量参数标定结果,表 5-8 所示的为先外后内标定方法下的摄影测量参数标定结果。通过比较可以发现,这两种方法,每一个分段的指向角变化值均优于 1″,标定数值大致相当,解算得到的外部参数由于标定方法的不同而略有差异,但其矩阵元素数量级较小,这说明 SPOT5 传感器外部参数的系统误差较小,这是因为 SPOT5 传感器数据供应商定期利用分布全球的地面检校场对摄影测量参数进行在轨检校,并及时更新、发布给用户,因此本书在此基础上得到的标定参数较小。

表 5-7　SPOT5-HN 影像先内后外标定方法下的摄影测量参数标定结果 2

影像	内部参数标定项/″			外部参数标定项
	段号	$\Delta\psi_X$	$\Delta\psi_Y$	
前视	1	-0.067	0.707	
	2	0.921	-0.226	
	3	-0.119	-0.670	$1.000e+00\ -1.185e-05\ 2.545e-06$
	4	-0.288	0.264	$1.186e-05\ 1.000e+00\ -6.472e-06$
	5	-0.658	-0.027	$-2.564e-06\ 6.467e-06\ 1.000e+00$
	6	0.468	0.227	
后视	1	-0.273	0.976	
	2	0.662	-0.044	
	3	0.065	-0.682	$1.000e+00\ -1.543e-05\ 2.109e-05$
	4	-0.123	0.843	$1.542e-05\ 1.000e+00\ -1.286e-05$
	5	0.361	-0.890	$-2.110e-05\ 1.285e-05\ 1.000e+00$
	6	0.495	-0.257	

为了验证本章建立内部参数标定模型和外部参数标定模型的正确性,分别将线阵虚拟分为 1、3、6 段,并依次采用常数模型和多项式模型描述 SPOT5 传感器指向角的变化特征,按照不同的标定方法进行依次实验,实验结果如表 5-9 和表 5-10 所示。

表 5-8　SPOT5-HN 影像先外后内标定方法下的摄影测量参数标定结果 2

影像	外部参数标定项	内部参数标定项/″		
		段号	$\Delta\psi_X$	$\Delta\psi_Y$
前视	1.000e+00 −5.016e−05 −5.938e−06 5.020e−05 1.000e+00 −6.421e−06 5.833e−06 6.398e−06 1.000e+00	1	−0.136	0.368
		2	0.473	−0.152
		3	−0.086	−0.406
		4	−0.130	0.112
		5	−0.335	−0.050
		6	0.394	0.081
后视	1.000e+00 −8.926e−07 1.637e−05 8.661e−07 1.000e+00 −1.355e−05 −1.644e−05 1.359e−05 1.000e+00	1	−0.310	0.715
		2	0.535	−0.151
		3	−0.012	−0.708
		4	−0.178	0.629
		5	0.204	−0.928
		6	0.351	−0.378

表 5-9　SPOT5-HN 影像先内后外标定方法下的直接立体定位实验结果

统　计　项			中误差/m				统　计　项			中误差/m			
			X	Y	平面	Z				X	Y	平面	Z
标定内部参数	常数标定（分段数）	1	9.15	7.25	11.68	16.25	标定外部参数	常数标定（分段数）	1	7.01	6.34	9.45	7.06
		3	8.98	7.10	11.45	16.30			3	6.90	6.19	9.27	7.05
		6	8.83	6.79	11.14	16.31			6	6.68	5.84	8.87	7.01
	多项式标定（分段数）	1	9.57	7.81	12.36	16.19		多项式标定（分段数）	1	6.99	6.53	9.57	7.07
		3	8.53	7.45	11.33	15.46			3	6.89	6.06	9.18	6.98
		6	8.88	7.34	11.52	16.03			6	6.79	6.00	9.06	6.92
直接立体定位			9.20	7.34	11.77	16.85	—						

　　表 5-9 所示的为按先内后外标定方法对摄影测量参数标定后的直接立体定位实验结果。分析实验结果,可以看出:较无控制点定位精度而言,仅标定内部参数后进行定位,定位精度提升有限,在此基础上标定外部参数后,定位精度得到较为明显的提高,且对线阵进行分段标定的结果稍优于未对线阵分段标定的结果,当分段数为 6 时,常数标定模型达到平面精度 8.87 m,高程精度 7.01 m,多项式模型达到平面精度 9.06 m,高程精度 6.92 m。

表 5-10　SPOT5-HN 影像先外后内标定方法下的直接立体定位实验结果

统　计　项		中误差/m			
		X	Y	平面	Z
仅标定外部参数		7.01	6.34	9.45	7.06
标定内部参数	常数标定（分段数）1	7.01	6.34	9.45	7.06
	常数标定（分段数）3	6.91	6.29	9.34	7.04
	常数标定（分段数）6	6.68	5.98	8.97	7.01
	多项式标定（分段数）1	7.00	6.34	9.44	7.07
	多项式标定（分段数）3	6.87	6.00	9.12	7.00
	多项式标定（分段数）6	6.71	5.82	8.88	6.96

表 5-10 所示的为按先外内后标定方法对摄影测量参数标定后的直接立体定位实验结果。分析实验结果,可以看出:仅标定外部参数后进行定位,可以达到平面精度 9.45 m,高程精度 7.06 m,定位精度提升较为明显,在此基础上对内部参数进行标定,可以看出随着分段的增加,定位精度又有进一步提升,分段数为 6 时,常数标定模型达到平面精度 8.97 m,高程精度 7.01 m,多项式模型达到平面精度 8.88 m,高程精度 6.96 m。

综合本小节的实验结果,可以初步得出以下几点结论。

(1) 将定向参数作为带权观测值进行摄影测量在轨几何定标时,标定得到的内部参数和外部参数较为合理,且两种标定方法均能较好地提升卫星影像直接立体定位精度,最终能够达到的精度也基本一致。

(2) 外部参数误差是影响影像直接立体定位精度的主要因素,仅对外部参数进行标定即可明显提升定位精度。

(3) 仅标定内部参数,也能提升影像定位精度但提升效果有限,对线阵进行分段标定能够较好地拟合线阵 CCD 的变化趋势,较未分段条件下的实验结果有进一步提升,这验证了本书分段标定算法的正确性。

5.6.3　天绘一号三线阵影像实验

由 5.6.2 节对 SPOT5 HRS 影像几何定标实验中可知,在仅考虑像点观测方程的情况下对传感器参数进行解算,虽然最终定位精度较为理想,但具体计算得到的参数值与真值偏差较大,说明内外参数间存在较强的替代效应,而将星历姿态作为观测值,增加观测方程参与答解,能够求得较为合理的参数值。因此,在对天绘一号卫星传感器进行参数标定时,本节将按照本章描述的方法标定内部参数。

在利用天绘一号卫星数据对摄影测量参数进行在轨几何定标时,本节分别采用低阶多项式模型和定向片模型描述其外方位元素变化特征,对其进行内部参数标定,以选出较为合适的外方位元素模型,外部参数的标定方法不变。

表 5-11 所示的为采用低阶多项式模型描述外方位元素,将 CCD 阵列划分为 6段,并采用常数模型描述其内部参数变化,使用先内后外标定方法下的摄影测量参数标定结果。可以发现,前视和下视 CCD 偏移相对较小,沿轨方向 Δx 优于 $3''$,后视CCD 偏移较大,沿轨方向 Δx 优于 $5''$。

表 5-11　TH-1-HN1 影像先内后外标定方法下的摄影测量参数标定结果(LPM)

影像	内部参数标定项/$''$			外部参数标定项
	段号	Δx	Δy	
前视	1	0.500	5.391	1.000e+00 1.496e−05 2.186e−05 −1.495e−05 1.000e+00 −4.754e−05 −2.180e−05 4.756e−05 1.000e+00
	2	−0.591	1.806	
	3	−1.839	1.745	
	4	−0.304	1.518	
	5	−2.725	1.162	
	6	−1.495	0.557	
下视	1	−0.781	1.866	1.000e+00 −5.563e−05 5.774e−05 5.563e−05 1.000e+00 −1.999e−05 −5.774e−05 2.000e−05 1.000e+00
	2	−1.393	0.883	
	3	−2.131	1.211	
	4	−1.099	0.864	
	5	−1.249	0.619	
	6	−1.416	0.171	
后视	1	−5.214	2.040	1.000e+00 4.123e−05 5.814e−05 −4.121e−05 1.000e+00 −7.103e−05 −5.824e−05 7.099e−05 1.000e+00
	2	−4.025	2.841	
	3	−5.173	2.764	
	4	−5.499	1.895	
	5	−0.928	1.480	
	6	−1.232	−0.982	

表 5-12 和表 5-13 分别统计了低阶多项式模型和定向片模型下先内后外标定方法下的直接立体定位实验结果。分析实验结果,可以看出:无论是仅标定内部参数后还是最终定标后,两种模型能够获取的定位精度基本一致,低阶多项式模型在内部参

数常数分段为 6 时,定标结果最优,为平面 22.37 m,高程 15.71 m,定向片模型在内参数多项式分段为 3 时,定标结果最优,为平面 25.41 m,高程 15.95 m,这说明在按先内后外方法标定摄影测量参数时,两种外方位模型都是可以选择的,但精度并不是特别理想。

表 5-12　TH-1-HN1 影像先内后外标定方法下的直接立体定位实验结果(LPM)

统　计　项			中误差/m				统　计　项			中误差/m			
			X	Y	平面	Z				X	Y	平面	Z
标定内部参数	常数标定(分段数)	1	14.67	27.58	31.24	40.30	标定外部参数	常数标定(分段数)	1	10.78	21.99	24.49	15.22
		3	14.96	25.30	29.39	39.97			3	9.94	20.62	22.90	15.89
		6	14.32	25.51	29.26	40.70			6	9.23	20.38	22.37	15.71
	多项式标定(分段数)	1	14.54	29.26	32.67	40.27		多项式标定(分段数)	1	10.69	21.85	24.32	14.97
		3	14.73	22.77	27.12	30.37			3	9.69	20.83	22.98	15.74
		6	12.84	22.83	26.20	30.34			6	11.18	27.25	29.45	24.57
直接立体定位			16.63	32.49	36.49	56.01	—						

表 5-13　TH-1-HN1 影像先内后外标定方法下的直接立体定位实验结果(OIM)

统　计　项			中误差/m				统　计　项			中误差/m			
			X	Y	平面	Z				X	Y	平面	Z
标定内部参数	常数标定(分段数)	1	15.70	27.15	31.36	42.44	标定外部参数	常数标定(分段数)	1	10.79	22.00	24.50	15.25
		3	16.09	26.44	30.95	42.56			3	10.32	21.63	25.97	14.68
		6	15.41	26.75	30.87	45.37			6	9.47	21.69	25.67	14.97
	多项式标定(分段数)	1	17.03	26.91	31.85	40.33		多项式标定(分段数)	1	10.57	21.89	24.30	15.16
		3	16.57	25.62	28.85	35.93			3	10.20	21.07	25.41	15.95
		6	14.47	25.71	27.78	35.50			6	9.49	21.57	25.57	15.23
直接立体定位			16.63	32.49	36.49	56.01	—						

在按照先内后外方法标定摄影测量参数后,下面按照先外后内方法进行定标实验,低阶多项式模型和定向片模型下的标定后的定位实验结果如表 5-14 和表 5-15 所示。分析实验结果,可以看出:仅标定外部参数后,影像直接立体定位精度达到平面 24.48 m,高程 15.22 m,较无控制点直接立体定位精度有较为明显的提升,而进行内部参数标定后,两种外方位模型下的定位精度均不及仅标定外部参数后的定位精度,低阶多项式模型高程方向精度下降较大,定向片模型的定位精度变化较为平稳,这一点说明了该标定方法并没有起到较好的效果,是有待进一步验证与分析的。

因此就本书所用数据得出的实验结果来看,按照先标定内部参数后标定外部参数方法是较为合适的。

表 5-14 TH-1-HN1 影像先外后内标定方法下的直接立体定位实验结果(LPM)

统　计　项			中误差/m			
			X	Y	平面	Z
直接立体定位			16.63	32.49	36.49	56.01
标定外部参数			10.77	21.99	24.48	15.22
标定内部参数	常数标定（分段数）	1	11.22	25.67	26.20	22.94
		3	11.04	22.92	25.44	21.92
		6	10.25	22.34	24.58	21.12
	多项式标定（分段数）	1	11.34	22.32	25.03	22.58
		3	11.04	24.90	27.24	30.31
		6	10.95	24.92	27.22	30.73

表 5-15 TH-1-HN1 影像先外后内标定方法下的直接立体定位实验结果(OIM)

统　计　项			中误差/m			
			X	Y	平面	Z
直接立体定位			16.63	32.49	36.49	56.01
标定外部参数			10.77	21.99	24.48	15.22
标定内部参数	常数标定（分段数）	1	10.84	22.14	24.65	15.26
		3	10.51	22.70	25.02	15.38
		6	9.48	22.48	24.40	15.33
	多项式标定（分段数）	1	11.29	25.30	25.89	15.73
		3	10.96	25.31	25.75	15.59
		6	9.65	25.20	25.12	15.48

在利用 TH-1-HN1 影像针对传感器进行摄影测量参数在轨几何定标后,将先内后外方法下求得的标定参数作用于 TH-1-HN2 影像,并进行直接立体定位,实验结果如表 5-16 所示。不难发现,TH-1-HN2 影像直接立体定位精度得到较为明显的提升,达到平面精度 18.57 m,高程精度 15.00 m,验证了本章在轨几何定标算法的有效性;针对定标后定位精度仍不理想这一问题,有必要通过光束法平差的手段进一步提升影像定位精度。

表 5-16 TH-1-HN1 影像在轨几何定标后用于 TH-1-HN2 影像直接立体定位实验结果

影 像	最小残差绝对值/m			最大残差绝对值/m			中误差/m			
	X	Y	Z	X	Y	Z	X	Y	平面	Z
TH-1-HN2	0.24	0.24	5.65	19.99	28.22	21.56	11.84	14.30	18.57	15.00

5.6.4 资源三号卫星三线阵影像实验

由于资源三号卫星在整个成像过程中星历姿态变化较为平稳,因此,在对资源三号卫星传感器摄影测量参数几何定标过程中,采用形式较为简单的低阶多项式模型描述其外方位元素变化特征,而对传感器内部参数的建模则分别采用常数分段和多项式分段拟合的方法描述其指向角的变化特征。

由资源三号卫星获取的星历姿态辅助数据,首先按先标定内部参数后标定外部参数方法进行在轨几何定标实验,表 5-17 统计了按前视、下视、后视 CCD 分别为 4、3、4 段时的摄影测量参数标定结果,可以发现虽然内部参数标定能够答解,但其值较大,且标定值与实际情况不相吻合,内部参数标定完成答解外部标定矩阵,矩阵元素数量级较大,说明内部参数标定后仍存在较大外部系统误差,这说明先内后外标定方法并不一定适合于资源三号卫星传感器参数的标定。

表 5-17 ZY-5-HN1 影像先内后外标定方法下的摄影测量参数标定结果

影像	内部参数标定项/″			外部参数标定项
	段号	$\Delta\psi_X$	$\Delta\psi_Y$	
前视	1	14.740	−58.985	1.000e+00 −7.024e−04 −1.668e−03 7.008e−04 1.000e+00 −9.340e−04 1.668e−03 9.328e−04 1.000e+00
	2	15.641	−41.908	
	3	15.404	−25.863	
	4	16.185	−21.364	
下视	1	50.079	−5.671	1.000e+00 −4.061e−03 −4.683e−04 4.060e−03 1.000e+00 −1.693e−03 4.752e−04 1.691e−03 1.000e+00
	2	28.995	−6.488	
	3	14.342	−9.298	
后视	1	115.754	−12.641	1.000e+00 −5.579e−03 −2.297e−03 5.577e−03 1.000e+00 −5.930e−04 2.306e−03 5.796e−04 1.000e+00
	2	77.086	−31.945	
	3	36.096	−49.128	
	4	−1.422	−57.878	

根据资源三号卫星三线阵 CCD 分片拼接情况,表 5-18 统计了按前视、下视、后视 CCD 分别为 4、3、4 段时的先外后内标定方法下的摄影测量参数标定结果。分析实验结果,可以发现:外部参数标定项数量级较大,从内部参数即指向角变化的标定结果来看,$\Delta\psi_Y$ 的值较小,各分片 CCD 均优于 0.4″,$\Delta\psi_X$ 相对较大,其中前视、下视 CCD 整体上为 1″~6″,下视 CCD 约为 1″,说明资源三号卫星探元指向角在垂轨方向上误差相对较大,沿轨方向的误差相对较小。

表 5-18　ZY-5-HN1 影像先外后内标定方法下的摄影测量参数标定结果

影像	段号	内部参数标定项/″		外部参数标定项
		$\Delta\psi_X$	$\Delta\psi_Y$	
前视	1	−5.647	−0.353	1.000e+00　−2.966e−03　−1.845e−03 2.962e−03　1.000e+00　−1.917e−03 1.850e−03　1.912e−03　1.000e+00
	2	−1.236	0.304	
	3	1.017	0.125	
	4	2.669	−0.174	
下视	1	−1.030	−0.212	1.000e+00　−5.821e−03　−5.031e−04 5.820e−03　1.000e+00　−1.834e−03 5.101e−04　1.832e−03　1.000e+00
	2	−0.896	0.138	
	3	1.195	−0.097	
后视	1	−2.196	−0.330	1.000e+00　−2.998e−03　−2.482e−03 2.993e−03　1.000e+00　−1.893e−03 2.488e−03　1.886e−03　1.000e+00
	2	−1.473	0.329	
	3	0.964	0.185	
	4	2.280	−0.267	

表 5-19 统计了 ZY-5-HN1 影像先外后内标定方法下的定位实验结果,包括直接利用星上辅助数据进行无控制点定位结果,仅标定外部参数后的直接立体定位结果,标定外部参数后不同分段情况下的常数模型和多项式模型的内部参数标定后的直接立体定位结果。分析实验结果,可以发现:对于外部系统误差较大的卫星传感器,仅标定外部参数即可显著提升影像直接立体定位精度,由公里数量级提升到平面 6.28 m,高程 5.04 m。在此基础上,对内部参数进行误差建模,将分片 CCD 作为整体进行内部参数标定时提升效果有限,对其进行分段标定时,随着分段数的增加定位精度得到进一步提升,对每一分片 CCD 内部参数进行多项式建模,即分段数依次为 1、3、6 时,定位精度达到平面 5.71 m,高程 2.13 m,较同等分段数条件下的常数模型定位精度平面 4.01 m,高程 2.54 m 分别提升了 1.71 m 和下降了 0.41 m,这说明对内部参数误差进行多项式建模是可行的。本书的多项式模型的内部参数标定算法是有效的。

表 5-19　ZY-5-HN1 影像先外后内标定方法下的直接立体定位实验结果

统　计　项				中误差/m			
				X	Y	平面	Z
直接立体定位				1222.08	90.70	1225.44	1120.85
标定外部参数				4.71	4.14	6.28	5.04
标定内部参数	常数标定（分段数）	前后视	1	1	4.69	4.26	6.34	5.08
			4	下视	3	2.28	5.92	4.53	2.84
			8	6	2.02	5.47	4.01	2.54
	多项式标定（分段数）	前后视	1	1	2.73	4.09	4.92	2.97
			4	下视	3	2.14	5.64	4.22	2.66
			8	6	1.90	5.18	5.71	2.13

在对 ZY-5-HN1 影像进行在轨几何定标后,将标定参数作用于 ZY-5-HN2 影像,进行直接立体定位,实验结果如表 5-20 所示。不难发现,ZY-5-HN2 影像直接立体定位精度得到显著提升,达到平面 7.99 m,高程 5.58 m。这一实验结果验证了本书在轨几何定标模型的正确性和有效性。

表 5-20　ZY-5-HN1 影像在轨几何定标后用于 ZY-5-HN2 影像直接立体定位实验结果

影　像	最小残差绝对值/m			最大残差绝对值/m			中误差/m			
	X	Y	Z	X	Y	Z	X	Y	平面	Z
ZY-5-HN2	0.53	0.13	1.35	7.60	14.83	9.03	5.90	6.98	7.99	5.58

5.7　本章小结

本章首先构建了高分辨率遥感卫星严格成像几何模型,并分析和确定了需要标定的内外摄影测量参数,从而构建内部参数和外部参数标定模型;然后针对所构建的内部和外部参数标定模型详细阐述了利用模拟数据和地面检校场进行摄影测量参数解算的流程和步骤;最后使用生成的模拟数据对内部参数的标定模型做了实验验证,证明所建立的内部参数标定模型的正确性。综合本章对三种类型的卫星传感器在轨几何定标实验结果,得出的主要结论如下。

(1) 对于卫星影像,由于内部参数和外部参数的替代效应,在仅考虑像点观测方程对摄影测量参数标定时,虽然从最终的定位精度上分析是正确可行的,但从标定参数结果上看与真实情况有较大差异,实验表明将星历和姿态数据作为带权观测值进行参数答解是正确可行的。

(2) 对于 SPOT5 HRS 传感器,由于其已经经过全球地面检校场的几何定标,因此其直接立体定位精度较高,不同的几何定标方法均能有效地消除成像几何模型中的系统误差,最终对地定位精度基本相当。

（3）从本书所用天绘一号卫星三线阵影像的实验结果分析来看,采用低阶多项式模型或定向片模型描述外方位元素的变化特征,并按先内后外标定方法进行摄影测量参数几何定标是较为合适的。

（4）在星上搭载的观测设备存在较强系统误差而导致直接立体定位精度不理想的情况下,如资源三号卫星,建议首先利用适量的地面控制点标定成像几何模型的外部参数,然后再对内部参数进行标定,可以取得较好的标定效果。

（5）外部参数误差为影响遥感影像定位精度的主要因素,仅对外部参数进行标定便可以消除大部分成像几何模型中的系统误差。由于内部参数畸变一般较小,若在外部参数标定的基础上,对内部参数进行标定,则能够进一步提升遥感影像定位精度。

第6章 高分辨率遥感影像光束法平差方法

光束法平差是摄影测量中理论最严密和精度最高的平差方法,它以每束空间光线为基本平差单元,通过每束光线的旋转和平移,使同名点对应的光束以控制点坐标为基准进行最佳交会,解算获取影像外方位元素和加密点坐标,其基本方程是基于共线条件方程的成像几何模型。

本书第4章涉及的姿态系统误差检校和第5章涉及的在轨几何定标,对卫星成像几何模型中的系统误差改正能够起到较好的作用,更多地用于直接立体定位,而对于模型中存在的偶然误差和残留的系统误差,则需要依赖一定数量的地面控制点,并借助光束法平差,进一步提升卫星影像的定位精度。同时,可以针对像方残留的系统误差进行建模,将其作为附加参数引入常规平差系统,即进行自检校参数的光束法平差,该方法可以进一步消除平差系统中的残留误差。

本章首先建立了适用于线阵CCD影像不同外方位元素模型描述的常规光束法平差模型,然后通过附加参数的引入,构建了用于自检校的光束法平差模型,在第3章摄影测量参数几何定标的基础上,利用三种卫星真实影像数据,分别进行了光束法平差和自检校光束法平差实验,最大限度削弱成像几何模型中系统误差和偶然误差对定位精度的影响,从而实现遥感影像的高精度对地定位。

6.1 常规光束法平差模型

由于卫星传感器推扫式成像的特殊性,外方位元素间极易造成强相关而导致未知参数间产生替代效应,往往使得最小二乘法无法收敛至正确解,鉴于此,可以将星上测得的传感器位置和姿态信息作为带权观测值引入平差系统,确保参数求解的正确性和稳定性。

此外,由第2章内容可知,对线阵CCD影像而言,可以选取不同的外方位元素模型描述其传感器位置和姿态的变化特征。由于描述外方位元素变化特征的模型不同,其对应的光束法平差模型也不尽相同,但各模型需要答解的未知参数均可以表示为定向参数和加密点坐标两大类。下面针对不同的外方位元素模型,分别构建其对应的光束法平差模型。

6.1.1 低阶多项式模型描述的光束法平差

将低阶多项式模型代入共线条件方程中,并对其进行线性化,可得像点坐标观测的误差方程为

$$
\begin{cases}
\begin{aligned}
v_x = {} & k_{11}\,\mathrm{d}a_X + k_{12}\,\mathrm{d}a_Y + k_{13}\,\mathrm{d}a_Z + k_{14}\,\mathrm{d}a_\kappa + k_{15}\,\mathrm{d}a_\omega + k_{16}\,\mathrm{d}a_\kappa \\
& + k_{11}\bar{t}\,\mathrm{d}b_X + k_{12}\bar{t}\,\mathrm{d}b_Y + k_{13}\bar{t}\,\mathrm{d}b_Z + k_{14}\bar{t}\,\mathrm{d}b_\varphi + k_{15}\bar{t}\,\mathrm{d}b_\omega + k_{16}\bar{t}\,\mathrm{d}b_\kappa \\
& - k_{11}\,\mathrm{d}X - k_{12}\,\mathrm{d}Y - k_{13}\,\mathrm{d}Z - l_x \\
v_y = {} & k_{21}\,\mathrm{d}a_X + k_{22}\,\mathrm{d}a_Y + k_{23}\,\mathrm{d}a_Z + k_{24}\,\mathrm{d}a_\varphi + k_{25}\,\mathrm{d}a_\omega + k_{26}\,\mathrm{d}a_\kappa \\
& + k_{21}\bar{t}\,\mathrm{d}b_X + k_{22}\bar{t}\,\mathrm{d}b_Y + k_{23}\bar{t}\,\mathrm{d}b_Z + k_{24}\bar{t}\,\mathrm{d}b_\varphi + k_{25}\bar{t}\,\mathrm{d}b_\omega + k_{26}\bar{t}\,\mathrm{d}b_\kappa \\
& - k_{21}\,\mathrm{d}X - k_{22}\,\mathrm{d}Y - k_{23}\,\mathrm{d}Z - l_y
\end{aligned}
\end{cases}
\tag{6-1}
$$

该式为低阶多项式模型描述的光束法平差的基本误差方程。式中:v_x、v_y 为像点坐标的改正数;$k_{11},\cdots,k_{26}$ 为各未知参数系数;$\mathrm{d}a_X,\cdots,\mathrm{d}b_\kappa$ 为低阶多项式模型系数的改正数;$\mathrm{d}X$、$\mathrm{d}Y$、$\mathrm{d}Z$ 为参与平差地面点坐标的改正数;l_x、l_y 为像点坐标的观测值。

将式(6-1)写成矩阵形式:

$$
\boldsymbol{V}_X = \boldsymbol{A}\boldsymbol{x} + \boldsymbol{T}\boldsymbol{x}_t - \boldsymbol{L}_X \quad \boldsymbol{P}_X
\tag{6-2}
$$

式中:$\boldsymbol{V}_X = \begin{bmatrix} v_x \\ v_y \end{bmatrix}$;$\boldsymbol{A} = \begin{bmatrix} k_{11} & \cdots & k_{16} & k_{11}\bar{t} & \cdots & k_{16}\bar{t} \\ k_{21} & \cdots & k_{26} & k_{21}\bar{t} & \cdots & k_{26}\bar{t} \end{bmatrix}$;$\boldsymbol{T} = \begin{bmatrix} -k_{11} & -k_{12} & -k_{13} \\ -k_{21} & -k_{22} & -k_{23} \end{bmatrix}$;

$\boldsymbol{L}_X = \begin{bmatrix} l_x \\ l_y \end{bmatrix}$;$\boldsymbol{x} = \begin{bmatrix} \mathrm{d}a_X & \cdots & \mathrm{d}a_\varphi & \mathrm{d}b_X & \cdots & \mathrm{d}b_\kappa \end{bmatrix}^{\mathrm{T}}$;$\boldsymbol{x}_T = \begin{bmatrix} \mathrm{d}X & \mathrm{d}Y & \mathrm{d}Z \end{bmatrix}^{\mathrm{T}}$;$\boldsymbol{P}_X$ 为像点量测的权矩阵,一般将其认定为单位矩阵。

分别将传感器的位置和姿态数据作为带权观测值,一并引入平差系统,则观测方程的矩阵形式可以表示为

$$
\boldsymbol{V}_A = \boldsymbol{E}\boldsymbol{x} - \boldsymbol{L}_A \quad \boldsymbol{P}_A
\tag{6-3}
$$

式中:$\boldsymbol{V}_A$ 为低阶多项式模型中系数的残差向量;$\boldsymbol{x} = \begin{bmatrix} \mathrm{d}a_X & \cdots & \mathrm{d}a_\varphi & \mathrm{d}b_X & \cdots \end{bmatrix}$ $\mathrm{d}b_\kappa \end{bmatrix}^{\mathrm{T}}$;$\boldsymbol{L}_A$ 为常数项;$\boldsymbol{P}_A$ 为对应的权矩阵。

若把控制点的地面坐标看作是带有误差的"观测值",则应增加一组关于控制点的误差方程式。由于本书所用控制点均为野外实测地面控制点,即为平高控制点,故控制点的原始误差方程可以表示为

$$
\begin{cases}
v_X = \mathrm{d}X & \boldsymbol{P}_p \\
v_Y = \mathrm{d}Y & \boldsymbol{P}_p \\
v_Z = \mathrm{d}Z & \boldsymbol{P}_h
\end{cases}
\tag{6-4}
$$

将其写成矩阵形式,可以表示为

$$
\boldsymbol{V}_G = \boldsymbol{E}\boldsymbol{x}_g - \boldsymbol{L}_G \quad \boldsymbol{P}_G
\tag{6-5}
$$

式中：$V_G = \begin{bmatrix} v_X \\ v_Y \\ v_Z \end{bmatrix}$；$x_g = \begin{bmatrix} dX & dY & dZ \end{bmatrix}^T$；$E$ 为单位矩阵；L_G 为常数项；P_G 为对应的权矩阵。

联立像点坐标观测值误差方程式、低阶多项式模型系数观测方程式和控制点误差方程式，则低阶多项式描述的光束法平差模型可以综合表示为

$$\begin{cases} V_X = Ax + Tx_t - L_X & P_X \\ V_A = Ex - L_A & P_A \\ V_G = Ex_g - L_G & P_G \end{cases} \tag{6-6}$$

式中：V_X、V_A、V_G 分别为像点坐标观测值、低阶多项式模型中系数和地面控制点坐标观测值的残差向量；x 为低阶多项式模型中未知参数的改正数向量；x_t、x_g 分别为地面点坐标和控制点坐标的改正数向量；A、T 分别为相应误差方程的设计矩阵；E 为单位矩阵；L_X、L_A、L_G 分别为相应误差方程的常数项；P_X、P_A、P_G 分别为相应观测值的权矩阵。

6.1.2　定向片模型描述的光束法平差

将定向片模型代入共线条件方程中，并对其进行线性化，可得像点坐标观测的误差方程：

$$\begin{cases} \begin{aligned} v_x = {} & c(k_{11}da_X^K + k_{12}da_Y^K + k_{13}da_Z^K + k_{14}da_\varphi^K + k_{15}da_\omega^K + k_{16}da_\kappa^K) \\ & + (1-c)(k_{11}da_X^{K+1} + k_{12}da_Y^{K+1} + k_{13}da_Z^{K+1} + k_{14}da_\varphi^{K+1} + k_{15}da_\omega^{K+1} + k_{16}da_\kappa^{K+1}) \\ & - k_{11}dX - k_{12}dY - k_{13}dZ - l_x \end{aligned} \\ \begin{aligned} v_y = {} & c(k_{21}da_X^K + k_{22}da_Y^K + k_{23}da_Z^K + k_{24}da_\varphi^K + k_{25}da_\omega^K + k_{26}da_\kappa^K) \\ & + (1-c)(k_{21}da_X^{K+1} + k_{22}da_Y^{K+1} + k_{23}da_Z^{K+1} + k_{24}da_\varphi^{K+1} + k_{25}da_\omega^{K+1} + k_{26}da_\kappa^{K+1}) \\ & - k_{21}dX - k_{22}dY - k_{23}dZ - l_y \end{aligned} \end{cases}$$

$$\tag{6-7}$$

该式为定向片模型描述的光束法平差的基本误差方程。式中：v_x、v_y 分别为像点坐标的改正数；$k_{11}, \cdots, k_{26}$ 分别为各未知参数系数；$da_X^K, \cdots, da_\kappa^K, da_X^{K+1}, \cdots, da_\kappa^{K+1}$ 分别为第 K 个和第 $K+1$ 个定向片模型系数的改正数；dX、dY、dZ 为参与平差地面点坐标的改正数；l_x、l_y 为像点坐标的观测值。

将式（6-7）写成矩阵形式：

$$V_X = Ax + Tx_t - L_X \quad P_X \tag{6-8}$$

式中：$V_X = \begin{bmatrix} v_x \\ v_y \end{bmatrix}$；$A = \begin{bmatrix} ck_{11} & \cdots & ck_{16} & (1-c)k_{11} & \cdots & (1-c)k_{16} \\ ck_{21} & \cdots & ck_{26} & (1-c)k_{21} & \cdots & (1-c)k_{26} \end{bmatrix}$；$T = $

$$\begin{bmatrix} -k_{11} & -k_{12} & -k_{13} \\ -k_{21} & -k_{22} & -k_{23} \end{bmatrix}; L_X = \begin{bmatrix} l_x \\ l_y \end{bmatrix}; x = \begin{bmatrix} da_X^K & \cdots & da_\varphi^K & da_X^{K+1} & \cdots & da_\kappa^{K+1} \end{bmatrix}^\mathrm{T}; x_\mathrm{T} =$$

$\begin{bmatrix} dX & dY & dZ \end{bmatrix}^\mathrm{T}; P_X$ 为像点量测的权矩阵,一般将其认定为单位矩阵。

分别将传感器的位置和姿态数据作为带权观测值,一并引入平差系统,则观测方程的矩阵形式可以表示为

$$V_\mathrm{A} = Ex - L_\mathrm{A} \qquad P_\mathrm{A} \qquad (6\text{-}9)$$

式中:V_A 为定向片模型中外方位元素观测值的残差向量;$x = \begin{bmatrix} da_X^K & \cdots & da_\varphi^K \\ da_X^{K+1} & \cdots & da_\kappa^{K+1} \end{bmatrix}^\mathrm{T}$;$E$ 为单位矩阵;L_A 为常数项;P_A 为对应的权矩阵。

在一景影像成像周期内,当选取定向片数不小于 3 时,可将定向片间二阶差分等于零的约束条件纳入平差系统,使定向片模型更加合理,则误差方程可以写成矩阵形式为

$$V_0 = A_0 x_0 - L_0 \qquad P_0 \qquad (6\text{-}10)$$

式中:$V_0 = \begin{bmatrix} v_{X_S} & v_{Y_S} & v_{Z_S} & v_\varphi & v_\omega & v_\kappa \end{bmatrix}^\mathrm{T}$;$x = \begin{bmatrix} da_X^{K-1} & \cdots & da_\kappa^{K-1} & da_X^K & da_\varphi^K \\ da_X^{K+1} & \cdots & da_\kappa^{K+1} \end{bmatrix}^\mathrm{T}$;$A$ 为系数矩阵;L_0 为常数项;P_0 为对应的权矩阵。

与低阶多项式模型类似,若考虑控制点存在误差,则参与平差的控制点误差方程的矩阵形式为

$$V_\mathrm{G} = Ex_\mathrm{g} - L_\mathrm{G} \qquad P_\mathrm{G} \qquad (6\text{-}11)$$

式中各参数与式(6-5)各参数意义相同。

联立像点坐标观测值误差方程式、定向片模型参数观测方程式、定向片间约束方程式和控制点误差方程式,则定向片描述的光束法平差模型可以综合表示为

$$\begin{cases} V_X = Ax + Tx_\mathrm{t} - L_X & P_X \\ V_\mathrm{A} = Ex - L_\mathrm{A} & P_\mathrm{A} \\ V_0 = A_0 x_0 - L_0 & P_0 \\ V_\mathrm{G} = Ex_\mathrm{g} - L_\mathrm{G} & P_\mathrm{G} \end{cases} \qquad (6\text{-}12)$$

式中:V_X、V_A、V_0、V_G 分别为像点坐标观测值、定向片模型中外方位元素观测值、定向片间的约束条件观测值和地面控制点坐标观测值的残差向量;x 为定向片模型中未知参数的改正数向量;x_t、x_g 分别为地面点坐标和控制点坐标的改正数向量;A、A_0、T 分别为相应误差方程的设计矩阵;E 为单位矩阵;L_X、L_0、L_A、L_G 分别为相应误差方程的常数项;P_X、P_A、P_0、P_G 分别为相应观测值的权矩阵。

6.1.3　分段多项式模型描述的光束法平差

将分段多项式模型代入共线条件方程中,并对其进行线性化,可得像点坐标观测的误差方程为:

$$
\begin{cases}
\begin{aligned}
v_x = {} & k_{11}\mathrm{d}X_0 + k_{12}\mathrm{d}Y_0 + k_{13}\mathrm{d}Z_0 + k_{14}\mathrm{d}\varphi_0 + k_{15}\mathrm{d}\omega_0 + k_{16}\mathrm{d}\kappa_0 \\
& + \bar{d}k_{11}\mathrm{d}X_1 + \bar{d}k_{12}\mathrm{d}Y_1 + \bar{d}k_{13}\mathrm{d}Z_1 + \bar{d}k_{14}\mathrm{d}\varphi_1 + \bar{d}k_{15}\mathrm{d}\omega_1 + \bar{d}k_{16}\mathrm{d}\kappa_1 \\
& + \bar{d}^2 k_{11}\mathrm{d}X_2 + \bar{d}^2 k_{12}\mathrm{d}Y_2 + \bar{d}^2 k_{13}\mathrm{d}Z_2 + \bar{d}^2 k_{14}\mathrm{d}\varphi_2 + \bar{d}^2 k_{15}\mathrm{d}\omega_2 + \bar{d}^2 k_{16}\mathrm{d}\kappa_2 \\
& - k_{11}\mathrm{d}X - k_{12}\mathrm{d}Y - k_{13}\mathrm{d}Z - l_x \\
v_y = {} & k_{21}\mathrm{d}X_0 + k_{22}\mathrm{d}Y_0 + k_{23}\mathrm{d}Z_0 + k_{24}\mathrm{d}\varphi_0 + k_{25}\mathrm{d}\omega_0 + k_{26}\mathrm{d}\kappa_0 \\
& + \bar{d}k_{21}\mathrm{d}X_1 + \bar{d}k_{22}\mathrm{d}Y_1 + \bar{d}k_{23}\mathrm{d}Z_1 + \bar{d}k_{24}\mathrm{d}\varphi_1 + \bar{d}k_{25}\mathrm{d}\omega_1 + \bar{d}k_{26}\mathrm{d}\kappa_1 \\
& + \bar{d}^2 k_{21}\mathrm{d}X_2 + \bar{d}^2 k_{22}\mathrm{d}Y_2 + \bar{d}^2 k_{23}\mathrm{d}Z_2 + \bar{d}^2 k_{24}\mathrm{d}\varphi_2 + \bar{d}^2 k_{25}\mathrm{d}\omega_2 + \bar{d}^2 k_{26}\mathrm{d}\kappa_2 \\
& - k_{21}\mathrm{d}X - k_{22}\mathrm{d}Y - k_{23}\mathrm{d}Z - l_y
\end{aligned}
\end{cases}
$$

$$(6\text{-}13)$$

该式为分段多项式模型描述的光束法平差的基本误差方程。式中：v_x、v_y 为像点坐标的改正数；$k_{11},\cdots,k_{26}$ 为分段多项式中待求的平移参数系数；$\bar{d}$ 为像点相对于所在分段轨道数起始时刻和终止时刻的贡献系数；$\mathrm{d}X_0,\cdots,\mathrm{d}\kappa_2$ 为分段多项式模型系数的改正数；$\mathrm{d}X$、$\mathrm{d}Y$、$\mathrm{d}Z$ 为参与平差地面点坐标的改正数；l_x、l_y 为像点坐标的观测值。

将式(6-13)写成矩阵形式：

$$
\boldsymbol{V}_X = \boldsymbol{A}\boldsymbol{x} + \boldsymbol{T}\boldsymbol{x}_t - \boldsymbol{L}_X \qquad \boldsymbol{P}_X
$$

$$(6\text{-}14)$$

式中：$\boldsymbol{V}_X = \begin{bmatrix} v_x \\ v_y \end{bmatrix}$；$\boldsymbol{A} = \begin{bmatrix} k_{11} & \cdots & k_{16} & \bar{d}k_{11} & \cdots & \bar{d}k_{16} & \bar{d}^2 k_{11} & \cdots & \bar{d}^2 k_{16} \\ k_{21} & \cdots & k_{26} & \bar{d}k_{21} & \cdots & \bar{d}k_{26} & \bar{d}^2 k_{21} & \cdots & \bar{d}^2 k_{26} \end{bmatrix}$；$\boldsymbol{T} = \begin{bmatrix} -k_{11} & -k_{12} & -k_{13} \\ -k_{21} & -k_{22} & -k_{23} \end{bmatrix}$；$\boldsymbol{L}_X = \begin{bmatrix} l_x \\ l_y \end{bmatrix}$；$\boldsymbol{x} = \begin{bmatrix} \mathrm{d}X_0 & \cdots & \mathrm{d}\kappa_0 & \mathrm{d}X_1 & \cdots & \mathrm{d}\kappa_1 & \mathrm{d}X_2 & \cdots & \mathrm{d}\kappa_2 \end{bmatrix}^\mathrm{T}$；$\boldsymbol{x}_t = \begin{bmatrix} \mathrm{d}X & \mathrm{d}Y & \mathrm{d}Z \end{bmatrix}^\mathrm{T}$；$\boldsymbol{P}_X$ 为像点量测的权矩阵，一般将其认定为单位矩阵。

分别将传感器的位置和姿态数据作为带权观测值，一并引入平差系统，则观测方程的矩阵形式可以表示为

$$
\boldsymbol{V}_A = \boldsymbol{E}\boldsymbol{x} - \boldsymbol{L}_A \qquad \boldsymbol{P}_A
$$

$$(6\text{-}15)$$

式中：$\boldsymbol{V}_A$ 为分段多项式模型中系数的残差向量；$\boldsymbol{x} = \begin{bmatrix} \mathrm{d}X_0 & \cdots & \mathrm{d}\kappa_0 & \mathrm{d}X_1 & \cdots & \mathrm{d}\kappa_1 & \mathrm{d}X_2 & \cdots & \mathrm{d}\kappa_2 \end{bmatrix}^\mathrm{T}$；$\boldsymbol{E}$ 为单位矩阵；$\boldsymbol{L}_A$ 为常数项；$\boldsymbol{P}_A$ 为对应的权矩阵。

在一景影像成像周期内，当对轨道进行分段且分段数不小于 2 时，可将轨道连接处的约束条件纳入平差系统，使分段多项式模型更加合理，于是可将误差方程综合写成矩阵形式为

$$
\begin{cases}
\boldsymbol{V}_0 = \boldsymbol{A}_0 \boldsymbol{x}_0 - \boldsymbol{L}_0 \qquad \boldsymbol{P}_0 \\
\boldsymbol{V}_1 = \boldsymbol{A}_1 \boldsymbol{x}_0 - \boldsymbol{L}_1 \qquad \boldsymbol{P}_1 \\
\boldsymbol{V}_2 = \boldsymbol{A}_2 \boldsymbol{x}_0 - \boldsymbol{L}_2 \qquad \boldsymbol{P}_2
\end{cases}
$$

$$(6\text{-}16)$$

式中：$\boldsymbol{V}_0$、$\boldsymbol{V}_1$ 和 $\boldsymbol{V}_2$ 分别为轨道连接处 0 阶、1 阶和 2 阶多项式模型中约束条件观测值的残差向量；$\boldsymbol{x}_0 = \begin{bmatrix} \mathrm{d}X_0^i & \cdots & \mathrm{d}\kappa_2^i & \mathrm{d}X_0^{j+1} & \cdots & \mathrm{d}\kappa_2^{j+1} \end{bmatrix}^\mathrm{T}$；$\boldsymbol{A}_0$、$\boldsymbol{A}_1$ 和 $\boldsymbol{A}_2$ 为系数矩阵；$\boldsymbol{L}_0$、$\boldsymbol{L}_1$ 和 $\boldsymbol{L}_2$ 分别为相应常数项；$\boldsymbol{P}_0$、$\boldsymbol{P}_1$ 和 $\boldsymbol{P}_2$ 分别为对应的权矩阵。

与低阶多项式模型和定向片模型类似,若考虑控制点存在误差,则参与平差的控制点误差方程的矩阵形式可以表示为

$$V_G = Ex_g - L_G \quad P_G \tag{6-17}$$

式(6-17)各参数与式(6-5)各参数意义相同。

联立像点坐标观测值误差方程式、多项式模型系数观测方程式、分段多项式间约束方程式和控制点误差方程式,则分段多项式描述的光束法平差模型可以综合表示为

$$\begin{cases} V_X = Ax + Tx_t - L_X & P_X \\ V_A = Ex - L_A & P_A \\ V_0 = A_0 x - L_0 & P_0 \\ V_1 = A_1 x - L_1 & P_1 \\ V_2 = A_2 x - L_2 & P_2 \\ V_G = Ex_g - L_G & P_G \end{cases} \tag{6-18}$$

式中:V_X、V_A、$V_i(i=0,1,2)$、V_G 分别为像点坐标观测值、分段多项式模型系数、分段多项式间的约束条件观测值和地面控制点坐标观测值的残差向量;x 为分段多项式模型中未知参数的改正数向量;x_t、x_g 为地面点坐标和控制点坐标的改正数向量;A、A_0、T 为相应误差方程的设计矩阵;E 为单位矩阵;L_X、L_A、$L_i(i=0,1,2)$、L_G 分别为相应误差方程的常数项;P_X、P_A、$P_i(i=0,1,2)$、P_G 分别为相应观测值的权矩阵。

6.2 带附加参数的自检校模型

带附加参数的自检校模型是一个针对成像几何模型中所含系统误差的补偿模型,在进行光束法平差的同时一并解求该模型中的附加参数。根据误差模型选择的不同,主要分为顾及相差特点的附加参数模型和多项式的附加参数模型。

6.2.1 顾及相差特点的附加参数模型

对于线阵 CCD 相机,像点坐标的系统误差可以分为由线阵 CCD 引起的误差和相机系统引起的误差两大类。顾及相差特点的附加参数模型需要对这两大类误差源进行分析和建模,具体描述如下(这里假定 x 方向为飞行方向)。

1. 线阵 CCD 相关误差

与线阵 CCD 相关的误差源主要有像元尺寸变化、线阵 CCD 的旋转、线阵 CCD 的弯曲。下面对各种误差源所引起的像点坐标误差分别进行建模与分析。

1) 像元尺寸变化

如图 6-1 所示,像元尺寸变化引起的像点坐标误差主要为扫描方向,即 y 方向的

误差,而 x 方向的误差可以忽略不计。假设引起的 y 方向的位移为 Δy_s , s 为像元变化的尺度参数, (x_0, y_0) 是像主点的坐标,则有

$$\Delta y_s = (y_i - y_0)s \tag{6-19}$$

2) 线阵 CCD 的旋转

如图 6-2 所示,线阵在焦平面内的旋转对像点坐标误差的影像主要体现在飞行方向,即 x 方向,相比较而言,其在扫描方向上的影响可以忽略不计。假设线阵 CCD 在焦平面内的旋转角度为 θ ,则在 x 方向上引起的像点坐标误差 Δx_θ 可以表示为

$$\Delta x_\theta = (y_i - y_0)\sin\theta \tag{6-20}$$

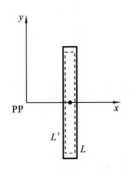

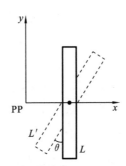

图 6-1　像元尺寸变化　　　　图 6-2　线阵 CCD 的旋转

3) 线阵 CCD 的弯曲

如图 6-3 所示,线阵 CCD 的弯曲对像点坐标误差的影响主要体现在飞行方向,即 x 方向,相比较而言,其在扫描方向上的影响可以忽略不计。假设 CCD 弯曲程度为 B ,则线阵 CCD 的弯曲对像点坐标 (x_i, y_i) 引起的误差 Δx_b 为

$$\Delta x_b = (y_i - y_0) \times r_i^2 B \tag{6-21}$$

式中: r_i 为像点坐标 (x_i, y_i) 到像主点 (x_0, y_0) 的距离,且有 $r_i^2 = (x_i - x_0)^2 + (y_i - y_0)^2$ 。

2. 相机系统相关误差

与相机系统相关的误差源主要有主点偏移、主距的变化和镜头畸变。下面对各种误差源所引起的像点坐标误差分别进行建模与分析。

1) 主点偏移

如图 6-4 所示,主点偏移引起的像点坐标误差是一个常量,其与线阵 CCD 的平移造成的像点坐标误差可以合并表示,这里用 $(\Delta x_0, \Delta y_0)$ 对所有像点的像坐标进行改正。

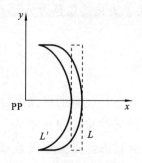

图 6-3　线阵 CCD 的弯曲

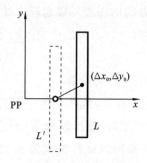

图 6-4　主点偏移

2）主距 f 的变化

如图 6-5 所示，f 为原始主距，f' 为变化后的主距，主距变化量为 Δf，由图 6-5 中的比例关系推导可以得到主距 f 变化引起的像点坐标误差 $(\Delta x_{\mathrm{f}}, \Delta y_{\mathrm{f}})$，可以表示为

$$\begin{cases} \Delta x_{\mathrm{f}} = \dfrac{-\Delta f}{f}(x_i - x_0) \\ \Delta y_{\mathrm{f}} = \dfrac{-\Delta f}{f}(y_i - y_0) \end{cases} \tag{6-22}$$

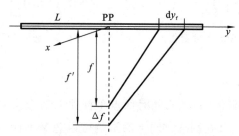

图 6-5　相机主距的变化

3）镜头畸变

镜头畸变的产生主要受镜头在设计、制作和安装过程中各种因素的影响，使得像点最终偏离其理想位置。镜头畸变通常是非线性的，主要分为偏心畸变和径向畸变两类。本书采用 Brown 模型对镜头畸变进行描述。

对于任一像点 (x_i, y_i)，其偏心畸变误差 $(\Delta x_{\mathrm{d}}, \Delta y_{\mathrm{d}})$ 可以表示为

$$\begin{cases} \Delta x_{\mathrm{d}} = (r_i^2 + 2(x_i - x_0)^2) p_1 + 2(x_i - x_0)(y_i - y_0) p_2 \\ \Delta y_{\mathrm{d}} = (r_i^2 + 2(y_i - y_0)^2) p_2 + 2(x_i - x_0)(y_i - y_0) p_1 \end{cases} \tag{6-23}$$

对于任一像点 (x_i, y_i)，其径向畸变误差 $(\Delta x_{\mathrm{k}}, \Delta y_{\mathrm{k}})$ 可以表示为

$$\begin{cases} \Delta x_{\mathrm{k}} = (x_i - x_0) r_i^2 k_1 + (x_i - x_0) r_i^4 k_2 + (x_i - x_0) r_i^6 k_3 \\ \Delta y_{\mathrm{k}} = (y_i - y_0) r_i^2 k_1 + (y_i - y_0) r_i^4 k_2 + (y_i - y_0) r_i^6 k_3 \end{cases} \tag{6-24}$$

综合上述各式,顾及相差特点附加参数模型的像点坐标误差最终可以表示为

$$\begin{cases} \Delta x = \Delta x_\theta + \Delta x_b + \Delta x_0 + \Delta x_f + \Delta x_d + \Delta x_k \\ \Delta y = \Delta y_s + \Delta y_0 + \Delta y_f + \Delta y_d + \Delta y_k \end{cases} \tag{6-25}$$

式(6-25)描述的是一个整体的自检校附加参数系统误差模型。实际上,由于不同类型传感器构造特性不一定相同,其误差模型的具体形式也不一定相同。例如,天绘一号卫星三线阵 CCD 传感器是以三镜头三线阵方式获取立体影像的,且线阵 CCD 无拼接,据此特点,则像点 i 在线阵 $j(j=1,2,3)$ 上成像的自检校参数模型的具体形式可以表示为

$$\begin{cases} \Delta x_i = \overline{y_i}\sin\theta_j + \overline{y_i}r_i^2 b_j - \dfrac{\Delta f_j}{f_j}\overline{x_i} + \Delta x_{0j} + \overline{x_i}r_i^2 k_{1j} + \overline{x_i}r_i^4 k_{2j} + \overline{x_i}r_i^6 k_{3j} \\ \qquad + (r_i^2 + 2\overline{x_i}^2)p_{1j} + 2\overline{x_i y_i}p_{2j} \\ \Delta y_i = \overline{y_i}s_j - \dfrac{\Delta f_j}{f_j}\overline{y_i} + \Delta y_{0j} + \overline{y_i}r_i^2 k_{1j} + \overline{y_i}r_i^4 k_{2j} + \overline{y_i}r_{ij}^6 k_{3j} \\ \qquad + (r_i^2 + 2\overline{y_i}^2)p_{2j} + 2\overline{x_i y_i}p_{1j} \end{cases} \tag{6-26}$$

式中：$\overline{y_i} = y_i - y_0$，$\overline{x_i} = x_i - x_0$。

6.2.2　基于多项式描述的附加参数模型

基于多项式描述的附加参数模型不再区分各类系统误差的影响,而是将残存的系统误差进行整体补偿,采用一般多项式或球谐函数作为其附加参数。

在进行多项式模型设计时,为了能够使法方程具有较好的状态以便于解算,要尽可能地使每个参数间具有正交性,以便各项附加参数值能够分开进行统计检验。如德国的 Ebner 教授使用影像上的 9 个标准配赋点位进行多项式的构建,并且被广泛采用,该模型包含 12 个附加参数,其具体形式为

$$\begin{cases} \Delta x = b_1 x + b_2 y - b_3\left(2x^2 - \dfrac{4b^2}{3}\right) + b_4 xy + b_5\left(y^2 - \dfrac{2b^2}{3}\right) + b_7\left(x^2 - \dfrac{2b^2}{3}\right)x \\ \qquad + b_9 y\left(x^2 - \dfrac{2b^2}{3}\right) + b_{11}\left(x^2 - \dfrac{2b^2}{3}\right)\left(y^2 - \dfrac{2b^2}{3}\right) \\ \Delta y = -b_1 y + b_2 x + b_3 xy - b_4\left(2y^2 - \dfrac{4b^2}{3}\right) + b_6\left(x^2 - \dfrac{2b^2}{3}\right) + b_8\left(x^2 - \dfrac{2b^2}{3}\right)y \\ \qquad + b_{10} x\left(y^2 - \dfrac{2b^2}{3}\right) + b_{12}\left(x^2 - \dfrac{2b^2}{3}\right)\left(y^2 - \dfrac{2b^2}{3}\right) \end{cases} \tag{6-27}$$

考虑到待求参数过多和相互干扰可能会引起平差系统的不稳定,这里对式(6-27)进行简化,采用 8 个附加参数的双线性多项式对系统误差进行补偿,其具体形式可以表示为

$$\begin{cases} \Delta x = e_0 + e_1 x + e_2 y + e_3 xy \\ \Delta y = f_0 + f_1 x + f_2 y + f_3 xy \end{cases} \tag{6-28}$$

式中：$e_0, \cdots, e_3$ 和 $f_0, \cdots, f_3$ 为自检校参数。

至此，顾及相差特点的附加参数模型和多项式描述的附加参数模型均已建立完毕，将附加参数模型代入卫星影像成像几何模型中，便可以建立自检校光束法区域网平差模型。

6.3 自检校光束法区域网平差模型

自检校光束法区域网平差是消除系统误差最有效和最理想的平差方法，通过将附加参数模型引入平差系统，结合不同的外方位元素内插模型，一并解答定向参数、附加参数和平差点三维坐标，最大限度地削弱系统误差对定位精度的影响，使平差结果达到最优。

综合所建立的两类自检校参数模型，结合经典共线条件方程，自检校光束法平差模型可以表示为

$$\begin{cases} x - x_0 + \Delta x = -f \dfrac{a_1(X-X_s)+b_1(Y-Y_s)+c_1(Z-Z_s)}{a_3(X-X_s)+b_3(Y-Y_s)+c_3(Z-Z_s)} \\ y - y_0 + \Delta y = -f \dfrac{a_2(X-X_s)+b_2(Y-Y_s)+c_2(Z-Z_s)}{a_3(X-X_s)+b_3(Y-Y_s)+c_3(Z-Z_s)} \end{cases} \tag{6-29}$$

由于自检校参数通常非常小，直接将其作为自由未知数并不合适，这里将其作为虚拟观测值引入平差系统，则虚拟观测方程的矩阵形式可以表示为

$$V_S = E x_S - L_S \qquad P_S \tag{6-30}$$

式中：V_S 为自检校参数的残差向量；对于式(6-26)，有 $x_s = [\mathrm{d}x_0 \ \mathrm{d}y_0 \ \mathrm{d}\theta \ \mathrm{d}b \ \mathrm{d}f \ \mathrm{d}s \ \mathrm{d}k_1 \ \mathrm{d}k_2 \ \mathrm{d}k_3 \ \mathrm{d}p_1 \ \mathrm{d}p_2]^\mathrm{T}$；对于式(6-28)，有 $x_s = [\mathrm{d}e_0 \cdots \mathrm{d}e_2 \ \mathrm{d}f_0 \cdots \mathrm{d}f_3]^\mathrm{T}$；$L_S$ 为常数项，一般为零；P_S 为自检校虚拟观测值的权矩阵。

联立上述表达式，低阶多项式模型描述的自检校光束法平差模型可以表示为

$$\begin{cases} V_X = A x + S x_s + T x_t - L_X & P_X \\ V_A = E x - L_A & P_A \\ V_S = E x_s - L_S & P_S \\ V_G = E x_g - L_G & P_G \end{cases} \tag{6-31}$$

定向片模型描述的自检校光束法平差模型可以表示为

$$\begin{cases} V_X = A x + S x_s + T x_t - L_X & P_X \\ V_0 = A_0 x - L_0 & P_0 \\ V_A = E x - L_A & P_A \\ V_S = E x_s - L_S & P_S \\ V_G = E x_g - L_G & P_G \end{cases} \tag{6-32}$$

分段多项式模型描述的自检校光束法平差模型可以表示为

$$
\begin{cases}
V_X = Ax + Sx_{\mathrm s} + Tx_{\mathrm t} - L_X & P_X \\
V_0 = A_0 x - L_0 & P_0 \\
V_1 = A_1 x - L_1 & P_1 \\
V_2 = A_2 x - L_2 & P_2 \\
V_A = Ex - L_A & P_A \\
V_S = Ex_{\mathrm s} - L_S & P_S \\
V_G = Ex_{\mathrm g} - L_G & P_G
\end{cases}
\tag{6-33}
$$

在式(6-31)、式(6-32)和式(6-33)中:V_X、V_A、$V_i(i=0,1,2)$、V_S、V_G 分别为像点坐标观测值、不同外方位元素模型中待求参数、约束条件观测值、自检校参数虚拟观测值和地面控制点坐标观测值的残差向量;x 为不同外方位元素模型中对应的改正数向量;$x_{\mathrm s}$、$x_{\mathrm t}$、$x_{\mathrm g}$ 分别为自检校参数改正数向量、地面点坐标的改正数向量和控制点坐标的改正数向量;A、$A_i(i=0,1,2)$、S、T 分别为相应误差方程的设计矩阵;E 为单位矩阵;L_X、$L_i(i=0,1,2)$、L_A、L_S、L_G 分别为相应误差方程的观测值向量;P_X、$P_i(i=0,1,2)$、P_A、P_S、P_G 分别为相应观测值权矩阵。各方程表示完毕后,便可根据最小二乘原理通过迭代答解各未知参数。

6.4　平差时各未知参数间相关性克服策略

6.4.1　增设观测方程条件下观测值的定权方法

像点坐标观测值中通常包含有粗差、偶然误差和系统误差,在测量平差的问题中,无论采用何种平差方法,单位权方差的估算公式均可以表示为

$$
\sigma_0^2 = \frac{V^{\mathrm T} P V}{n-r}
\tag{6-34}
$$

式中:V 为观测值残差向量;$V^{\mathrm T} P V$ 为观测值改正数向量相对于权矩阵 P 的二次型;$n-r$ 为多余观测数。从 6.1 节构建的不同外方位元素模型对应的光束法平差模型可知,如何克服或者最大可能减小平差系统中定向参数间(或附加参数间)的相关性,以确保参数求解的稳定性和正确性,是平差的关键环节。

在 6.1 节和 6.2 节构建光束法平差模型的过程中,本书针对卫星传感器的成像特点,将定向参数作为带权观测值引入平差系统,对于附加参数的求解,增设一组虚拟误差方程,引入平差系统,该方法在摄影测量中有较高的实际应用价值。该方法在平差前需要首先赋予不同类型观测值对应的权,由于观测精度不尽相同,直接将其设为单位矩阵并不合适,因此,如何确定合适的不同类观测值的权矩阵,是正确构建平差模型的关键。

权的成功确定是虚拟观测误差方程法成功应用的基础。权是表示平差数据相对

可信赖程度的数值,在摄影测量平差中一般将像点坐标观测值的权设置为 1,单位权中误差为 σ_0,若其他类观测值的中误差为 σ_i,则其权 p_i 可通过下式来确定:

$$p_i = \frac{\sigma_0^2}{\sigma_i^2} \tag{6-35}$$

由于观测值方差均未知,根据验后方差分量估计的思想,可以利用预平差的观测值残差来估计各类观测值的方差因子,然后再据此进行迭代选权。为了进行预平差,必须先以一种合理的方式确定初始权值,否则,未知数改正数可能在第一次平差中就偏离其正确值。因此,权的整个确定过程需要分为验前估权值确定和迭代验后定权两个步骤。

6.4.2　验后方差分量估计定权方法

验后方差分量估计的思想是:在进行平差前,先对各类观测值定一个初始权,然后进行平差计算,利用平差得到的各类观测值的残差平方和,依据一定的原则估计各类观测值的验前方差,并重新定权,依据新确定的权进行重新平差,按此方案进行迭代,最终使得不同类观测值的单位权中误差趋于一致,即权比合适,从而达到最佳的平差效果。

由上述描述可知,方差分量估计的过程是一个迭代定权的过程,其计算步骤可以描述如下。

(1)验前估权,即确定各类观测值的初始权矩阵 $\boldsymbol{P}_1$、$\boldsymbol{P}_2$、$\boldsymbol{P}_3$。

(2)进行第一次平差,计算各类观测值的残差平方和 $\boldsymbol{V}_i^{\mathrm{T}}\boldsymbol{P}_i\boldsymbol{V}_i$。

(3)进行第一次方差分量估计,估算各类观测值的单位权方差,并按照下式进行定权:

$$\boldsymbol{P}^{(k+1)} = \frac{c}{\hat{\sigma}_{0i}^2}\boldsymbol{P}_i^{(k)} \tag{6-36}$$

式中:c 通常为常数,可取为像点观测的单位权方差 $\hat{\sigma}_{01}^2$ 为参考基准。

(4)重复步骤(2)~(3),即按照平差—方差分量估计—再平差的步骤,直至 $\hat{\sigma}_{01}^2 = \hat{\sigma}_{02}^2 = \hat{\sigma}_{03}^2$,认为各类观测值单位权方差之比等于 1 为止。

6.5　精　度　评　定

本书主要依据最小二乘平差法的理论来衡量光束法平差方法的精度,即依据误差传播定律来检验平差的理论精度,根据检查点(控制点)的真实值与平差值的差异对实际精度进行评价与衡量。

6.5.1　理　论　精　度

光束法平差模型采用 Gauss-Markov 模型进行描述,平差的误差方程可以表

示为

$$V = CX - L \quad P \qquad (6-37)$$

根据最小二乘平差法的原理，可求解出未知参数向量 X：

$$X = (C^T P C)^{-1} C^T P L \qquad (6-38)$$

令 $N = C^T P C$，依据误差传播定律，参数向量 X 的相关权倒数矩阵可以表示为

$$Q_{XX} = (N^{-1} C^T P) P^{-1} (N^{-1} C^T P)^T = N^{-1} \qquad (6-39)$$

可知，未知数的权系数矩阵等于法方程矩阵的逆矩阵。法方程中的对角线元素 Q_{ii} 就是第 i 个未知数的权倒数。

由权倒数矩阵 Q_{XX} 的对角线元素，便可以求得各点平差坐标在 X、Y 和 Z 三个方向上的权倒数为 $Q_{X_i X_i}$、$Q_{Y_i Y_i}$ 和 $Q_{Z_i Z_i}$，则该点坐标在 X、Y 和 Z 三个方向上的理论中误差可以表示为

$$\begin{cases} \sigma_{X_i} = \sigma_0 \sqrt{Q_{X_i X_i}} \\ \sigma_{Y_i} = \sigma_0 \sqrt{Q_{Y_i Y_i}} \\ \sigma_{Z_i} = \sigma_0 \sqrt{Q_{Z_i Z_i}} \end{cases} \qquad (6-40)$$

各点平面坐标理论上的中误差为

$$\sigma_{X_i Y_i} = \sqrt{\sigma_{X_i}^2 + \sigma_{Y_i}^2} \qquad (6-41)$$

在求得各点坐标中误差的基础上，通过计算所有点中误差和的平均值，可以得到平差系统在 X、Y 和 Z 三个方向上的理论精度，则平差系统的平面精度和高程精度可以表示为

$$\begin{cases} \sigma_X = \sqrt{\sum_{i=1}^{n} \sigma_{X_i}^2 / n} \\ \\ \sigma_Y = \sqrt{\sum_{i=1}^{n} \sigma_{Y_i}^2 / n} \\ \\ \sigma_Z = \sqrt{\sum_{i=1}^{n} \sigma_{Z_i}^2 / n} \end{cases} \qquad (6-42)$$

$$\sigma_{XY} = \sqrt{\sigma_X^2 + \sigma_Y^2} \qquad (6-43)$$

式中：n 为参与平差的点的个数。

6.5.2　实际精度

在进行光束法平差时，需要结合地面控制点的数量和分布，选取一部分控制点作为检查点，剩余的控制点参与平差。待平差完毕后，将检查点的已知坐标与平差求得地面坐标进行较差，通过对结果的统计与分析，以此作为光束法平差的实际精度，其具体形式可以表示为

$$\begin{cases} \text{RMS}(X) = \sqrt{\sum_{i=1}^{n} (\hat{X}_i - X_i)^2 / n} \\ \text{RMS}(Y) = \sqrt{\sum_{i=1}^{n} (\hat{Y}_i - Y_i)^2 / n} \\ \text{RMS}(Z) = \sqrt{\sum_{i=1}^{n} (\hat{Z}_i - Z_i)^2 / n} \end{cases} \tag{6-44}$$

$$\text{RMS}(XY) = \sqrt{\text{RMS}^2(X) + \text{RMS}^2(Y)} \tag{6-45}$$

式中：n 为检查点(控制点)的个数；$\hat{X}_i$、$\hat{Y}_i$ 和 $\hat{Z}_i$ 为通过平差计算得到的地面坐标；X_i、Y_i 和 Z_i 为真实的地面坐标；$\text{RMS}(X)$、$\text{RMS}(Y)$、$\text{RMS}(Z)$ 分别为 X、Y 和 Z 方向的实际精度；$\text{RMS}(XY)$ 为平面方向的实际精度。

6.6 实验与分析

本节在成功构建光束法平差模型的基础上，针对不同类型的传感器，结合不同的外方位元素模型和不同的地面控制点布设方案，我们将第 3 章标定得到的摄影测量参数引入平差系统，进行光束法平差实验。通过评价和分析平差精度，以本书所用实验数据为依据，为不同类型的传感器优选出较为适合描述其位置和姿态变化的外方位元素模型，其中，对于定向片模型和分段多项式模型，通过实验验证将定向片模型和分段多项式模型的约束条件引入光束法平差模型，并得出合适的定向片选取间隔和轨道分段间隔。在此基础上，结合所建立的带附加参数的自检校模型，进行自检校光束法平差，并评价和分析平差精度，最后得出实验结论。

本章分别针对 SPOT5 HRS 影像、天绘一号卫星三线阵影像和资源三号卫星三线阵影像的真实数据进行相关实验，实验主要包括(不同卫星影像实验内容略有差异)如下内容。

（1）不同外方位模型描述的常规光束法平差，通过对比分析，选取较为合适的外方位模型，用于描述卫星在轨运行时传感器位置和姿态的变化特征。

（2）在定向片模型和分段多项式模型中，分别进行带约束条件和不带约束条件下的光束法平差实验，通过对比平差精度，验证将约束条件引入光束法平差模型的必要性。

（3）将第 4 章标定得到的摄影测量参数引入光束法平差模型，验证在轨几何定标的正确性和有效性。

（4）在合适外方位元素模型的基础上，进行不同控制点方案下的常规光束法平差和自检校光束法平差实验，对比实验结果并得出相应结论。

6.6.1　控制点布设方案

为了获取高精度的几何定位结果,需要借助地面控制点进行光束法平差,用于消除定位误差因素的影响,而控制点的数量与分布决定了进行平差的几何条件,并对平差精度产生直接影响。鉴于此,本书设计了图 6-6 所示的几种控制点布设方案,进行光束法平差实验,分析控制点对平差结果的影响。

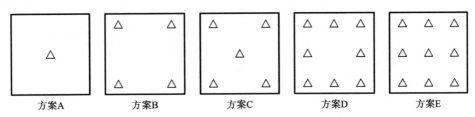

图 6-6　光束法平差控制点布设方案

各控制点布设方案具体描述如下:

方案 A——测区中央布设 1 个平高控制点;

方案 B——测区四角各布设 1 个平高控制点;

方案 C——在方案 B 的基础上,在测区中央加设 1 个平高控制点;

方案 D——在测区周边布设 8 个平高控制点;

方案 E——在方案 D 的基础上,在测区中央加设 1 个平高控制点。

6.6.2　SPOT5 卫星 HRS 影像实验

1. SPOT5-HN 影像不同外方位模型下的光束法平差实验

本节针对 SPOT5-HN 影像,采用不同的外方位模型描述其外方位变化特征,顾及分段多项式模型的分段数和定向片模型的定向片数的增加引起的未知参数个数的增加,因此,选择在控制点布设方案 E 下,即采用 9 个地面控制点进行光束法平差实验,并统计了由检查点的加密坐标与真实坐标的差值求得的实际平差精度(RMS(XY),RMS(Z)),由误差传播定律计算得到的理论平差精度(Sigma(XY),Sigma(Z))和单位权中误差 Sigma0,实验结果如图 6-7 和图 6-8 所示,其中 PPM-i(i=5,6,7,…)表示采用分段多项式模型进行光束法平差时将轨道分成 i 段,OIM-i(i=1,2,3,…)表示采用定向片模型进行光束法平差时选取定向片数为 i。

分析图 6-7 和图 6-8 中的实验结果,可以得出如下结论。

(1)对比不同外方位模型下的平差结果,可以发现三种模型下能够取得的平差精度大致相当,平面精度优于 11 m 左右,高程精度优于 8 m 左右。这说明采用表达形式最简单的低阶多项式模型便能很好地反映卫星在轨运行中外方位元素的变化特征,同时也说明 SPOT5 卫星在轨运行的状态是十分平稳的。

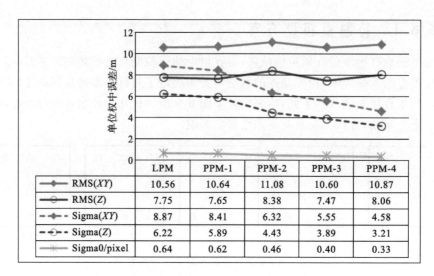

图 6-7　方案 E 下低阶多项式模型和分段多项式模型平差实验结果

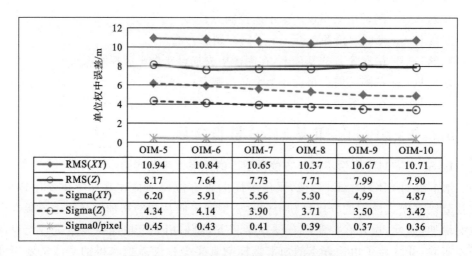

图 6-8　方案 E 下定向片模型平差实验结果

（2）对于分段多项式模型和定向片模型,分段数和定向片数的不同引起的平差结果略有不同。随着分段数和定向片数的不断增加,外方位模型能够更加真实地反映卫星运行中轨道和姿态的变化特征,因此光束法平差的理论精度逐渐升高,单位权中误差逐渐变小,而这种方法会引起待求解未知参数个数的增加,解算参数间的相互干扰导致实际平差精度并没有得到提高。

2. 分段多项式模型约束条件的必要性验证实验

本节针对分段多项式模型中是否有必要添加分段连接处光滑连续的约束条件进行相关实验(针对定向片模型的约束条件验证实验在后文天绘卫星影像中进行),即分别对不带约束条件和带约束条件下的分段多项式模型进行光束法平差,从平差精度、计算效率等方面进行比较,实验结果如表 6-1 和表 6-2 所示。图 6-9 所示的为两种条件下的平差结果对比示意图,其中 N 表示不带约束条件,Y 表示带约束条件,例如,3-Y 表示分段数为 3,带约束条件下的光束法平差结果。

表 6-1 不带约束条件下分段多项式模型描述的光束法平差实验结果

分 段 数	迭 代 次 数	检查点精度/m			
		X	Y	平面	Z
1	40	7.60	7.44	10.64	7.65
2	26	9.27	10.27	13.84	9.86
3	34	8.66	9.05	12.53	8.38
4	38	9.68	19.96	22.19	16.17

表 6-2 带约束条件下分段多项式模型描述的光束法平差实验结果

分 段 数	迭 代 次 数	检查点精度/m			
		X	Y	平面	Z
2	8	7.92	7.75	11.08	8.38
3	6	7.49	7.51	10.60	7.47
4	6	7.81	7.56	10.87	8.06

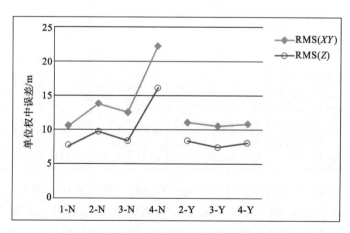

图 6-9 方案 E 下分段多项式模型平差结果比较

分析表 6-1、表 6-2 和图 6-9 的实验结果,可以得出以下几点结论。

(1) 不考虑分段连接处光滑连续的约束条件,且不进行分段即分段数为 1 时,区域网平差精度达到最高,平面 10.64 m,高程 7.65 m。而随着分段数的增加,平差结果反而有所降低,且呈现震荡趋势。这说明,不考虑约束条件的分段多项式模型,平差系统并不稳定,且平差结果并不理想。

(2)在考虑分段连接处光滑连续的约束条件时,平差结果并没有明显起伏,检查点精度略有变化,平差精度与分段数为1的平差精度相当。这说明引入约束条件后,能够相对真实地还原卫星轨道和姿态的变化特征,同时也增加了平差系统的稳定性,具有一定的参考价值。

(3)从计算效率上讲,考虑约束条件时,其平差收敛速度明显优于不添加约束条件下的平差收敛速度。此外,从平差精度上讲,添加约束条件下的整体平差精度优于不添加约束条件下(分段数大于1)的整体平差精度。这两点说明,在采用分段多项式模型针对SPOT5 HRS影像,特别是长条带影像进行光束法平差时,将分段多项式模型间的约束条件引入平差系统是有效的而且是必要的。

3. 在轨几何定标前后光束法平差实验

由上述实验结论可知,低阶多项式模型能够较为合适地描述SPOT5卫星运行的外方位元素变化特征。本节实验基于此模型,结合不同的地面控制方案,在未对摄影测量参数标定的前提下,进行常规光束法平差实验,结果如表 6-3 所示。可以看出,当采用方案 B,即四角布设控制点时,平差精度达到最优,平面 9.99 m,高程 7.23 m,再增加控制点数量精度,平差的理论精度和实际精度没有明显变化,这说明采用四角布设控制方案已经可以满足平差所需控制条件。

表 6-3 几何定标前低阶多项式模型常规光束法平差实验结果

方案	控制点数量/个 /检查点数量/个	σ_0/m	理论精度/m				实际精度/m			
			X	Y	平面	Z	X	Y	平面	Z
方案 A	1/55	0.30	2.62	4.52	5.23	3.67	7.61	12.63	14.75	12.67
方案 B	4/52	0.59	4.53	7.45	8.72	6.12	7.11	7.02	9.99	7.23
方案 C	5/51	0.59	4.54	7.45	8.73	6.12	7.14	7.70	10.50	7.39
方案 D	8/48	0.63	4.57	7.49	8.78	6.15	7.56	7.12	10.38	8.10
方案 E	9/47	0.64	4.62	7.57	8.87	6.22	7.54	7.39	10.56	7.75

为了验证在轨几何定标的有效性,结合不同的地面控制方案,进行标定后的光束法平差实验,结果如表 6-4 所示。对比表 6-3,可以看出,同类控制方案下,无论是理论精度还是实际精度,标定后的平差精度较标定前的平差精度均有一定提升,单位权中误差也进一步变小。当采用控制方案 B 时,平差精度达到最优,为平面 8.91 m,高程 7.15 m。

为了进一步消除残留系统误差,选择合适的附加参数,进行标定后的自检校光束法平差实验,实验结果如表 6-5 所示。对比表 6-4,可以看出,理论平差精度随着控制

表 6-4　几何定标后低阶多项式模型常规光束法平差实验结果

方案	控制点数量/个 /检查点数量/个	σ_0/m	理论精度/m				实际精度/m			
			X	Y	平面	Z	X	Y	平面	Z
方案 A	1/55	0.19	1.72	2.97	3.43	2.41	6.69	11.09	12.96	12.55
方案 B	4/52	0.38	2.92	4.80	5.61	3.94	6.61	5.97	8.91	7.15
方案 C	5/51	0.44	3.38	5.54	6.49	4.55	6.68	6.32	9.20	7.58
方案 D	8/48	0.37	2.74	4.49	5.26	3.69	6.81	6.17	9.19	7.49
方案 E	9/47	0.45	3.21	5.25	6.15	4.31	6.87	6.27	9.30	7.28

点数量的增加进一步提高,单位权中误差也进一步变小,这说明平差系统得到进一步优化,验证了所建平差模型的正确性,而实际平差精度没有明显变化,这说明系统误差已经得到很好的消除,进一步验证了本书对摄影测量参数标定的有效性。

表 6-5　几何定标后低阶多项式模型自检校光束法平差实验结果

方案	控制点数量/个 /检查点数量/个	σ_0/m	理论精度/m				实际精度/m			
			X	Y	平面	Z	X	Y	平面	Z
方案 A	1/55	0.18	1.72	3.00	3.45	2.44	6.70	11.04	12.91	12.40
方案 B	4/52	0.36	3.01	4.97	5.81	4.08	6.67	6.01	8.97	7.14
方案 C	5/51	0.43	3.57	5.88	6.88	4.83	6.74	6.45	9.33	7.49
方案 D	8/48	0.37	3.04	5.00	5.85	4.11	6.85	6.19	9.23	7.53
方案 E	9/47	0.44	3.63	5.96	6.97	4.89	6.91	6.32	9.36	7.29

6.6.3　天绘一号卫星三线阵影像实验

1. TH-1-HN1 影像不同外方位模型下的光束法平差实验

利用不同的外方位误差模型对 TH-1-HN1 影像进行光束法平差,实验结果如图 6-10 所示,图中统计信息可参照 SPOT5 卫星实验,此处不再赘述。

分析图 6-10 中的实验结果,可以得出以下几点结论。

(1)低阶多项式模型光束法平差检查点精度仅为平面 23.30 m,高程 16.41 m,平差精度并不理想。这说明,采用随扫描时间变化的低阶多项式模型并不能较好地反映卫星在轨运行传感器外方位元素的变化特征。

(2)采用分段多项式模型,即将外方位元素的变化特征表示为随扫描时间变化的二次多项式,采用 1 段时的检查点精度仅为平面 23.60 m,高程 15.87 m,分段数增加至 2 段和 3 段时,理论精度逐渐变高,单位权中误差逐渐变小。这说明建立的平差系统是正确的,精度反而有所下降是因为解算参数个数的增多,导致解算的不稳定

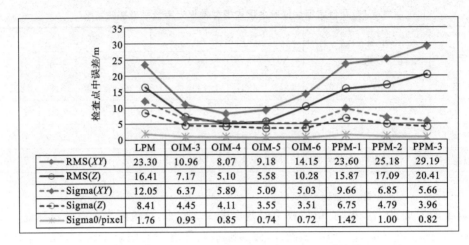

图 6-10 方案 E 下不同外方位模型平差实验结果

性。可以发现,采用分段多项式模型取得的平差精度与低阶多项式模型取得的平差精度大致相当,但效果并不理想。

（3）采用定向片模型时（顾及定向片约束条件），平差精度较其他两种外方位模型有较大提高,当单张影像定向片数为 4,即定向片间隔扫描行为 4000 行时,平差精度最高,为平面 8.07 m,高程 5.10 m。选取其他定向片数进行平差时,精度不及定向片间隔为 4000 行时的平差精度,定向片间隔过大不利于描述外方位元素的变化特征,定向片间隔过小会引起待求参数的增加,并且控制点的控制作用被弱化,导致平差精度的降低。就本书所用实验数据而言,将选取定向片间隔为 4000 行,是较为合适的。

（4）比较不同外方位元素模型下光束法平差的理论精度和实际精度,不难发现实际精度均不及理论精度。主要原因为实验采用的控制点的像点坐标在立体环境下由人工量测得到,因此不可避免地存在一定的量测误差和辨识误差。

2. 定向片模型约束条件的必要性验证实验

本节主要针对相邻定向片间二阶差分为零这一约束条件是否有效,开展对比实验,表 6-6 和表 6-7 分别为不带约束条件和带约束条件下定向片模型光束法平差实验结果,图 6-11 为两种条件下的平差结果对比示意图。

表 6-6 不带约束条件下定向片模型光束法平差实验结果

定向片数	定向片间隔/行	迭代次数	检查点精度/m			
			X	Y	平面	Z
2	12000	34	7.68	15.63	17.42	9.89
3	6000	41	6.11	6.26	8.75	5.44

续表

定 向 片 数	定向片间隔/行	迭 代 次 数	检查点精度/m			
			X	Y	平面	Z
4	4000	40	10.89	9.42	14.40	11.69
5	3000	31	9.12	7.95	12.10	8.59
6	2400	33	13.99	31.52	34.49	26.76

表 6-7　带约束条件下定向片模型光束法平差实验结果

定 向 片 数	定向片间隔/行	迭 代 次 数	检查点精度/m			
			X	Y	平面	Z
3	6000	9	7.83	7.67	10.96	7.17
4	4000	7	6.42	4.89	8.07	5.10
5	3000	6	6.86	6.11	9.18	5.58
6	2400	5	6.49	12.57	14.15	10.28

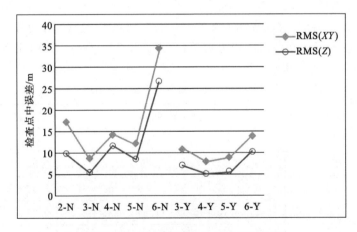

图 6-11　方案 E 下定向片模型结果比较

分析表 6-6、表 6-7 和图 6-11 的实验结果,可以得出以下几点结论。

(1) 不考虑约束条件时,在单张影像定向片数为 3,即定向片的间隔行数为 6000 行时,区域网平差精度均达到最高,为平面 8.75 m,高程 5.44 m。但对比不同的定向片数下的平差结果,可以发现平差结果受所选定向片间隔行数的影响较大,出现震荡的平差结果。这说明在不考虑约束条件的情况下,平差系统并不稳定。

(2) 将定向片约束条件引入平差系统后,在单张影像定向片数为 4,即定向片的间隔行数为 4000 行时,区域网平差精度均达到最高,为平面 8.07 m,高程 5.10 m。

对比不同的定向片数下的不考虑约束条件和考虑约束条件时平差结果,可以发现,考虑约束条件时,结果更加稳定,这是因为将外方位元素的二阶差分等于零的约束条件引入平差系统后,能够将原本离散的定向片对应的外方位元素联系为整体,增强了平差系统的稳定性。此外,从理论上讲,虽然定向片数越多越能反映卫星在轨运行外方位元素的真实变化规律,但这会导致待解未知参数的增多,参数间相互干扰而降低平差精度。而定向片数过少,则内插值不能较完整地描述外方位元素的变化特征。因此,对比不同的定向片数下的平差结果,呈现两端差、中间好的现象。

(3)从计算效率上讲,带约束条件时,其平差收敛速度明显优于不带约束条件下的平差收敛速度。此外,从平差精度上讲,带约束条件下的整体平差精度优于不带约束条件下的整体平差精度。这两点说明,在采用定向片模型对天绘一号卫星影像进行光束法平差时,将定向片间的约束条件引入平差系统,计算效率和平差精度都有所提升,因此将约束条件引入平差系统是必要的。

3. 在轨几何定标前后光束法平差实验

由上述实验结论可知,定向片模型能够较为合适地描述天绘一号卫星运行的外方位元素变化特征,本节实验基于此模型,结合不同的地面控制方案,在未对摄影测量参数标定的前提下,进行常规光束法平差实验,结果如表 6-8 所示。可以看出,平差的理论精度和实际精度因控制方案的不同而出现起伏,这说明平差系统并不稳定。方案 B 和方案 E 下的平差精度较为理想,分别为平面 9.06 m,高程 5.22 m 和平面 8.07 m,高程 5.10 m,其他方案下的平差结果均不及此。

表 6-8 几何定标前定向片模型常规光束法平差实验结果

方案	控制点数量/个 /检查点数量/个	σ_0/m	理论精度/m				实际精度/m			
			X	Y	平面	Z	X	Y	平面	Z
方案 A	1/30	1.19	4.34	7.17	8.38	5.86	7.45	7.90	10.86	13.42
方案 B	4/27	1.77	6.39	10.50	12.29	8.58	7.14	5.58	9.06	5.22
方案 C	5/26	1.72	6.15	10.12	11.84	8.28	8.25	9.09	12.27	6.84
方案 D	8/23	2.84	10.10	16.59	19.42	13.59	7.89	8.02	11.25	8.43
方案 E	9/22	0.85	3.06	5.03	5.89	4.11	6.42	4.89	8.07	5.10

结合不同的地面控制方案,进行标定后的光束法平差实验,结果如表 6-9 所示。对比表 6-8,可以看出,同类控制方案下,平差的理论精度有较大幅度提高且较为稳定,单位权中误差也进一步变小,方案 C 和方案 D 下的平差实际精度提升较为明显,整体实际精度也趋于稳定,没有明显的起伏变化。当采用方案 E 时,平差精度达到最优,为平面 8.11 m,高程 5.03 m,这说明标定的摄影测量参数使得光束法平差系统更为稳定,该方法是行之有效的。

表6-9　几何定标后定向片模型常规光束法平差实验结果

方案	控制点数量/个 /检查点数量/个	σ_0/m	理论精度/m				实际精度/m			
			X	Y	平面	Z	X	Y	平面	Z
方案 A	1/30	0.38	1.46	2.42	2.83	1.96	7.98	8.25	11.48	10.10
方案 B	4/27	0.92	3.33	5.48	6.41	4.48	7.36	5.45	9.16	5.15
方案 C	5/26	0.85	3.06	5.02	5.88	4.11	6.77	5.28	8.59	5.26
方案 D	8/23	1.16	4.15	6.82	7.98	5.58	6.71	4.57	8.12	5.89
方案 E	9/22	0.85	3.06	5.02	5.88	4.10	6.45	4.91	8.11	5.03

　　为了进一步消除残留系统误差,选择合适的附加参数,进行标定后的自检校光束法平差实验,实验结果如表6-10所示。对比表6-9,可以看出,理论平差精度随着控制点数量的增加得到进一步提高,单位权中误差也进一步变小。这说明平差系统得到进一步优化,验证了所建平差模型的正确性。而实际平差精度结果相当,这说明前述方法已经对系统误差进行了很好的处理和改正,进一步验证了本书对摄影测量参数标定的有效性。

表6-10　几何定标后定向片模型自检校光束法平差实验结果

方案	控制点数量/个 /检查点数量/个	σ_0/m	理论精度/m				实际精度/m			
			X	Y	平面	Z	X	Y	平面	Z
方案 A	1/30	0.38	1.46	2.42	2.83	1.96	7.96	8.24	11.46	10.12
方案 B	4/27	0.90	3.26	5.36	6.27	4.38	7.32	5.45	9.12	5.14
方案 C	5/26	0.83	2.98	4.90	5.73	4.00	6.69	5.27	8.52	5.25
方案 D	8/23	1.14	4.08	6.70	7.85	5.49	6.62	4.57	8.05	5.86
方案 E	9/22	0.83	2.97	4.88	5.71	3.99	6.35	4.92	8.03	5.01

6.6.4　资源三号卫星三线阵影像实验

1. ZY-3-HN1影像在轨几何定标后不同外方位模型下的光束法平差实验

　　由于资源三号卫星星上辅助数据存在较大的系统性误差,该部分不再针对定标前进行相关实验,利用第3章对资源三号卫星的传感器摄影测量标定参数,结合不同的外方位模型进行标定后的光束法平差实验。

　　此外,根据其定轨精度经地面后处理基本能达到厘米数量级这一特点,因此在这一数量级上可以认为外方位线元素为真值,而无须再对线元素进行误差建模,仅对角元素进行误差建模即可,据此可建立第3章中的SLPM模型对资源三号卫星影像进行光束法平差实验。此外,加上LPM模型、PPM模型和OIM模型,即共4种模型描述外方位元素变化特征,同时在方案 E,即 9 个地面控制点参与的条件下,进行光束法平差,实验结果如图 6-12 和图 6-13 所示。由于资源三号卫星前视、下视、后视相机 CCD 大小不一致(前后视 CCD 为 10 μm,下视 CCD 为 7 μm),为便于统计,图 6-12 和图 6-13 采用 10 μm 对单位权中误差 Sigma0 进行换算。

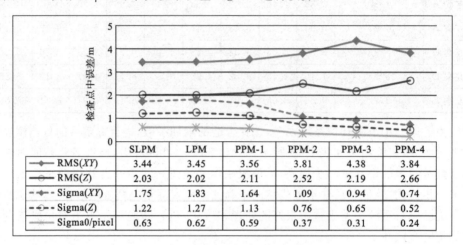

	SLPM	LPM	PPM-1	PPM-2	PPM-3	PPM-4
RMS(*XY*)	3.44	3.45	3.56	3.81	4.38	3.84
RMS(*Z*)	2.03	2.02	2.11	2.52	2.19	2.66
Sigma(*XY*)	1.75	1.83	1.64	1.09	0.94	0.74
Sigma(*Z*)	1.22	1.27	1.13	0.76	0.65	0.52
Sigma0/pixel	0.63	0.62	0.59	0.37	0.31	0.24

图 6-12 方案 E 下不同外方位模型平差实验结果

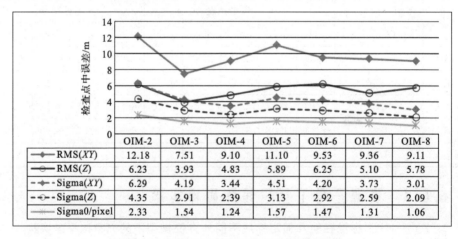

	OIM-2	OIM-3	OIM-4	OIM-5	OIM-6	OIM-7	OIM-8
RMS(*XY*)	12.18	7.51	9.10	11.10	9.53	9.36	9.11
RMS(*Z*)	6.23	3.93	4.83	5.89	6.25	5.10	5.78
Sigma(*XY*)	6.29	4.19	3.44	4.51	4.20	3.73	3.01
Sigma(*Z*)	4.35	2.91	2.39	3.13	2.92	2.59	2.09
Sigma0/pixel	2.33	1.54	1.24	1.57	1.47	1.31	1.06

图 6-13 方案 E 下定向片模型平差实验结果

分析图 6-12 和图 6-13 的实验结果,可以得出以下几点结论。

(1) 对比 SLPM 和 LPM 模型,可以发现,当采用方案 E 时,平差结果中的检查点定位精度较为理想,且基本一致,约为平面 3.4 m,高程 2.0 m,这说明仅对卫星姿态进行系统误差建模便能够取得与低阶多项式模型同等的精度,一方面证明了卫星运行状态非常平稳,另一方面也证明了本书 SLPM 模型的正确性。

(2) 对于分段多项式模型,当分段数为 1 时,能够取得的检查点定位精度最高,为平面 3.56 m,高程 2.11 m,略不及 SLPM 和 LPM 模型的平差精度。随着轨道分段数的增加,虽然平差的理论精度随之提高,但实际精度出现起伏而不稳定,这一结论与 4.6.3 节中天绘一号卫星三线阵影像的结论是一致的。其有两点原因:一是轨道分段数的增加导致解算参数个数的增加,解算过程中未知参数的相互干扰造成了平差结果的不稳定性;二是分段越多,多余控制点条件越少,即控制点的控制作用被弱化。综合考虑解算的复杂程度及精度效率两方面原因,基于分段多项式模型的光束法平差并不是用于资源三号卫星三线阵影像的光束法平差的首选。

（3）分析图 6-13 定向片模型描述的平差结果,可以发现,随着定向片数的增加,平差的理论精度逐渐提高,且单位权中误差逐渐减小。但从实际精度来看,整体平差结果并不稳定并且也均不及图 6-12 中各外方位模型的平差结果。当定向片数为 3 时,平差精度达到最优,但也仅为平面 7.51 m,高程 3.93 m。因此就本书所用实验数据而言,不建议采用定向片模型描述的外方位进行资源三号卫星三线阵影像的光束法平差。

2. 在轨几何定标后光束法平差实验

本节主要针对 LPM 模型,结合不同的地面控制方案,进行标定后的光束法平差实验,结果如表 6-11 所示。分析不同方案下的平差结果,当仅采用 1 个控制点参与平差时,平差精度便达到平面 5.14 m,高程 2.51 m;当采用 4 个控制点参与平差时,达到平面 3.88 m,高程 1.91 m;再增加控制点,平差精度并无明显提高。这说明在对资源三号卫星传感器进行几何定标后,采用四角布设控制点的方案即可满足平差所需的控制条件。

表 6-11　几何定标后低阶多项式模型常规光束法平差实验结果

方案	控制点数量/个 /检查点数量/个	σ_0/m	理论精度/m				实际精度/m			
			X	Y	平面	Z	X	Y	平面	Z
方案 A	1/26	0.24	0.92	1.69	1.92	1.33	3.19	4.02	5.14	2.51
方案 B	4/23	0.48	0.96	1.62	1.89	1.31	2.00	3.33	3.88	1.91
方案 C	5/22	0.95	1.70	2.86	3.33	2.30	1.67	3.19	3.60	1.95
方案 D	8/19	0.61	0.97	1.64	1.90	1.32	1.73	2.96	3.43	1.97
方案 E	9/18	0.62	0.93	1.58	1.83	1.27	1.67	3.01	3.45	2.02

为了进一步消除残留系统误差,选择合适的附加参数,进行标定后的自检校光束法平差实验,实验结果如表 6-12 所示。对比表 6-11,可以看出,理论平差精度随着控制点数量的增加得到进一步提高,单位权中误差也进一步变小。这说明平差系统得到进一步优化,验证了所建平差模型的正确性。而实际平差精度没有明显变化,这说明平差系统中残留系统误差得到了很好的消除,进一步验证了本书对摄影测量参数标定的有效性。

表 6-12　几何定标后低阶多项式模型自检校光束法平差实验结果

方案	控制点数量/个 /检查点数量/个	σ_0/m	理论精度/m				实际精度/m			
			X	Y	平面	Z	X	Y	平面	Z
方案 A	1/26	0.21	0.86	1.57	1.78	1.23	3.15	4.00	5.09	2.49
方案 B	4/23	0.47	0.94	1.59	1.85	1.28	2.02	3.30	3.87	1.92
方案 C	5/22	0.93	1.68	2.83	3.29	2.28	1.82	3.19	3.67	1.97
方案 D	8/19	0.60	0.96	1.62	1.89	1.31	1.73	2.96	3.43	1.99
方案 E	9/18	0.60	0.92	1.56	1.81	1.26	1.69	3.01	3.45	2.08

6.7　本 章 小 结

本章主要针对几种典型的光学卫星影像的光束法平差进行了相关理论分析与实验验证。首先根据不同的外方位元素模型建立了常规光束法平差模型;其次根据传感器的镜头误差和线阵误差特性,建立了用于自检校光束法平差的数学模型;然后针对平差时各未知参数间相关性导致的无法稳定答解这一问题,利用验前估权和验后定权的方法予以克服;最后利用三种卫星的真实影像数据进行相关实验,得到如下主要结论。

(1)经过摄影测量参数几何定标后,再进行光束法平差,能够显著提高卫星影像定位精度,很好地消除残留系统误差,这说明进行摄影测量参数的几何定标是十分必要的。

(2)对于 SPOT5 HRS 影像和资源三号卫星三线阵影像,采用低阶多项式模型即可较好地描述传感器外方位元素的变化特征。对于天绘一号卫星三线阵影像,定向片模型较为适合描述其外方位元素变化特征。

(3)在利用定向片模型和分段多项式模型进行光束法平差时,将其对应的约束条件引入平差系统,一方面能够增加平差系统的稳定性,另一方面在计算效率和整体平差精度上都有较为明显的提升,验证了将约束条件引入平差系统的必要性。

(4)对于定向片模型或分段多项式模型,定向片间隔过小和轨道分段数较多,相对而言,使得多余控制点条件变少,虽然平差理论精度得到提高,但获取的平差实际精度并没有得到提高。这说明在对卫星影像进行几何处理时,不一定要以轨道分段数作为判别指标,选择适中的影像扫描行数来确定定向片间隔或轨道分段数,是较为理想的方法。

第7章 有理函数模型遥感影像几何定位方法

严格成像几何模型的构建与传感器类型密切相关,并能真实反映成像过程中各种误差源,但其形式较为复杂,不具有通用性。有理函数模型从数学上去拟合影像的严格成像几何模型,其实质是利用一个有理函数逼近二维像平面空间与三维物方空间的对应关系,因此单就有理多项式系数(rational polynomial coefficients,RPC)参数而言,其本身并没有明确的物理意义,但其能够很好地实现对传感器参数的隐藏,适用于大多数传感器,便于实时处理,并具有良好的内插性能,RPC产品也逐渐成为广大影像供应商提供给用户影像数据的主要方式。

卫星影像数据供应商提供的RPC参数中通常会包含系统误差,导致其直接立体定位精度下降。对此,通常的方法是根据地面控制点的分布与数量,在有理函数模型的像方空间相应地增加平移、漂移或者仿射变换参数,通过系统误差补偿或区域网平差的方法,达到提升影像定位精度的目的。但该方法实质上并没有提高有理函数模型的直接立体定位精度,换言之,用户拿到的RPC参数依然含有系统误差,需要通过上述处理手段才能达到相关任务要求,这在一定程度上降低了有理函数模型的通用性和实用性。针对这种情况,本章利用第5章摄影测量参数的标定结果,结合不同的地面控制方案和卫星影像数据,构建有理函数模型,并生成RPC参数和评价有理函数模型的直接立体定位精度。

本章首先简要介绍有理函数模型(rational function model,RFM),对比分析地形无关方案和地形相关方案下,各自构建有理函数模型的优缺点,采用岭估计的方法对RPC参数进行求解,建立基于多传感器的直接立体定位模型和区域网平差模型;基于摄影测量参数在轨定标,实现对RPC参数的解算,用于提高有理函数模型的无地面控制点直接立体定位精度,分别利用三种卫星影像进行相关实验,分析并得出实验结论;利用我国天绘一号卫星三线阵影像的RPC产品进行实验验证与分析。

7.1 有理函数模型

有理函数模型将像点坐标(R,C)表示为以对应地面点的空间坐标(B,L,H)为自变量的多项式的比值,其具体形式可以表示为

$$\begin{cases} R_n = \dfrac{p_1(B_n, L_n, H_n)}{p_2(B_n, L_n, H_n)} \\ C_n = \dfrac{p_3(B_n, L_n, H_n)}{p_4(B_n, L_n, H_n)} \end{cases} \tag{7-1}$$

式中：多项式 $p_i(i=1,2,3,4)$ 中每一项的各个坐标分量的次数均不超过 3，且坐标分量的次数之和也不超过 3。这里以 p_1 为例，其具体形式可以表示为

$$\begin{aligned} p_1 = {} & a_0 + a_1 L_n + a_2 B_n + a_3 H_n + a_4 L_n B_n + a_5 L_n H_n + a_6 B_n H_n + a_7 L_n^2 + a_8 B_n^2 + a_9 H_n^2 \\ & + a_{10} B_n L_n H_n + a_{11} L_n B_n^2 + a_{12} B_n L_n^2 + a_{13} L_n H_n^2 + a_{14} H_n L_n^2 + a_{15} B_n H_n^2 + a_{16} H_n B_n^2 \\ & + a_{17} L_n^3 + a_{18} B_n^3 + a_{19} H_n^3 \end{aligned} \tag{7-2}$$

对于 p_2、p_3 和 p_4，只需将式（7-2）中的 $a_j(j=0,1,\cdots,19)$ 分别替换为 b_j、c_j 和 d_j 即可，其中，b_0 和 d_0 的值一般为 1，因此有理多项式系数的个数一般为 78 个。

通常情况下，为了避免物方和像方坐标因数量级差异过大而在计算过程中引起含入误差，从而提高模型中系数求解的稳定性，需要将物方和像方坐标进行归一化。归一化需要的平移参数和尺度参数均可以从 RPC 参数文件中获取。物方坐标和像方坐标归一化的公式可以表示为

$$\begin{cases} B_n = \dfrac{B - B_o}{B_s} \\ L_n = \dfrac{L - L_o}{L_s} \\ H_n = \dfrac{H - H_o}{H_s} \end{cases} , \qquad \begin{cases} R_n = \dfrac{R - R_o}{R_s} \\ C_n = \dfrac{C - C_o}{C_s} \end{cases} \tag{7-3}$$

式中：(B, L, H) 表示物方点大地坐标的纬度、经度和高程；R、C 分别为像元所在影像的行号和列号；B_o、L_o、H_o、R_o、C_o 为标准化的平移尺度参数，B_s、L_s、H_s、R_s、C_s 为标准化的缩放尺度参数。

7.2 有理函数模型的建立与求解

7.2.1 建立有理函数模型的控制方案

1. 地形无关方案

由地形无关方案生成的 RPC 参数与实际地形不相关，其具体步骤可以简单描述为：首先根据影像大小建立像方格网，如将像方分成 $m \times n$ 大小的格网，每个格网点对应一个像点，获取像点坐标 (R, C)；然后将影像覆盖区域的高程范围均匀分为 k 层，每一层具有相同的高程坐标 H；再依据卫星严格成像几何模型计算得到物方平面坐标 (B, L)，所构建的物方虚拟格网如图 7-1 所示；最后经过坐标归一化，对 RPC 参数进行求解。

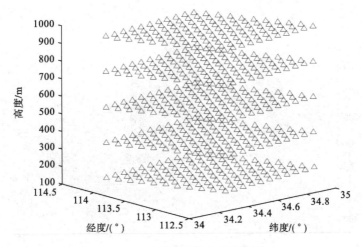

图 7-1　地形无关物方虚拟格网

在地形无关方案下生成 RPC 参数的过程中,格网的划分过密会导致解算效率下降,过疏会导致求解的 RPC 参数精度下降,因此,需要选择合适的格网大小。地形无关方案下,构建有理函数模型的流程如图 7-2 所示。

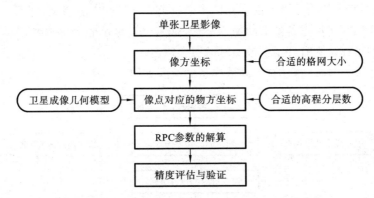

图 7-2　地形无关方案下的有理函数模型的建立流程

2. 地形相关方案

传统的地形相关方案的求解过程与地形无关方案的求解过程完全一致,不同的是地形相关方案采用实测的地面控制点取代了虚拟的格网控制点,故该方案的精度与地面点的精度、分布、数量等因素密切相关,如图 7-3 所示。

本书采用的地形相关方案建立有理函数模型的流程可以描述为:首先利用匹配方案生成密集匹配点,然后由严格成像几何模型进行目标定位得到对应点的三维坐标,经过坐标的归一化后,对 RPC 参数进行求解,最后进行精度评估与验证。该方法的物方高程与实际地形是密切吻合的,无须考虑物方高程分层,因此从理论上讲,在

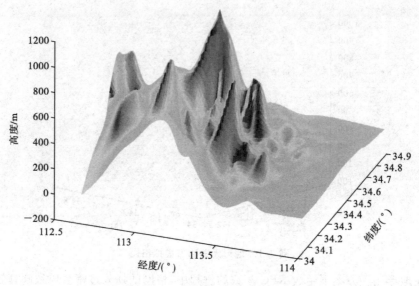

图 7-3　地形相关物方真实地形

同样的像点格网条件下,该方案应该具有比地形无关方案更高的拟合精度。需要指出的是,该方案下的物方坐标由多片影像通过前方交会的方法得到,并不一定最接近单片严格成像几何模型条件下的物方坐标,这一因素也可能会影响利用单张影像的像方和物方坐标建立有理函数模型时的拟合精度。

地形相关方案下,构建有理函数模型的流程如图 7-4 所示。

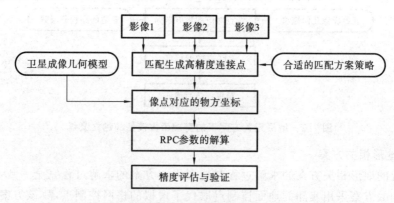

图 7-4　地形相关方案下的有理函数模型的建立流程

7.2.2　有理多项式系数的解算

在通过控制方案获取足够数量的像方和物方控制点后,便可依据有理函数模型,实现对有理多项式系数的求解,由式(7-1)可得

$$\begin{cases} F_{R_n} = p_1(B_n, L_n, H_n) - R_n \cdot p_2(B_n, L_n, H_n) = 0 \\ F_{C_n} = p_3(B_n, L_n, H_n) - C_n \cdot p_4(B_n, L_n, H_n) = 0 \end{cases} \tag{7-4}$$

不难发现,式(7-4)是一个关于 RPC 参数的线性误差方程,因此无须给定初值就可直接进行答解,其矩阵形式可以表示为

$$V = BX - L \qquad P \tag{7-5}$$

式中:$B = \begin{bmatrix} \dfrac{\partial F_{R_n}}{\partial a_i} & \dfrac{\partial F_{R_n}}{\partial b_j} & \dfrac{\partial F_{R_n}}{\partial c_i} & \dfrac{\partial F_{R_n}}{\partial d_j} \\ \dfrac{\partial F_{C_n}}{\partial a_i} & \dfrac{\partial F_{C_n}}{\partial b_j} & \dfrac{\partial F_{C_n}}{\partial c_i} & \dfrac{\partial F_{C_n}}{\partial d_j} \end{bmatrix}$, $(i=1,\cdots,20, j=2,\cdots,20)$; $L = \begin{bmatrix} R_n \\ C_n \end{bmatrix}$; $x =$

$[a_i \quad b_j \quad c_i \quad d_j]^T$; P 为权矩阵,通常情况下为单位矩阵。

根据最小二乘原理,可以求得

$$X = (B^T P B)^{-1} B^T P L \tag{7-6}$$

在式(7-6)中,每个控制点可以列 2 个误差方程,因此若要答解 78 个 RPC 参数,至少需要 39 个控制点才能完成解算。在对其进行求解时,由于 RPC 参数间的相关性,导致直接采用最小二乘解不稳定甚至得到错误的解,通常可以采用岭估计方法对其进行求解,并用 L 曲线法实现对岭参数的确定。

原始像点坐标(r,c)可以表示为

$$\begin{cases} r = \dfrac{\text{Num}_r(X_n, Y_n, Z_n)}{\text{Den}_r(X_n, Y_n, Z_n)} r_s + r_0 \\ c = \dfrac{\text{Num}_c(X_n, Y_n, Z_n)}{\text{Den}_c(X_n, Y_n, Z_n)} c_s + c_0 \end{cases} \tag{7-7}$$

令 $F_r(X_n, Y_n, Z_n) = \dfrac{\text{Num}_r(X_n, Y_n, Z_n)}{\text{Den}_r(X_n, Y_n, Z_n)}$, $F_c(X_n, Y_n, Z_n) = \dfrac{\text{Num}_c(X_n, Y_n, Z_n)}{\text{Den}_c(X_n, Y_n, Z_n)}$, 则

式(7-7)可表示为

$$\begin{cases} r = r_s \cdot F_r(X_n, Y_n, Z_n) + r_0 \\ c = c_s \cdot F_c(X_n, Y_n, Z_n) + c_0 \end{cases} \tag{7-8}$$

利用影像上同名像点求解对应地面点坐标,将式(7-8)按照泰勒级数展开至一次项,有

$$\begin{cases} r = r^0 + \dfrac{\partial r}{\partial X} \Delta X + \dfrac{\partial r}{\partial Y} \Delta Y + \dfrac{\partial r}{\partial Z} \Delta Z \\ c = c^0 + \dfrac{\partial c}{\partial X} \Delta X + \dfrac{\partial c}{\partial Y} \Delta Y + \dfrac{\partial c}{\partial Z} \Delta Z \end{cases} \tag{7-9}$$

式中:(r^0, c^0) 为像点坐标计算值,由地面点近似值 (X^0, Y^0, Z^0) 计算得出。

$$\frac{\partial r}{\partial X} = \frac{r_s}{X_s} \cdot \frac{\dfrac{\partial \text{Num}_r(X_n, Y_n, Z_n)}{\partial X_n} \cdot \text{Den}_r(X_n, Y_n, Z_n) - \text{Num}_r(X_n, Y_n, Z_n) \cdot \dfrac{\partial \text{Den}_r(X_n, Y_n, Z_n)}{\partial X_n}}{\text{Den}_r(X_n, Y_n, Z_n) \cdot \text{Den}_r(X_n, Y_n, Z_n)}$$

$$\frac{\partial c}{\partial X}=\frac{c_s}{X_s}\cdot\frac{\dfrac{\partial \mathrm{Num}_c(X_n,Y_n,Z_n)}{\partial X_n}\cdot\mathrm{Den}_c(X_n,Y_n,Z_n)-\mathrm{Num}_c(X_n,Y_n,Z_n)\cdot\dfrac{\partial \mathrm{Den}_c(X_n,Y_n,Z_n)}{\partial X_n}}{\mathrm{Den}_c(X_n,Y_n,Z_n)\cdot\mathrm{Den}_c(X_n,Y_n,Z_n)}$$

$$\frac{\partial r}{\partial Y}=\frac{r_s}{Y_s}\cdot\frac{\dfrac{\partial \mathrm{Num}_r(X_n,Y_n,Z_n)}{\partial Y_n}\cdot\mathrm{Den}_r(X_n,Y_n,Z_n)-\mathrm{Num}_r(X_n,Y_n,Z_n)\cdot\dfrac{\partial \mathrm{Den}_r(X_n,Y_n,Z_n)}{\partial Y_n}}{\mathrm{Den}_r(X_n,Y_n,Z_n)\cdot\mathrm{Den}_r(X_n,Y_n,Z_n)}$$

$$\frac{\partial c}{\partial Y}=\frac{c_s}{Y_s}\cdot\frac{\dfrac{\partial \mathrm{Num}_c(X_n,Y_n,Z_n)}{\partial Y_n}\cdot\mathrm{Den}_c(X_n,Y_n,Z_n)-\mathrm{Num}_c(X_n,Y_n,Z_n)\cdot\dfrac{\partial \mathrm{Den}_c(X_n,Y_n,Z_n)}{\partial Y_n}}{\mathrm{Den}_c(X_n,Y_n,Z_n)\cdot\mathrm{Den}_c(X_n,Y_n,Z_n)}$$

$$\frac{\partial r}{\partial Z}=\frac{r_s}{Z_s}\cdot\frac{\dfrac{\partial \mathrm{Num}_r(X_n,Y_n,Z_n)}{\partial Z_n}\cdot\mathrm{Den}_r(X_n,Y_n,Z_n)-\mathrm{Num}_r(X_n,Y_n,Z_n)\cdot\dfrac{\partial \mathrm{Den}_r(X_n,Y_n,Z_n)}{\partial Z_n}}{\mathrm{Den}_r(X_n,Y_n,Z_n)\cdot\mathrm{Den}_r(X_n,Y_n,Z_n)}$$

$$\frac{\partial c}{\partial Z}=\frac{c_s}{Z_s}\cdot\frac{\dfrac{\partial \mathrm{Num}_c(X_n,Y_n,Z_n)}{\partial Z_n}\cdot\mathrm{Den}_c(X_n,Y_n,Z_n)-\mathrm{Num}_c(X_n,Y_n,Z_n)\cdot\dfrac{\partial \mathrm{Den}_c(X_n,Y_n,Z_n)}{\partial Z_n}}{\mathrm{Den}_c(X_n,Y_n,Z_n)\cdot\mathrm{Den}_c(X_n,Y_n,Z_n)}$$

以 Num_r 对 X、Y、Z 的偏导数为例,多项式中偏导数的取值为

$$\frac{\partial \mathrm{Num}_r(X,Y,Z)}{\partial X}=a_3+a_5Y+a_6X+2a_9Z+a_{10}XY+2a_{13}YZ+2a_{16}XZ+a_{17}Y^2$$
$$+a_{18}X^2+3a_{19}Z^2$$

$$\frac{\partial \mathrm{Num}_r(X,Y,Z)}{\partial Y}=a_1+a_4X+a_5Z+2a_7Y+a_{10}XZ+3a_{11}Y^2+a_{12}X^2+a_{13}Z^2$$
$$+2a_{14}XY+2a_{17}YZ$$

$$\frac{\partial \mathrm{Num}_r(X,Y,Z)}{\partial Z}=a_2+a_4Y+a_6Z+2a_8X+a_{10}YZ+2a_{12}XY+a_{14}Y^2+3a_{15}X^2$$
$$+a_{16}Z^2+2a_{18}XZ$$

得到误差方程为

$$\begin{cases}v_r=\dfrac{\partial r}{\partial X}\Delta X+\dfrac{\partial r}{\partial Y}\Delta Y+\dfrac{\partial r}{\partial Z}\Delta Z-(r-r^0)\quad p_r\\[2mm]v_c=\dfrac{\partial c}{\partial X}\Delta X+\dfrac{\partial c}{\partial Y}\Delta Y+\dfrac{\partial c}{\partial Z}\Delta Z-(c-c^0)\quad p_c\end{cases}\tag{7-10}$$

写成矩阵形式表示为

$$\bm{V}=\bm{AX}-\bm{L}\quad\bm{P}\tag{7-11}$$

式中:$\bm{V}$ 为像点行列坐标观测值残差向量;$\bm{X}$ 为地面三维坐标改正数向量;$\bm{A}$ 为相应的系数矩阵;$\bm{L}$ 为像点行列坐标观测值向量;$\bm{P}$ 为对应的权矩阵。

每个影像上同名像点均可由式(7-11)列出两个误差方程,地面点改正数向量可估计为

$$\bm{X}=(\bm{A}^T\bm{PA})^{-1}(\bm{A}^T\bm{PL})\tag{7-12}$$

由于误差方程为线性化方程,因此需要迭代计算。地面坐标初始值的获取一般有两种方法:一是取每个影像地面点坐标正则化平移参数的平均值,二是取一次项部分进行前方交会获得的地面点物方坐标。

以两个影像为例,基于 RFM 的遥感影像直接立体定位计算步骤如图 7-5 所示。

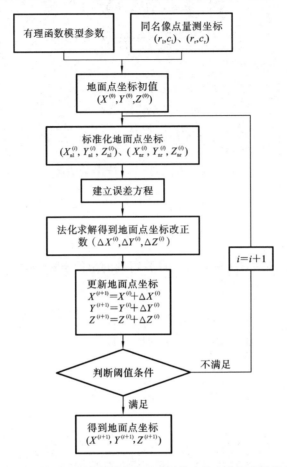

图 7-5 基于有理函数模型的遥感影像直接立体定位流程图

7.3 有理函数模型的直接立体定位方法

在求得影像对应的 RPC 参数之后,便可以根据立体像对中同名像点坐标进行前方交会,计算得到对应的地面点坐标,从而实现基于有理函数模型的直接立体定位。

在立体像对中,由于左右影像中使用的像点和地面点标准化参数不同,首先需要将有理函数模型中的标准化后的坐标还原成原始的像点坐标和地面点坐标,即

$$\begin{cases} B = B_n B_s + B_o \\ L = L_n L_s + L_o \\ H = H_n H_s + H_o \end{cases}, \quad \begin{cases} R = R_n R_s + R_o \\ C = C_n C_s + C_o \end{cases} \tag{7-13}$$

代入式(7-13)的第二式,可得

$$\begin{cases} R = \dfrac{p_1(B_n, L_n, H_n)}{p_2(B_n, L_n, H_n)} R_s + R_0 \\ C = \dfrac{p_3(B_n, L_n, H_n)}{p_4(B_n, L_n, H_n)} C_s + C_0 \end{cases} \tag{7-14}$$

可将式(7-14)改写为

$$\begin{cases} R = F_R(B_n, L_n, H_n) R_s + R_0 \\ C = F_C(B_n, L_n, H_n) C_s + R_0 \end{cases} \tag{7-15}$$

式中：$F_R(B_n, L_n, H_n) = \dfrac{p_1(B_n, L_n, H_n)}{p_2(B_n, L_n, H_n)}$；$F_C(B_n, L_n, H_n) = \dfrac{p_3(B_n, L_n, H_n)}{p_4(B_n, L_n, H_n)}$。

为了求解地面坐标(L, B, H)，将式(7-14)按泰勒级数展开，可得

$$\begin{cases} R = R^0 + \dfrac{\partial R}{\partial B} dB + \dfrac{\partial R}{\partial L} dL + \dfrac{\partial R}{\partial H} dH \\ C = C^0 + \dfrac{\partial C}{\partial B} dB + \dfrac{\partial C}{\partial L} dL + \dfrac{\partial C}{\partial H} dH \end{cases} \tag{7-16}$$

式中：(R^0, C^0)为由地面点坐标近似值计算得到的影像坐标，其中各偏导数形式具体可以表示为

$$\frac{\partial R}{\partial B} = R_s \cdot \frac{\partial F_R}{\partial B_n} \cdot \frac{\partial B_n}{\partial B} = \frac{R_s}{B_s} \cdot \frac{\partial F_R}{\partial B_n} = \frac{R_s}{B_s} \cdot \frac{\dfrac{\partial p_1}{\partial B_n} \cdot p_2 - \dfrac{\partial p_2}{\partial B_n} \cdot p_1}{p_2^2},$$

$$\frac{\partial R}{\partial L} = R_s \cdot \frac{\partial F_R}{\partial L_n} \cdot \frac{\partial L_n}{\partial L} = \frac{R_s}{L_s} \cdot \frac{\partial F_R}{\partial L_n} = \frac{R_s}{L_s} \cdot \frac{\dfrac{\partial p_1}{\partial L_n} \cdot p_2 - \dfrac{\partial p_2}{\partial L_n} \cdot p_1}{p_2^2},$$

$$\frac{\partial R}{\partial H} = R_s \cdot \frac{\partial F_R}{\partial H_n} \cdot \frac{\partial H_n}{\partial L} = \frac{R_s}{H_s} \cdot \frac{\partial F_R}{\partial H_n} = \frac{R_s}{H_s} \cdot \frac{\dfrac{\partial p_1}{\partial H_n} \cdot p_2 - \dfrac{\partial p_2}{\partial H_n} \cdot p_1}{p_2^2},$$

$$\frac{\partial C}{\partial B} = C_s \cdot \frac{\partial F_C}{\partial B_n} \cdot \frac{\partial B_n}{\partial B} = \frac{C_s}{B_s} \cdot \frac{\partial F_C}{\partial B_n} = \frac{C_s}{B_s} \cdot \frac{\dfrac{\partial p_3}{\partial B_n} \cdot p_4 - \dfrac{\partial p_4}{\partial B_n} \cdot p_3}{p_4^2},$$

$$\frac{\partial C}{\partial L} = C_s \cdot \frac{\partial F_C}{\partial L_n} \cdot \frac{\partial L_n}{\partial L} = \frac{C_s}{L_s} \cdot \frac{\partial F_C}{\partial L_n} = \frac{C_s}{L_s} \cdot \frac{\dfrac{\partial p_3}{\partial L_n} \cdot p_4 - \dfrac{\partial p_4}{\partial L_n} \cdot p_3}{p_4^2},$$

$$\frac{\partial C}{\partial H} = C_s \cdot \frac{\partial F_C}{\partial H_n} \cdot \frac{\partial H_n}{\partial H} = \frac{C_s}{H_s} \cdot \frac{\partial F_C}{\partial H_n} = \frac{C_s}{H_s} \cdot \frac{\dfrac{\partial p_3}{\partial H_n} \cdot p_4 - \dfrac{\partial p_4}{\partial H_n} \cdot p_3}{p_4^2}$$

因此，可以分别求得p_1对B_n、L_n、H_n的具体偏导数形式，以此类推，p_2、p_3、p_4对B_n、L_n、H_n的具体偏导数形式也可分别求得，这里不再给出具体形式。

对于左右影像上的同名像点(R_l, C_l)和(R_r, C_r)，结合式(7-16)，可以得到的误差方程组为

$$\begin{bmatrix} v_{R_l} \\ v_{C_l} \\ v_{R_h} \\ v_{C_h} \end{bmatrix} = \begin{bmatrix} \dfrac{\partial R_l}{\partial B} & \dfrac{\partial R_l}{\partial L} & \dfrac{\partial R_l}{\partial H} \\ \dfrac{\partial C_l}{\partial B} & \dfrac{\partial C_l}{\partial L} & \dfrac{\partial C_l}{\partial H} \\ \dfrac{\partial R_r}{\partial B} & \dfrac{\partial R_r}{\partial L} & \dfrac{\partial R_r}{\partial H} \\ \dfrac{\partial C_r}{\partial B} & \dfrac{\partial C_r}{\partial L} & \dfrac{\partial C_r}{\partial H} \end{bmatrix} \begin{bmatrix} dB \\ dL \\ dH \end{bmatrix} - \begin{bmatrix} R_l - R_l^0 \\ C_l - C_l^0 \\ R_r - R_r^0 \\ C_r - C_r^0 \end{bmatrix} \tag{7-17}$$

将其写成矩阵形式为

$$V = AX - L \quad R \tag{7-18}$$

根据最小二乘原理,可以求得

$$X = (A^{\mathrm{T}} P A)^{-1} A^{\mathrm{T}} P L \tag{7-19}$$

对于多线阵传感器,只需在式(7-19)的基础上增加像点观测方程,即可实现多传感器的有理函数模型直接立体定位。在给定物方坐标的初值后,通过最小二乘法进行迭代求解,方程收敛后,可将求得的大地坐标(B, L, H)转化为地心直角坐标(X, Y, Z),对定位精度进行评价与检验。

7.4　有理函数模型中系统误差补偿策略

在构建有理函数模型时通常采用地形无关方案,即用严格成像几何模型拟合得到。而对于严格成像几何模型,经常包含卫星位置和传感器姿态角观测值残存的系统误差及镜头畸变差等误差,使得得到的有理函数模型中也含有系统误差。因此,在使用有理函数模型进行几何定位时,需要顾及模型中的系统误差。

解决有理函数模型中的系统误差问题可以采用两种方法:一种是利用地面控制点直接精化有理函数模型参数,这种方法需要大量地面控制点求解模型参数,且参数间可能存在相关性,使得求解困难;另一种方法是利用少量地面控制点,通过附加系统误差补偿模型消除系统误差的影响以提高定位精度,这种方法也称为间接补偿法,其分为物方补偿方案和像方补偿方案。对于覆盖同一区域、具有一定重叠度的多景影像,影像间常带有相似的系统误差特性,采用区域网平差的方法同时确定所有影像上的系统误差补偿模型参数,这样在理论上更加严密。

7.4.1　基于物方补偿方案的系统误差补偿模型

物方补偿方案认为 RFM 定位的系统误差主要表现在定位结果的整体偏移,这种不一致性可通过引入空间相似变换参数进行改正,即两个坐标系之间存在空间的平移、旋转和缩放,有

$$\begin{bmatrix} X \\ Y \\ Z \end{bmatrix} = \lambda \boldsymbol{R} \begin{bmatrix} X_{\mathrm{RPC}} \\ Y_{\mathrm{RPC}} \\ Z_{\mathrm{RPC}} \end{bmatrix} + \begin{bmatrix} X_0 \\ Y_0 \\ Z_0 \end{bmatrix} \tag{7-20}$$

式中:(X,Y,Z)为地面点在物方空间坐标系中的坐标;λ为尺度因子;$\boldsymbol{R}$为旋转矩阵,即 RFM 所在坐标系与物方空间坐标系之间的旋转;(X_0,Y_0,Z_0)为平移参数,即 RFM 坐标系原点在物方空间坐标系中的坐标。

式(7-20)的空间相似变换中有 7 个未知参数,需要至少 3 个控制点,而通常情况下 RFM 坐标系与物方空间坐标系吻合很好,即小范围的旋转中旋转矩阵一般取单位矩阵,尺度因子一般取 1,这时式(7-20)可以简化为平移变换,有

$$\begin{bmatrix} X \\ Y \\ Z \end{bmatrix} = \begin{bmatrix} X_{\mathrm{RPC}} \\ Y_{\mathrm{RPC}} \\ Z_{\mathrm{RPC}} \end{bmatrix} + \begin{bmatrix} X_0 \\ Y_0 \\ Z_0 \end{bmatrix} \tag{7-21}$$

此时变换参数只有 3 个平移参数,只需 1 个平高控制点。

选择物方补偿方案时,只需在几何定位中利用少量控制点根据式(7-20)或式(7-21)对物方坐标进行改正,消除系统误差以提高定位精度。

7.4.2　基于像方补偿方案的系统误差补偿模型

像方补偿方案是在像方添加一个系统误差补偿模型来消除像点上的系统误差的,从而提高定位精度。假设像点坐标(r,c)与在影像上量测的实际像素坐标(R,C)存在偏差ΔR和ΔC,一般把ΔR和ΔC表示成像素坐标(R,C)的普通多项式,即

$$\begin{cases} \Delta R = e_0 + e_1 R + e_2 C + e_3 R^2 + e_4 C^2 + \cdots \\ \Delta C = f_0 + f_1 R + f_2 C + f_3 R^2 + f_4 C^2 + \cdots \end{cases} \tag{7-22}$$

式中:$e_0,e_1,e_2,\cdots,f_0,f_1,f_2,\cdots$为系统误差补偿参数。

此时像点坐标(r,c)和地面点坐标(X,Y,Z)之间的关系被修正为

$$\begin{cases} r + \Delta R = \dfrac{\mathrm{Num_r}(X_n, Y_n, Z_n)}{\mathrm{Den_r}(X_n, Y_n, Z_n)} r_s + r_0 \\ c + \Delta C = \dfrac{\mathrm{Num_c}(X_n, Y_n, Z_n)}{\mathrm{Den_c}(X_n, Y_n, Z_n)} r_s + r_0 \end{cases} \tag{7-23}$$

实际应用中可根据不同传感器的类型和地面控制点的数量及分布选择合适的系统误差补偿模型参数。由于卫星平台相对比较稳定,像点坐标的系统误差通常为低频,因此补偿模型若取高次多项式不仅运算量大且并不能明显改善定位精度,因此一般情况下系统误差补偿量$(\Delta R, \Delta C)$取至一次项,此时系统误差补偿模型即为仿射变换模型,有

$$\begin{cases} \Delta R = e_0 + e_1 R + e_2 C \\ \Delta C = f_0 + f_1 R + f_2 C \end{cases} \tag{7-24}$$

选择像方补偿方案时,利用少量控制点求解出补偿模型参数,在几何定位中对每个像点坐标进行误差补偿,以解决系统误差问题,从而提高定位精度。

7.5　基于有理函数模型的光束法平差

根据前述两种补偿模型,基于 RFM 的区域网平差分为基于物方补偿和基于像方补偿两种。基于物方补偿的区域网平差的平差单元为单个立体模型,观测值为模型坐标,求解单模型的系统误差改正数。然而模型坐标并不是严格意义上的观测值,所以这种方法并不严密,而基于像方补偿模型的区域网平差以单幅影像为平差单元,观测值为像点坐标,整体答解各幅影像系统误差补偿模型参数和加密点物方坐标,其误差方程建立在严密的光束法平差理论上,因此,一般选择基于像方的空中三角测量。

严格成像几何模型是建立有理函数模型的基础,因此严格成像几何模型的精度决定着 RFM 的几何精度。在卫星传感器成像过程中,定轨定姿等测量设备的观测误差、时间同步误差等,都可能会造成直接利用严格模型构建的有理函数模型中存在较为明显的系统性误差,降低其直接立体定位精度,因此需要采用一定的数学模型对该系统误差进行改正。系统误差的补偿方案一般可以分为像方补偿方案和物方补偿方案。顾及补偿方案的普遍性和实用性,本书主要采用像方补偿方案,即在影像像方通过增加一个仿射变换,对系统误差进行改正,其具体形式可以表示为

$$\begin{cases} \Delta R = e_0 + e_1 R + e_2 C \\ \Delta C = f_0 + f_1 R + f_2 C \end{cases} \tag{7-25}$$

式中:ΔR 和 ΔC 为像点坐标 (R,C) 对应的系统误差补偿值。该系统误差补偿模型均包含影像在行方向和列方向上的补偿参数,其目的是分别改正传感器位置和姿态测量误差在行方向和列方向上的影响。针对每一个影像,一个控制点可以列出两个误差方程,上述形式含有 6 个未知参数 $(e_0 \text{、} e_1 \text{、} e_2 \text{、} f_0 \text{、} f_1 \text{、} f_2)$,因此至少需要 3 个地面控制点才能答解补偿参数。当影像区域中地面控制点少于 3 个时,则可以选择答解补偿参数 $(e_0 \text{、} f_0)$。

有理函数模型描述的区域网平差是将像方仿射变换参数与地面点连接点坐标一同答解,平差流程如图 7-6 所示,其数学模型可以表示为

$$\begin{cases} R + \Delta R = \dfrac{P_1(B_n, L_n, H_n)}{P_2(B_n, L_n, H_n)} R_s + R_0 \\ C + \Delta C = \dfrac{P_3(B_n, L_n, H_n)}{P_4(B_n, L_n, H_n)} C_s + C_0 \end{cases} \tag{7-26}$$

式(7-26)可以写为矩阵形式,即

$$V = Ax + Gx_g - L \quad P \tag{7-27}$$

式中:$V = \begin{bmatrix} v_r \\ v_c \end{bmatrix}$,$V$ 为像点观测值残差向量;$x = [de_0 \quad de_1 \quad de_2 \quad df_0 \quad df_1 \quad df_2]^T$,$x$ 为

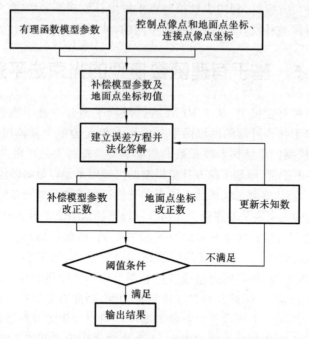

图 7-6　基于有理函数模型的遥感影像直接立体定位流程图

仿射变换系数的改正数向量;$\boldsymbol{x}_g = \begin{bmatrix} dB & dL & dH \end{bmatrix}^T$,$\boldsymbol{x}_g$ 为地面点坐标改正数向量;$\boldsymbol{T} =$

$$\begin{bmatrix} \dfrac{\partial R}{\partial e_0} & \dfrac{\partial R}{\partial e_1} & \dfrac{\partial R}{\partial e_2} & 0 & 0 & 0 \\[3mm] 0 & 0 & 0 & \dfrac{\partial C}{\partial f_0} & \dfrac{\partial C}{\partial f_1} & \dfrac{\partial C}{\partial f_2} \end{bmatrix} = \begin{bmatrix} 1 & R & C & 0 & 0 & 0 \\ 0 & 0 & 0 & 1 & R & C \end{bmatrix}; \boldsymbol{G} = \begin{bmatrix} \dfrac{\partial R}{\partial B} & \dfrac{\partial R}{\partial L} & \dfrac{\partial R}{\partial H} \\[3mm] \dfrac{\partial C}{\partial B} & \dfrac{\partial C}{\partial L} & \dfrac{\partial C}{\partial H} \end{bmatrix};$$

$\boldsymbol{L} = \begin{bmatrix} R - R^0 \\ C - C^0 \end{bmatrix}$,$\boldsymbol{L}$ 为观测值向量;$\boldsymbol{A}$、$\boldsymbol{G}$ 为相应的设计矩阵;$\boldsymbol{P}$ 为观测值的权矩阵。

　　式(7-27)是 RFM 光束法平差数学模型的非线性表达形式,因此首先需要对其进行线性化。以仿射变换参数 e_0、e_1、e_2、f_0、f_1、f_2 和地面坐标(X_n, Y_n, Z_n)为未知数,将 F_R、F_S 泰勒展开到一次项,得到

$$\begin{cases} v_r = \left[\dfrac{\partial F_r}{\partial e_0} \cdot \Delta e_0 + \dfrac{\partial F_r}{\partial e_1} \cdot \Delta e_1 + \dfrac{\partial F_r}{\partial e_2} \cdot \Delta e_2 + \dfrac{\partial F_r}{\partial f_0} \cdot \Delta f_0 + \dfrac{\partial F_r}{\partial f_1} \cdot \Delta f_1 + \dfrac{\partial F_r}{\partial f_2} \cdot \Delta f_2 \right. \\[3mm] \qquad \left. + \dfrac{\partial F_r}{\partial X} \cdot \Delta X + \dfrac{\partial F_r}{\partial Y} \cdot \Delta Y + \dfrac{\partial F_r}{\partial Z} \cdot \Delta Z \right] + F_{r0} \\[4mm] v_c = \left[\dfrac{\partial F_c}{\partial e_0} \cdot \Delta e_0 + \dfrac{\partial F_c}{\partial e_1} \cdot \Delta e_1 + \dfrac{\partial F_c}{\partial e_2} \cdot \Delta e_2 + \dfrac{\partial F_c}{\partial f_0} \cdot \Delta f_0 + \dfrac{\partial F_c}{\partial f_1} \cdot \Delta f_1 + \dfrac{\partial F_c}{\partial f_2} \cdot \Delta f_2 \right. \\[3mm] \qquad \left. + \dfrac{\partial F_c}{\partial X} \cdot \Delta X + \dfrac{\partial F_c}{\partial Y} \cdot \Delta Y + \dfrac{\partial F_c}{\partial Z} \cdot \Delta Z \right] + F_c \end{cases}$$

$$(7\text{-}28)$$

对于连接点,可在每个影像上按式(7-28)列出两个误差方程。而对于控制点,若量测精度高,视其地面坐标中不含有误差,即 $\Delta X = \Delta Y = \Delta Z = 0$,则其误差方程可表示为

$$
\begin{cases}
v_{\mathrm{r}} = \left(\dfrac{\partial F_{\mathrm{r}}}{\partial e_0} \cdot \Delta e_0 + \dfrac{\partial F_{\mathrm{r}}}{\partial e_1} \cdot \Delta e_1 + \dfrac{\partial F_{\mathrm{r}}}{\partial e_2} \cdot \Delta e_2 + \dfrac{\partial F_{\mathrm{r}}}{\partial f_0} \cdot \Delta f_0 + \dfrac{\partial F_{\mathrm{r}}}{\partial f_1} \cdot \Delta f_1 + \dfrac{\partial F_{\mathrm{r}}}{\partial f_2} \cdot \Delta f_2 \right) + F_{\mathrm{r}} \\
v_{\mathrm{c}} = \left(\dfrac{\partial F_{\mathrm{c}}}{\partial e_0} \cdot \Delta e_0 + \dfrac{\partial F_{\mathrm{c}}}{\partial e_1} \cdot \Delta e_1 + \dfrac{\partial F_{\mathrm{c}}}{\partial e_2} \cdot \Delta e_2 + \dfrac{\partial F_{\mathrm{c}}}{\partial f_0} \cdot \Delta f_0 + \dfrac{\partial F_{\mathrm{c}}}{\partial f_1} \cdot \Delta f_1 + \dfrac{\partial F_{\mathrm{c}}}{\partial f_2} \cdot \Delta f_2 \right) + F_{\mathrm{c}}
\end{cases}
$$

$$(7\text{-}29)$$

若量测精度低,视其地面坐标中含有误差,此时每个控制点应先与连接点一同在每个影像上按式(7-29)列出两个误差方程后,再对其地面坐标改正数增设一组虚拟误差方程,并赋予一定的权值:

$$
\begin{cases}
v_{\mathrm{X}} = X^0 + \Delta X - X_{\mathrm{v}} & P_{\mathrm{X}} \\
v_{\mathrm{Y}} = Y^0 + \Delta Y - Y_{\mathrm{v}} & P_{\mathrm{Y}} \\
v_{\mathrm{Z}} = Z^0 + \Delta Z - Z_{\mathrm{v}} & P_{\mathrm{Z}}
\end{cases}
$$

$$(7\text{-}30)$$

式中:$(v_{\mathrm{X}}, v_{\mathrm{Y}}, v_{\mathrm{Z}})$ 为虚拟观测值残差;$(\Delta X, \Delta Y, \Delta Z)$ 为控制点地面坐标改正数;(X^0, Y^0, Z^0) 为控制点地面坐标观测值;$(X_{\mathrm{v}}, Y_{\mathrm{v}}, Z_{\mathrm{v}})$ 为控制点地面坐标虚拟观测量。通常 $X^0 = X_{\mathrm{v}}, Y^0 = Y_{\mathrm{v}}, Z^0 = Z_{\mathrm{v}}$。

7.6　实验与分析

本节利用不同卫星影像数据,针对有理函数模型进行相关实验,包括以下主要内容。

(1) 在对摄影测量参数进行在轨几何定标后,分别针对不同控制方案建立对应的有理函数模型,将实测地面控制点作为检查点,依据解算出的 RPC 参数计算检查点的像平面坐标,与原有的像平面坐标比较,统计检查点的坐标残差中误差,作为有理函数模型的像方定位精度。利用建立的有理函数模型,结合不同的卫星影像数据,进行直接立体定位实验,统计定位精度,分析并得出实验结论。

(2) 利用天绘一号卫星提供的 RPC 产品,进行直接对地定位实验,统计定位精度,并针对不同的控制点布设方案进行区域网平差实验,并利用两景天绘一号卫星影像进行交叉验证,最终得出实验结论。

7.6.1　不同控制方案下检查点的有理函数模型定位实验

在利用地形无关方案建立 RFM 时,RPC 参数拟合精度与空间虚拟格网的划分密切相关,这里为了兼顾精度与效率,采用像方格网为 11 像素 $\times$ 11 像素,物方高程

分层数为 4,建立空间虚拟格网,解算 RPC 参数。依此设计思路,求解分母不相等的三阶 RPC 参数,然后将实测的地面控制点作为检查点,依据解算出的 RPC 参数计算检查点的像平面坐标,与原有的像平面坐标比较,统计检查点的坐标残差中误差,作为该方案下有理函数模型的像方定位精度。

在利用地形相关方案建立 RFM 模型时,采用影像匹配的方法分别在 SPOT5-HN 影像上生成 302 个连接点,TH-1-HN1 三线阵影像上生成 470 个连接点,ZY-3-HN1 三线阵影像上生成 563 个连接点,匹配精度约为 0.5 个像元。依此设计思路,求解分母不相等的三阶 RPC 参数,然后将实测的地面控制点作为检查点。依据解算出的 RPC 参数计算检查点的像平面坐标,通过与原有的像平面坐标较差,作为该方案下有理函数模型的像方定位精度。

对 SPOT5-HN 影像、TH-1-HN1 影像和 ZY-3-HN1 影像分别进行地形无关和地形相关方案下的有理函数模型像方定位实验,精度统计分别如表 7-1 至表 7-3 所示。

分析上述实验结果,可以看出:对于 SPOT5-HN 影像,两种控制方案下,前视和后视影像的有理函数模型像方定位精度几乎一致;对于天绘一号卫星三线阵影像,前

表 7-1　SPOT5-HN 影像不同控制方案下 RFM 拟合精度

影像	检查点数量/个	控制方案	最大残差/像素			中误差/像素		
			R	C	平面	R	C	平面
前视	56	地形无关	3.87	1.99	4.35	1.45	0.77	1.64
		地形相关	3.79	2.07	4.32	1.46	0.76	1.64
后视	56	地形无关	3.89	2.30	4.00	1.58	0.84	1.79
		地形相关	3.86	2.28	3.96	1.61	0.82	1.81

表 7-2　TH-1-HN 影像不同控制方案下 RFM 拟合精度

影像	检查点数量/个	控制方案	最大残差/像素			中误差/像素		
			R	C	平面	R	C	平面
前视	31	地形无关	4.35	3.20	5.37	1.95	1.45	2.43
		地形相关	3.16	3.21	3.47	1.58	1.30	2.05
下视	31	地形无关	2.20	2.99	3.37	0.95	1.21	1.54
		地形相关	2.50	3.65	4.03	1.00	1.36	1.69
后视	31	地形无关	4.13	7.78	8.81	2.01	2.22	3.00
		地形相关	6.94	14.22	14.22	2.42	4.19	4.84

表 7-3　ZY-3-HN 影像不同控制方案下 RFM 拟合精度

影像	检查点数量/个	控制方案	最大残差/像素			中误差/像素		
			R	C	平面	R	C	平面
前视	27	地形无关	2.31	3.02	3.02	1.09	1.66	1.98
		地形相关	3.57	3.07	3.89	1.44	1.38	2.00
下视	27	地形无关	3.79	3.61	4.50	1.74	2.05	2.68
		地形相关	9.39	4.76	9.44	3.67	2.13	4.24
后视	27	地形无关	2.49	2.23	3.03	1.07	1.26	1.65
		地形相关	2.45	2.53	2.56	1.09	1.15	1.58

视影像中地形相关方案表现略好于地形无关方案,下视和后视影像中地形相关方案略不及地形无关方案的像方定位精度;对于资源三号卫星三线阵影像,两种控制方案下,前视和后视影像的像方定位精度基本相当,而在下视影像中地形相关方案表现略不及地形无关方案。实验结果表明,本章采用的地形相关方案和地形无关方案均能取得的像方定位精度大致相当,对于不同的影像来讲,两种控制方案表现可能略有差异。

7.6.2　不同控制方案下基于有理函数模型的直接对地定位实验

基于第 3 章在轨几何定标,利用 SPOT5 卫星成像几何模型建立 SPOT5-HN 影像的有理函数模型,并进行直接立体定位实验,结果如表 7-4 所示。可以看出,在地形无关方案和地形相关方案下,其直接立体定位精度分别达到平面 9.17 m,高程 7.29 m 和平面 9.10 m,高程 7.42 m,地形相关方案和地形无关方案表现基本相当,两种方案较直接利用原始星上辅助数据的直接立体定位在高程方向均有较为明显的提升。图 7-7 所示的为地形无关方案下直接立体定位残差分布图,可以看出,平面和高程方向不再呈现较为明显的系统性误差。

表 7-4　SPOT5-HN 影像 RFM 模型无控制点直接立体定位精度统计

检查点数量/个	控制方案	最大残差/m			中误差/m			
		X	Y	Z	X	Y	平面	Z
56	地形无关	18.74	16.45	18.90	7.03	5.89	9.17	7.29
	地形相关	18.60	17.18	18.48	6.90	5.94	9.10	7.42

在第 3 章在轨几何定标的基础上,利用天绘一号卫星成像几何模型建立 TH-1-HN1 影像的有理函数模型,并进行直接立体定位实验,结果如表 7-5 所示。可以看出,在地形无关方案和地形相关方案下,其直接立体定位精度分别达到平面

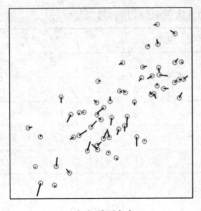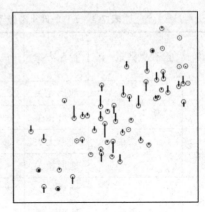

（a）平面方向 （b）高程方向

图 7-7 SPOT5-HN 影像 RFM 模型直接立体定位残差分布图

（地形无关，图中比例尺寸为 10 m）

15.90 m，高程 9.47 m 和平面 16.96 m，高程 11.35 m，两种方案较直接利用原始星上辅助数据的直接立体定位均有较为明显的提升，而地形相关方案较地形无关方案表现略差。图 7-8 所示的为地形无关方案下直接立体定位残差分布图，可以看出，平面和高程方向不再呈现较为明显的系统性误差。

表 7-5 TH-1-HN1 影像 RFM 模型无控制点直接立体定位精度统计

检查点数量/个	控制方案	最大残差/m			中误差/m			
		X	Y	Z	X	Y	平面	Z
31	地形无关	24.23	26.03	16.78	9.62	12.65	15.90	9.47
	地形相关	29.84	25.52	29.04	11.24	12.70	16.96	11.35

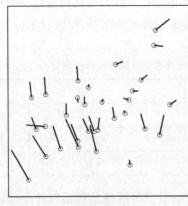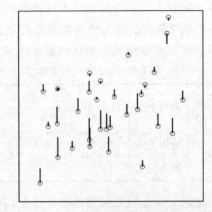

（a）平面方向 （b）高程方向

图 7-8 TH-1-HN 影像 RFM 模型直接立体定位残差分布图（地形无关，图中比例尺为 10 m）

基于第 3 章在轨几何定标,利用资源三号卫星成像几何模型建立 ZY-3-HN1 影像的有理函数模型,并进行直接立体定位实验,结果如表 7-6 所示。可以看出,在地形无关方案和地形相关方案下,其直接立体定位精度分别达到平面 5.69 m,高程 2.96 m 和平面 6.48 m,高程 3.88 m,两种方案较直接利用原始星上辅助数据的直接立体定位均有显著提升,地形相关方案较地形无关方案表现略差。图 7-9 所示的为地形无关方案下直接立体定位残差分布图,可以看出,原始的系统性误差得到了很好的改正和消除。

表 7-6　ZY-3-HN1 影像 RFM 模型无控制点直接立体定位精度统计

检查点数量/个	控制方案	最大残差/m			中误差/m			
		X	Y	Z	X	Y	平面	Z
27	地形无关	6.41	8.98	6.27	3.45	4.52	5.69	2.96
	地形相关	8.26	10.98	9.45	3.43	5.50	6.48	3.88

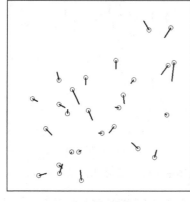
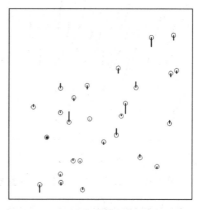

（a）平面方向　　　　　　　　　　（b）高程方向

图 7-9　ZY-3-HN1 影像 RFM 模型直接立体定位残差分布图(地形无关,图中比例尺为 10 m)

由实验结果可以看出,地形相关方案与地形无关方案下能够获取的 RFM 无控制点直接立体定位大致相当,且均能明显提高卫星影像无地面控制点直接立体定位精度。对于本书所用天绘一号卫星影像和资源三号卫星影像来讲,地形相关方案表现略不及地形无关方案,分析其主要原因,一方面为影像的匹配误差,另一方面可能为地形相关方案下解算的物方坐标与单片严格成像几何模型条件下解算的物方坐标之间的误差,造成有理函数模型拟合精度的下降。

7.6.3　天绘一号卫星附带 RPC 产品验证实验

1. 无控制点直接立体定位实验
利用 TH-1-HN1 和 TH-1-HN2 两景影像附带的 RPC 产品文件进行直接对地

定位,两景影像直接立体定位结果如表 7-7 所示,图 7-10 和图 7-11 所示的为对应的残差分布图。分析可得,两景卫星影像直接立体定位结果差异不大,平面精度约为30 m,高程精度约为 10 m,且残差分布呈现明显的系统性误差,如不予以消除,将影响后续的几何处理。

表 7-7　TH-1 卫星影像 RFM 模型直接立体定位实验结果

影　　像	最小残差绝对值/m			最大残差绝对值/m			中误差/m			
	X	Y	Z	X	Y	Z	X	Y	平面	Z
TH-1-HN1	0.02	18.85	0.52	29.96	36.96	19.46	12.33	29.88	32.32	8.37
TH-1-HN2	0.47	17.99	4.83	16.29	32.77	15.74	9.38	27.54	29.10	10.53

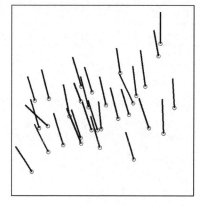
（a）平面方向

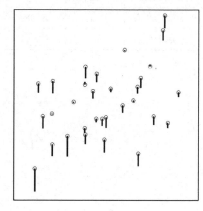
（b）高程方向

图 7-10　TH-1-HN1 影像 RFM 直接立体定位残差分布图(图中比例尺为 10 m)

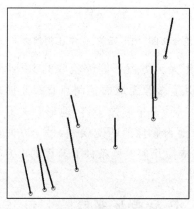
（a）平面方向

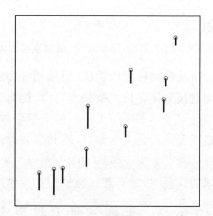
（b）高程方向

图 7-11　TH-1-HN2 影像 RFM 直接立体定位残差分布图(图中比例尺为 10 m)

2. 区域网平差实验

选择不同的控制点布设方案进行 RFM 的区域网平差实验,实验结果如表 7-8 所示。分析可得,采用 1 个控制点进行区域网平差后,检查点定位精度为平面7.97 m,高程 6.49 m,定位精度提升明显,这说明天绘一号卫星影像的有理函数模型主要系统误差为沿行方向和列方向上的平移误差。随着控制点数量的增加,定位精度得到进一步提升。当采用四周布设即 8 个控制点时,定位精度达到平面6.49 m,约为 1.3 个 GSD,高程 3.74 m,优于 1 个 GSD。当再增加控制点时定位精度没有显著变化。

表 7-8　TH-1-HN1 影像 RFM 模型区域网平差实验结果

控制点数量/个	控制点精度/m				检查点数量/个	检查点精度/m			
	X	Y	平面	高程		X	Y	平面	高程
1	0.00	0.00	0.00	0.00	30	6.95	3.92	7.97	6.49
4	2.47	0.26	2.48	4.76	27	5.27	4.12	6.69	5.99
5	2.26	0.44	2.30	5.14	26	5.23	4.16	6.68	5.09
8	5.44	3.55	6.49	6.41	23	4.46	4.71	6.49	3.74
9	5.14	3.34	6.13	6.12	22	4.56	4.82	6.63	3.87
31	4.34	3.47	5.56	4.52	0	—	—	—	—

3. 交叉验证实验

利用 TH-1-HN1 和 TH-1-HN2 影像求解的仿射变换参数分别作用于另外一景影像,进行定位实验,实验结果如表 7-9 所示。分析可得,TH-1-HN1 影像的定位精度达到平面 16.43 m,高程 7.26 m。虽然没有直接对其进行区域网平差的效果显著,但较其直接立体定位精度仍然有明显提升。而 TH-1-HN2 影像的定位精度达到平面 12.09 m,高程 2.65 m,精度提升较为显著。这说明卫星在不太长的飞行周期内,运行状态比较稳定,此方法具有较高的精度潜力。

表 7-9　TH-1 影像 RFM 交叉验证实验结果

原始影像	目标影像	最大残差绝对值/m			中误差/m			
		X	Y	Z	X	Y	平面	Z
TH-1-HN2	TH-1-HN1	23.11	19.03	15.94	10.80	12.39	16.43	7.26
TH-1-HN1	TH-1-HN2	11.55	15.86	5.31	8.19	8.89	12.09	2.65

7.6.4　有理函数模型遥感影像几何定位实验

本节将使用国内外光学线阵遥感影像,对基于 RFM 的几种定位方法进行实验(见表 7-10),研究系统误差补偿模型和光束法平差对改善定位结果的效果,为后续研究提供参考依据。

表 7-10　基于系统误差补偿模型定位的实验方案

实验方案	定位方法	实测控制点数量/个	实测控制点分布	补偿模型
方案 A	直接立体定位	0	无	无
方案 B	物方补偿模型	1	▲	平移变换
方案 C	像方补偿模型	1		平移模型
方案 D	光束法平差	1		平移模型
方案 E	物方补偿模型	4	▲　▲（四角与中心）	空间相似变换
方案 F	像方补偿模型	4		仿射模型
方案 G	光束法平差	4		仿射模型

对于直接立体定位,全部实测控制点作为检查点进行精度评价;对于解决系统误差问题的方案,实测控制点分为两部分,一部分作为控制点参与定位,另一部分作为检查点进行精度评价。图 7-12 所示的为三个实验区域实测控制点的分布图,红色三角点为实验中作为中心和四角控制点参与定位的实测控制点。

 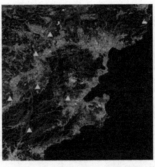 

（a）澳大利亚Hobart地区　　　（b）法国Sainte-Maxime地区　　　（c）河南登封地区

图 7-12　实验区域实测控制点分布图

1. IKONOS 卫星澳大利亚 Hobart 地区实验

该地区基于有理函数模型的几何定位结果如表 7-11 所示,系统误差补偿模型参数如表 7-12 至表 7-17 所示,残差分布图如图 7-13 所示。

表 7-11　澳大利亚 Hobart 地区基于系统误差补偿模型定位结果

实验方案	实测控制点数量/个	检查点数量/个	定位模型	最大误差/m			中误差/m				
				X	Y	Z	X	Y	XY	Z	XYZ
方案 A	0	34	直接立体定位	3.084	2.990	6.319	1.685	1.985	2.604	4.114	4.869
方案 B	1	33	物方补偿模型	1.941	2.150	3.674	0.801	0.633	1.021	1.194	1.571
方案 C	1	33	像方补偿模型	1.925	2.165	3.714	0.795	0.643	1.022	1.212	1.585
方案 D	1	33	光束法平差	1.911	2.118	3.907	0.788	0.626	1.006	1.187	1.556

续表

实验方案	实测控制点数量/个	检查点数量/个	定位模型	最大误差/m			中误差/m				
				X	Y	Z	X	Y	XY	Z	XYZ
方案 E	4	30	物方补偿模型	1.851	1.639	3.135	0.675	0.706	0.977	1.168	1.523
方案 F	4	30	像方补偿模型	2.108	1.760	3.258	0.703	0.632	0.945	1.178	1.511
方案 G	4	30	光束法平差	2.107	1.752	3.212	0.703	0.631	0.945	1.178	1.510

表 7-12 澳大利亚 Hobart 地区物方平移变换参数(1 GCP)

实 验 方 案	X_0	Y_0	Z_0
方案 B	1.914098	−2.14724	−3.674434

表 7-13 澳大利亚 Hobart 地区像方平移模型参数(1 GCP)

实验方案	前视		下视		后视	
	e_0	f_0	e_0	f_0	e_0	f_0
方案 C	−3.048951	−3.624064	−2.967975	−3.777905	−0.553844	−1.833109

表 7-14 澳大利亚 Hobart 地区光束法平差像方平移模型参数(1 GCP)

实验方案	前视		下视		后视	
	e_0	f_0	e_0	f_0	e_0	f_0
方案 D	−3.195311	−3.543641	−2.951007	−3.898229	−0.428015	−1.793163

表 7-15 澳大利亚 Hobart 地区物方空间相似变换参数(4 GCP)

实验方案	X_0	Y_0	Z_0	λ	Ω	Φ	K
方案 E	216.1326	−350.3137	−548.7491	1.000046	−0.00024	−0.000116	−0.000073

表 7-16 澳大利亚 Hobart 地区像方仿射变换参数(4 GCP)

实验方案	影像	e_0	e_1	e_2	f_0	f_1	f_2
方案 F	前视	−3.955017	0.000159	−0.000006	−3.149434	0.000098	−0.000089
	下视	−2.013046	0.000125	−0.000228	−3.275841	0.000124	−0.000165
	后视	0.405186	0.000041	−0.000091	−0.905434	0.000055	−0.000208

表 7-17 澳大利亚 Hobart 地区光束法平差像方仿射变换参数(4 GCP)

实验方案	影像	e_0	e_1	e_2	f_0	f_1	f_2
方案 G	前视	−3.397379	0.000157	−0.000077	−3.101445	0.000115	−0.000134
	下视	−2.375873	0.000128	−0.000188	−3.476462	0.000124	−0.00014
	后视	0.210324	0.000039	−0.000061	−0.755427	0.000039	−0.00019

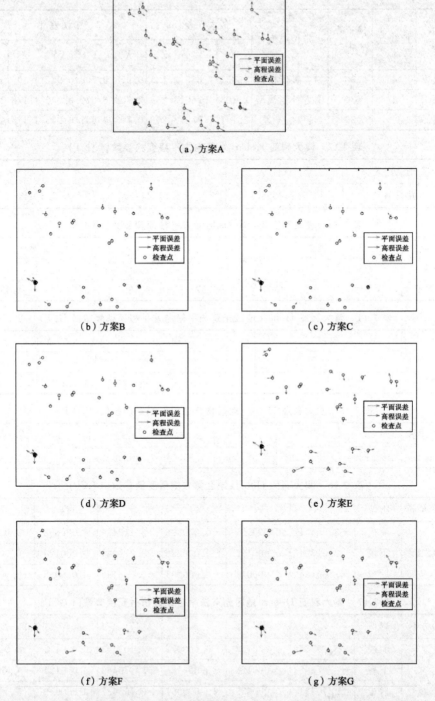

图 7-13　澳大利亚 Hobart 地区基于有理函数模型几何定位的残差分布图(图中比例尺为 3 m)

2. 资源三号卫星法国 Sainte-Maxime 地区实验

该地区基于有理函数模型的几何定位结果如表 7-18 所示,系统误差补偿模型参数如表 7-19 至表 7-24 所示,残差分布图如图 7-14 所示。

表 7-18　法国 Sainte-Maxime 地区基于系统误差补偿模型定位结果

实验方案	实测控制点数量/个	检查点数量/个	定位模型	最大误差/m			中误差/m				
				X	Y	Z	X	Y	XY	Z	XYZ
方案 A	0	12	直接立体定位	13.709	9.857	12.781	11.000	8.040	13.625	6.228	14.981
方案 B	1	11	物方补偿模型	5.313	3.636	7.711	3.102	2.029	3.707	5.142	6.339
方案 C	1	11	像方补偿模型	5.265	3.799	7.676	3.074	1.969	3.651	5.149	6.312
方案 D	1	11	光束法平差	5.265	3.798	7.666	3.074	1.969	3.650	5.141	6.306
方案 E	4	8	物方补偿模型	4.508	3.519	8.493	2.082	1.866	2.796	4.049	4.920
方案 F	4	8	像方补偿模型	4.399	3.739	8.520	2.063	1.971	2.853	4.053	4.957
方案 G	4	8	光束法平差	4.318	3.476	8.520	2.024	1.797	2.707	4.056	4.876

表 7-19　法国 Sainte-Maxime 地区物方平移变换参数(1 GCP)

实 验 方 案	X_0	Y_0	Z_0
方案 B	-8.39627	8.984655	7.755376

表 7-20　法国 Sainte-Maxime 地区像方平移模型参数(1 GCP)

实验方案	前视		下视		后视	
	e_0	f_0	e_0	f_0	e_0	f_0
方案 C	2.701718	2.861107	2.681261	5.097679	0.740483	3.875992

表 7-21　法国 Sainte-Maxime 地区光束法平差像方平移模型参数(1 GCP)

实验方案	前视		下视		后视	
	e_0	f_0	e_0	f_0	e_0	f_0
方案 D	3.105495	1.989259	2.204895	5.732823	1.144732	3.765101

表 7-22　法国 Sainte-Maxime 地区物方空间相似变换参数(4 GCP)

实验方案	X_0	Y_0	Z_0	λ	Ω	Φ	K
方案 E	149.4397	58.7968	-1360.5054	0.999967	-0.000144	0.000278	-0.000012

表 7-23　法国 Sainte-Maxime 地区像方仿射变换参数(4 GCP)

实验方案	影像	e_0	e_1	e_2	f_0	f_1	f_2
方案 F	前视	5.327954	−0.000105	−0.00014	2.799863	−0.000036	−0.000012
	下视	3.370181	−0.000015	0.00005	5.272112	0.000054	−0.000039
	后视	1.396829	0.000102	0.000035	3.018803	0.000062	−0.000002

表 7-24　法国 Sainte-Maxime 地区光束法平差像方仿射变换参数(4 GCP)

实验方案	影像	e_0	e_1	e_2	f_0	f_1	f_2
方案 G	前视	5.226436	−0.000113	−0.000111	1.412372	0.000052	0.000024
	下视	3.649982	−0.000016	0.000024	4.918376	0.000058	−0.000007
	后视	1.299606	0.000094	0.000061	6.713909	−0.000161	−0.000234

3. 天绘一号卫星河南登封地区实验

河南登封该地区基于系统误差补偿模型的几何定位结果如表 7-25 所示,系统误差补偿模型参数如表 7-26 至表 7-31 所示,残差分布图如图 7-15 所示。

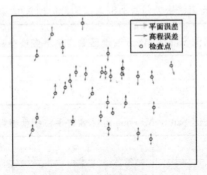

（a）方案A(图中比例尺为40 m)

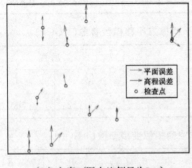

（b）方案B(图中比例尺为3 m)

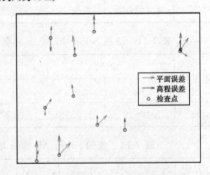

（c）方案C(图中比例尺为3 m)

图 7-14　法国 Sainte-Maxime 地区基于系统误差补偿模型定位的残差分布图

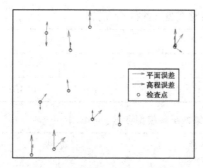
（d）方案D（图中比例尺为3 m）

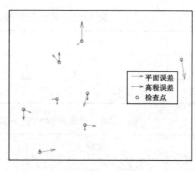
（e）方案E（图中比例尺为3 m）

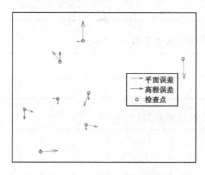
（f）方案F（图中比例尺为3 m）

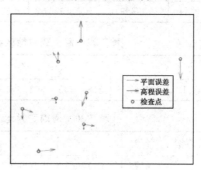
（g）方案G（图中比例尺为3 m）

续图 7-14

表 7-25　河南登封地区基于系统误差补偿模型定位结果

实验方案	实测控制点数量/个	检查点数量/个	定位模型	最大误差/m			中误差/m				
				X	Y	Z	X	Y	XY	Z	XYZ
方案 A	0	30	直接立体定位	33.971	12.113	31.105	23.792	5.173	24.347	21.858	32.720
方案 B	1	29	物方补偿模型	13.498	12.448	9.096	5.716	5.400	7.863	4.507	9.063
方案 C	1	29	像方补偿模型	13.733	13.924	9.118	5.739	6.020	8.317	4.503	9.458
方案 D	1	29	光束法空三	13.732	13.924	9.122	5.739	6.020	8.317	4.505	9.459
方案 E	4	26	物方补偿模型	15.839	8.540	12.005	6.061	3.571	7.035	4.129	8.157
方案 F	4	26	像方补偿模型	15.222	8.801	12.035	5.165	3.523	6.252	4.147	7.502
方案 G	4	26	光束法空三	15.223	8.794	12.030	5.166	3.523	6.253	4.143	7.501

表 7-26　河南登封地区物方平移变换参数（1 GCP）

实 验 方 案	X_0	Y_0	Z_0
方案 B	20.473718	−0.334404	−24.292962

表 7-27 河南登封地区像方平移模型参数(1 GCP)

实验方案	前视		下视		后视	
	e_0	f_0	e_0	f_0	e_0	f_0
方案 C	−6.22632	−1.16175	−4.251857	−0.960703	−1.306272	−0.481021

表 7-28 河南登封地区光束法平差像方平移模型参数(1 GCP)

实验方案	前视		下视		后视	
	e_0	f_0	e_0	f_0	e_0	f_0
方案 D	−6.38916	−0.811703	−3.927859	−1.018717	−1.467857	−0.772816

表 7-29 河南登封地区物方空间相似变换参数(4 GCP)

实验方案	X_0	Y_0	Z_0	λ	Ω	Φ	K
方案 E	634.6726	318.5335	361.8719	0.999837	−0.00006	−0.000096	−0.000074

表 7-30 河南登封地区像方仿射变换参数(4 GCP)

实验方案	影像	e_0	e_1	e_2	f_0	f_1	f_2
方案 F	前视	−6.72507	0.000068	−0.000105	−0.183558	0.000226	−0.000316
	下视	−2.95741	−0.000149	−0.000059	1.298369	−0.000055	−0.000207
	后视	−2.18992	−0.000039	−0.000063	0.124136	0.00006	−0.000225

表 7-31 河南登封地区光束法平差像方仿射变换参数(4 GCP)

实验方案	影像	e_0	e_1	e_2	f_0	f_1	f_2
方案 G	前视	−6.287135	0.00001	−0.000087	0.494566	0.000117	−0.000267
	下视	−3.825956	−0.000033	−0.000096	0.312358	0.000084	−0.000253
	后视	−1.737243	−0.000098	−0.000044	0.451873	0.000029	−0.000227

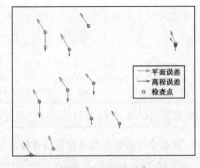

（a）方案A(图中比例尺为10 m)

图 7-15 河南登封地区基于系统误差补偿模型定位的残差分布图

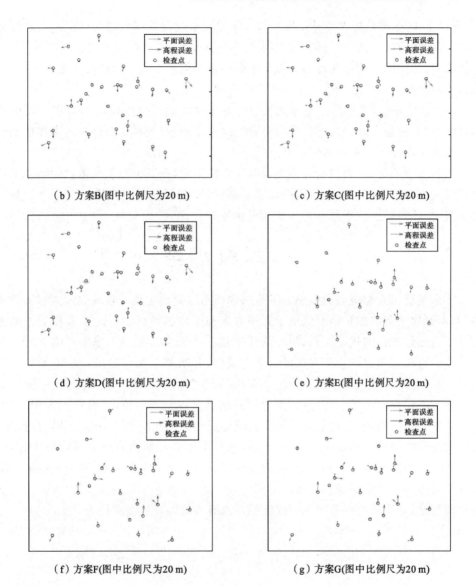

（b）方案B(图中比例尺为20 m)　　　　（c）方案C(图中比例尺为20 m)

（d）方案D(图中比例尺为20 m)　　　　（e）方案E(图中比例尺为20 m)

（f）方案F(图中比例尺为20 m)　　　　（g）方案G(图中比例尺为20 m)

续图 7-15

从以上定位结果,可得出如下结论。

（1）由表 7-11、表 7-18 和表 7-25 可知,利用 RFM 进行直接立体定位时,三组实验均能取得不错的定位结果,定位精度与卫星影像空间分辨率及 RPC 参数的精度有关。从图 7-13 至图 7-15 的图(a)可以看出,三组实验在平面和高程方向均含有一定的系统误差。资源三号卫星影像平面方向系统误差更明显,IKONOS 卫星影像高程方向系统误差更明显,天绘一号卫星影像的系统误差主要集中于平面 X 方向和高程方向。

（2）利用增设系统误差补偿模型和基于像方系统误差模型的光束法平差进行定位时，三个实验区域均在不同程度上削弱了系统误差，定位精度均得到了明显提升。总体来看，相同的实测控制点布设方案中的两种补偿模型得到的定位精度相近，布设四角实测控制点的定位精度优于一个中心实测控制点。

（3）总的来说，光束法平差方案相较于基于系统误差补偿模型方案定位精度相当，但理论上更加合理。由定位结果得到的结论也相近，同样是布设四角实测控制点的方案优于布设一个中心实测控制点的方案。

需要注意的是，在使用物方系统误差补偿模型时，平移模型求解得到的物方坐标平移量是由实测控制点计算得到的真实平移量，而空间相似变换模型中 7 个参数相关性很大，计算得到的平移量并非真实平移量。

7.7 本章小结

本章主要研究有理函数模型的卫星影像高精度对地定位。首先引入有理函数模型，对需要建立空间虚拟格网的地形无关方案和立体影像匹配下的地形相关方案进行分析并比较各自的优缺点，采用岭估计的方法对 RPC 参数进行求解并建立基于多传感器的直接立体定位模型和区域网平差模型；其次基于第 3 章摄影测量参数在轨几何定标，分别针对两种控制方案建立有理函数模型，利用实测地面控制点，统计有理函数模型像方定位精度，并进行无地面控制点直接立体定位，实验结果表明，两种控制方案表现大致相当，且均能明显提高卫星影像无地面控制点直接立体定位精度；最后利用天绘一号卫星提供的 RPC 产品，进行无地面控制点直接立体定位实验，针对检查点存在的系统性误差，进行有理函数模型的区域网平差实验，取得较好的实验效果。通过相邻两景影像的交叉验证实验，说明卫星在不太长的飞行周期内，运行状态比较稳定，证明天绘一号卫星三线阵影像具有较高的定位精度潜力。

第8章 多源数据辅助的遥感影像几何定位方法

通常情况下,消除几何定位中系统误差需要一定地面实测控制点,而对于测绘困难或难以到达的地区,实测控制数据不易获取。随着新型传感器的出现和发展,大量地理数据成果不断产生和积累,因此,本章将采用一种利用多源地理数据辅助遥感影像几何定位的方法,期望在不增加地面实测控制条件的情况下提高几何定位精度。首先对目前常见的已有地理数据进行介绍,然后提出利用这些数据辅助定位提高精度的方法,利用国内外实验区域的数据提取辅助控制点并对其精度进行研究,最后分别从无实测控制点和布设少量实测控制点两种情况下研究多源数据辅助定位方法的可行性。同时,针对大幅宽的遥感影像,为避免数据量和计算量过大,我们尝试使用小区域的基准影像提取较集中辅助控制点辅助定位。

8.1 多源数据辅助遥感影像几何定位的基本原理

本书提出的多源数据辅助遥感影像几何定位方法的基本思想是利用基准影像数据和数字高程模型数据获取控制点,参与线阵遥感影像基于有理函数模型的几何定位中,实现在不增加实测控制数据的情况下提高遥感影像几何定位精度。具体可分为辅助控制点的获取、高程基准转换和辅助控制点参与平差三个部分。

8.1.1 辅助控制点的获取

辅助控制点的获取方法是:首先利用遥感影像与基准影像数据进行匹配得到同名像点及其像点坐标和对应的地面点平面坐标,然后利用地面点平面坐标在数字高程模型数据中内插得到地面点高程坐标,再经高程基准转换统一坐系,具体流程如图 8-1 所示。

本书用到的基准影像数据包括 Google Earth 提供的遥感影像和 World View-2 生成高精度正射影像,因此可将所获取的辅助控制点分为 Google Earth 点(以下称为 GE 点)和 World View 点(以下称为 WV 点)。

1. GE 点

GE 点所使用的高程数据为 Google Earth 软件提供的高程数据。在 Google Earth 软件中,可获取地球上任意一点 WGS84 坐标系下的经纬度和 EGM 系统的高程信息。在与遥感影像匹配确定同名像点的位置后,可直接在软件中量测地面点三维坐标。

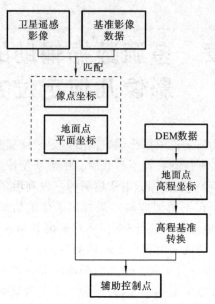

图 8-1　辅助控制点的获取步骤

2. WV 点

WV 点所使用的高程数据为 SRTM DEM 数据。World View-2 生产的正射影像与遥感影像匹配后确定同名像点对应的地面点的平面坐标后,利用其平面坐标在 SRTM DEM 数据中内插得到高程数据,即得到像点坐标对应地面点的三维坐标。

8.1.2　高程基准转换

遥感影像几何定位中常用的高程系统为大地高系统,本书使用的 DEM 数据获取的高程信息均处于属于正常高系统的 EGM 系统中,因此需要进行由正常高系统到大地高系统的转换。

在转换前首先要确定各地面点的高程异常值 ζ,本书利用地面点的平面坐标并使用 Matlab 的 geoidheight 函数计算各点的高程异常值,再利用式(2-1)计算各地面点的大地高。完成转换后,辅助控制点便可作为控制点参与几何定位。

8.1.3　辅助控制点参与定位

根据前两节中的方法获取辅助控制点并完成高程基准转换后,便可将得到的辅助控制点作为精度较低的控制点参与遥感影像几何定位。

本书基于有理函数模型光束法平差模型,将利用辅助控制点的几何定位分为两种情况进行研究,第一种情况是仅利用辅助控制点参与平差求解系统误差补偿模型参数,此时所有实测控制点作为检查点进行精度评价,第二种情况是在实验区域布设少量实测控制点,此时实测控制点作为精度较高的控制点以较大权值与辅助控制点一同参与平差,其余实测控制点作为检查点进行精度评价。在实测控制点和辅助控制点同时参与平差时,应考虑到两种控制点精度不同而分别定权。

在光束法平差结束后,将得到连接点对应的地面点坐标及系统误差补偿模型参数,此时将未参加平差的控制点作为检查点,利用系统误差补偿模型参数对像点坐标纠正,而后利用有理函数模型参数进行直接立体定位,将计算所得的地面坐标与实测地面坐标进行比较,并统计精度。精度评价时地面点的平面坐标应从大地经纬度转换到平面直角坐标系,本书使用的是基于高斯投影的高斯平面直角坐标系。

辅助控制点参与平差的流程图如图 8-2 所示。

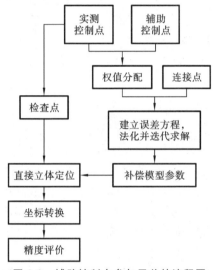

图 8-2　辅助控制点参与平差的流程图

8.2　实验与分析

为了研究多源数据辅助遥感影像几何定位方法的有效性和适应性,本节将在三组遥感影像范围内的区域设计实验中,研究不同数量和分布情况下的控制点,对定位精度的改善效果。

首先在基准影像中提取少量分布合理、与实测控制点像点坐标相同的辅助控制点,对不同质量和分辨率的遥感影像而言,以研究辅助控制点相对于实测控制点的精度;然后利用与遥感影像覆盖范围相同的基准影像,提取分布合理且数量足够的辅助控制点参与定位实验;最后针对大幅宽的资源三号卫星、天绘一号卫星,探求小范围基准影像数据对大范围遥感影像的控制效果。

8.2.1　辅助控制点精度研究实验

在进行多源数据辅助定位时,需要根据不同类型控制点坐标观测值精度的不同分别定权,因此在几何定位实验之前,相对于实测控制点,本书先对辅助控制点的精度进行研究。在三组实验区域中分别选取中心和四角分布的实测控制点,在基准影像数据上匹配出与其像点坐标相同的辅助控制点,并在 DEM 中内插出对应的高程数据。以两类控制点分别作为控制点、未参与控制的实测控制点作为检查点进行精度评价,进而研究两类控制点的精度差异。实验方案如表 8-1 所示。

表 8-1　辅助控制点精度研究实验方案

实验方案	检查点	控制点数量	控制点分布
方案 A		1 个实测控制点	▲（方框中心）
方案 B	其余实测控制点	1 个辅助控制点	
方案 C		4 个实测控制点	▲▲▲▲（四角）
方案 D		4 个辅助控制点	

　　由于缺少整体范围的 WorldView-2 卫星影像数据,无法完成相关实验,本书仅对三个实验区域中的 GE 点的精度进行研究。

1. IKONOS 卫星澳大利亚 Hobart 地区实验

　　该地区所使用的基准影像数据为 Google Earth 软件提供的空间分辨率为 0.875 m的遥感影像,影像范围与 IKONOS 卫星影像范围相同,高程数据由 Google Earth 软件提供的采样间距为 10 m 左右在 DEM 数据中内插得到。遥感影像上控制点的点位分布如图 8-3 所示,其中红色三角点为实验中作为控制点使用的中心和四角实测控制点,使用的基准影像数据如图 8-4 所示,其中红色三角点为参与控制的中心和四角实测控制点相对应的辅助控制点,得到的实验结果如表 8-2 所示,系统误差补偿模型参数如表 8-3 至表 8-6 所示,残差分布如图 8-5 所示。

图 8-3　澳大利亚 Hobart 地区控制点分布

图 8-4　澳大利亚 Hobart 地区 Google Earth 影像

表 8-2　澳大利亚 Hobart 地区辅助控制点精度研究实验结果

实验方案	布点方案	控制点	检查点	最大误差/m			中误差/m				
				X	Y	Z	X	Y	XY	Z	XYZ
方案 A	中心布点	实测控制点	实测检查点	1.891	2.583	3.897	0.779	0.905	1.194	1.187	1.684
方案 B		GE 点	GE 点	5.228	4.033	3.394	3.747	2.210	4.351	1.487	4.598
方案 C	四角布点	实测控制点	实测检查点	2.316	1.685	2.972	0.886	0.559	1.047	1.362	1.718
方案 D		GE 点	GE 点	5.237	2.614	2.946	3.698	1.024	3.837	1.167	4.011

表 8-3　澳大利亚 Hobart 地区实验方案 A 系统误差补偿模型参数

实验方案	前视		下视		后视	
	e_0	f_0	e_0	f_0	e_0	f_0
方案 A	-3.162691	-4.029192	-2.941115	-4.379087	-0.407251	-2.218249

表 8-4　澳大利亚 Hobart 地区实验方案 B 系统误差补偿模型参数

实验方案	前视		下视		后视	
	e_0	f_0	e_0	f_0	e_0	f_0
方案 B	-6.411995	-5.285858	-6.008506	-5.676243	-3.915817	-3.416147

表 8-5　澳大利亚 Hobart 地区实验方案 C 系统误差补偿模型参数

实验方案	影像	e_0	e_1	e_2	f_0	f_1	f_2
方案 C	前视	-3.202486	0.000082	-0.000108	-2.79511	0.000058	-0.000157
	下视	-2.217201	0.000024	-0.000197	-3.422979	0.000058	-0.000115
	后视	-0.48636	-0.000019	0.000018	-0.347948	-0.000041	-0.000193

表 8-6　澳大利亚 Hobart 地区实验方案 D 系统误差补偿模型参数

实验方案	影像	e_0	e_1	e_2	f_0	f_1	f_2
方案 D	前视	-5.571123	-0.000001	-0.000124	-3.902081	0.00006	-0.000107
	下视	-4.475019	-0.00007	-0.000207	-4.554774	0.000063	-0.000066
	后视	-2.989049	-0.000088	0.000008	-1.42456	-0.000042	-0.00014

2. 资源三号卫星法国 Sainte-Maxime 地区实验

该地区共选取了 12 组对应的实测控制点和 GE 点,所使用的基准影像数据为 Google Earth 软件提供的空间分辨率为 0.868 m 的遥感影像,高程数据由 Google Earth 软件提供的采样间距为 10 m 左右在 DEM 数据中内插得到。遥感影像上控制

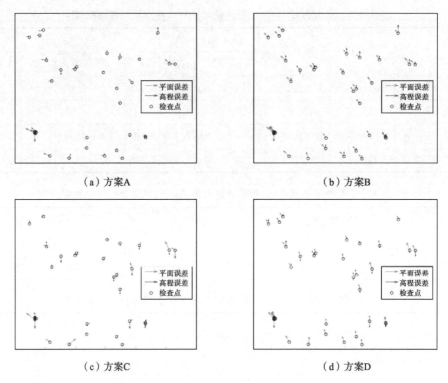

（a）方案A　　　　　　　　　　　（b）方案B

（c）方案C　　　　　　　　　　　（d）方案D

图 8-5　澳大利亚 Hobart 地区辅助控制点精度研究实验残差分布图（图中比例尺为 1 m）

点的点位分布如图 8-6 所示，其中红色三角点为实验中作为控制点使用的中心和四角实测控制点，使用的基准影像数据如图 8-7 所示，其中红色三角点为参与控制的中心和四角实测控制点相对应的辅助控制点，得到的实验结果如表 8-7 所示，系统误差

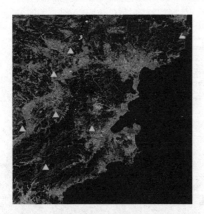

图 8-6　法国 Sainte-Maxime 地区
　　　　控制点分布

图 8-7　法国 Sainte-Maxime 地区 Google Earth 影像

补偿模型参数如表 8-8 至表 8-11 所示，残差分布如图 8-8 所示。

表 8-7　法国 Sainte-Maxime 地区辅助控制点精度研究实验结果

实验方案	布点方案	控制点	最大误差/m			中误差/m				
			X	Y	Z	X	Y	XY	Z	XYZ
方案 A	中心布点	实测控制点	5.265	3.799	7.692	3.074	1.969	3.650	5.158	6.319
方案 B		GE 点	16.894	4.218	7.311	13.155	2.174	13.334	4.730	14.148
方案 C	四角布点	实测控制点	4.284	3.366	8.598	2.012	1.737	2.658	4.082	4.871
方案 D		GE 点	7.248	10.250	10.996	3.807	5.180	6.428	4.211	7.685

表 8-8　法国 Sainte-Maxime 地区实验方案 A 系统误差补偿模型参数

实验方案	前视		下视		后视	
	e_0	f_0	e_0	f_0	e_0	f_0
方案 A	3.08262	1.883736	2.235124	5.442954	1.115867	4.320688

表 8-9　法国 Sainte-Maxime 地区实验方案 B 系统误差补偿模型参数

实验方案	前视		下视		后视	
	e_0	f_0	e_0	f_0	e_0	f_0
方案 B	7.262782	3.21869	9.375795	7.507368	5.360676	5.651844

表 8-10　法国 Sainte-Maxime 地区实验方案 C 系统误差补偿模型参数

实验方案	影像	e_0	e_1	e_2	f_0	f_1	f_2
方案 C	前视	5.118424	-0.000116	-0.00009	1.197937	0.000065	0.00003
	下视	3.789908	-0.000015	0.000008	4.777468	0.000053	0.000016
	后视	1.162504	0.000094	0.000083	7.970263	-0.000219	-0.000354

表 8-11　法国 Sainte-Maxime 地区实验方案 D 系统误差补偿模型参数

实验方案	影像	e_0	e_1	e_2	f_0	f_1	f_2
方案 D	前视	6.938981	-0.000187	-0.000304	4.385766	-0.00032	-0.000199
	下视	5.902181	-0.000061	-0.000206	9.146326	-0.000298	-0.000212
	后视	1.963276	0.000072	-0.000092	11.044438	-0.000603	-0.000582

3. 天绘一号卫星河南登封地区实验

该地区中共选取了 10 组对应的实测控制点和 GE 点，所使用的基准影像数据为 Google Earth 软件提供的空间分辨率为 0.875 m 的遥感影像，高程数据由 Google

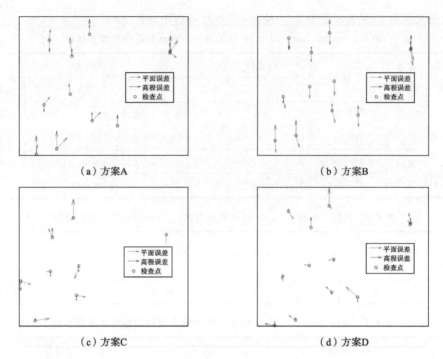

图 8-8 法国 Sainte-Maxime 地区辅助控制点精度研究实验残差分布图(图中比例尺为 5 m)

Earth 软件提供的采样间距为 15 m 左右在 DEM 数据中内插得到。遥感影像上控制点的点位分布如图 8-9 所示,其中红色三角点为实验中作为控制点使用的中心和四角实测控制点,使用的基准影像数据如图 8-10 所示,其中红色三角点为参与控制的中心和四角实测控制点相对应的辅助控制点,得到的实验结果如表 8-12 所示,系统误差补偿模型参数如表 8-13 至表 8-16 所示,残差分布如图 8-11 所示。

图 8-9 河南登封地区控制点分布

图 8-10　河南登封地区 Google Earth 影像

表 8-12　河南登封地区辅助控制点精度研究实验结果

实验方案	布点方案	控制点	最大误差/m			中误差/m				
			X	Y	Z	X	Y	XY	Z	XYZ
方案 A	中心布点	实测控制点	13.733	13.924	9.118	5.739	6.020	8.317	4.503	9.458
方案 B		GE 点	21.218	16.342	11.744	9.270	7.247	11.766	6.362	13.376
方案 C	四角布点	实测控制点	14.108	13.373	8.560	5.234	5.306	7.453	4.494	8.703
方案 D		GE 点	21.155	11.780	13.494	7.809	6.570	10.205	5.385	11.538

表 8-13　河南登封地区实验方案 A 系统误差补偿模型参数

实验方案	前视		下视		后视	
	e_0	f_0	e_0	f_0	e_0	f_0
方案 A	-6.226324	-1.6175	-4.251857	-0.960703	-1.306272	-0.48102

表 8-14　河南登封地区实验方案 B 系统误差补偿模型参数

实验方案	前视		下视		后视	
	e_0	f_0	e_0	f_0	e_0	f_0
方案 B	-8.692926	-1.77035	-5.766403	-1.78274	-3.236218	-1.560021

表 8-15　河南登封地区实验方案 C 系统误差补偿模型参数

实验方案	影像	e_0	e_1	e_2	f_0	f_1	f_2
方案 C	前视	-7.654579	0.000174	-0.000038	-1.081905	0.000243	-0.000248
	下视	-5.957662	0.000221	-0.000025	-1.909861	0.000277	-0.000178
	后视	-3.167521	0.000125	-0.000109	-1.23313	0.000162	-0.000163

表 8-16　河南登封地区实验方案 D 系统误差补偿模型参数

实验方案	影像	e_0	e_1	e_2	f_0	f_1	f_2
方案 D	前视	-7.124473	-0.00014	0.000031	0.448669	-0.000018	-0.000317
	下视	-4.627568	-0.000033	-0.000092	0.034071	-0.000015	-0.000281
	后视	-2.19968	0.000023	-0.000228	0.040924	-0.000071	-0.000236

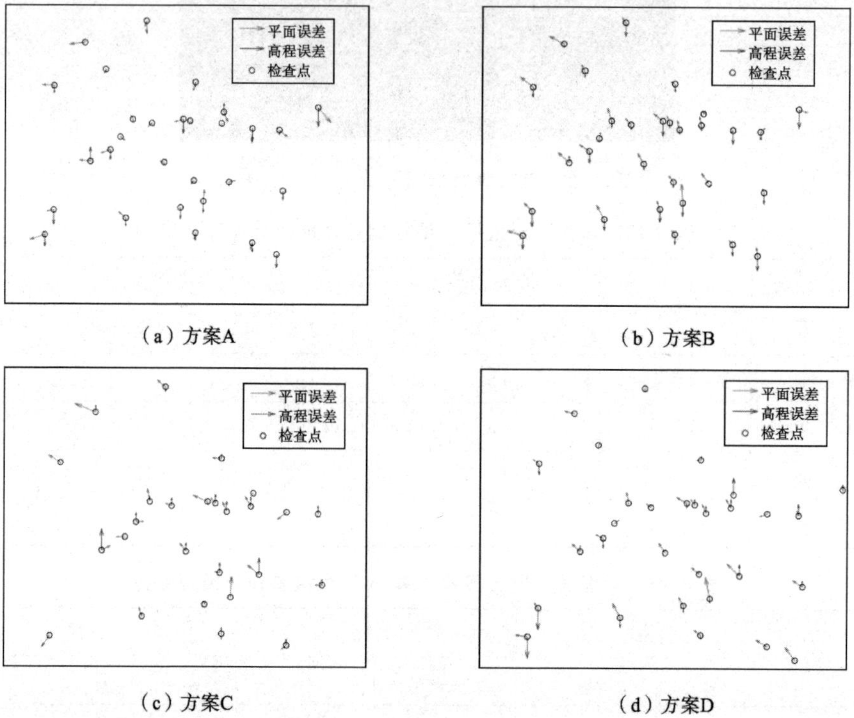

（a）方案A　　　　　　　　　　　（b）方案B

（c）方案C　　　　　　　　　　　（d）方案D

图 8-11　河南登封地区辅助控制点精度研究实验残差分布图（图中比例尺为 30 m）

从以上结果可以得出以下结论。

（1）由表 8-2 实验结果可知，在澳大利亚 Hobart 地区使用 GE 点控制时，相较于表 7-11 的直接立体定位结果，不论是布设中心还是四角 GE 点，高程精度均略微提升，但平面精度均有所下降，且定位中依然存在明显系统误差。对于该地区影像分辨率较高的 IKONOS 卫星影像，这说明 GE 点的平面精度相对较低，仅使用 GE 点无法改善平面定位精度，但布设数量和分布合理的 GE 点可取得与布设实测控制点相当的高程精度。

（2）由表 8-7 实验结果可知，在法国 Sainte-Maxime 地区布设中心 GE 点时，相较于表 7-18 的直接立体定位结果，平面和高程精度均有所提升，平面方向与布设实测控制点时精度差异很大,且还存在着明显系统误差,而高程方向与布设实测控制点精度相当;布设四角 GE 点时,平面精度大幅度提高,与布设实测控制点时的精度差异明显缩小,系统误差也更好地得到消除。对于该地区资源三号卫星影像,这说明中心布点的 GE 点在平面方向的控制作用不太明显,但数量足够且分布良好的 GE 点对改善定位精度能起到很好的作用。

（3）由表 8-12 中的实验结果可知,在河南登封地区布设中心 GE 点时,相较于表 7-25 的直接立体定位结果,平面和高程精度均大幅度提升,但平面精度明显低于实测控制点,且依然存在明显系统误差;布设四角 GE 点时,平面定位精度与布设实测控制点时的差异减小,但仍存在一定的系统误差。对于该地区影像分辨率较低的天绘一号卫星影像,这说明 GE 点能起到很好的控制作用,当 GE 点数量足够且分布良好时,能取得与布设实测控制点更加接近的定位精度。

8.2.2　多源数据辅助定位实验

由 8.2.1 节的实验可知,对不同质量和分辨率的遥感影像而言,辅助控制点相较于实测控制点的精度也不同,但初步表明数量足够且分布合理的辅助控制点能在一定程度上改善几何定位结果。因此,本节将利用实验区域中的基准影像数据,提取数量足够且分布合理的辅助控制点对遥感影像进行整体控制,以研究多源数据辅助不同分辨率遥感影像几何定位方法的有效性。

实验采用基于像方补偿模型的 RFM 光束法平差方法,设计不同的控制点布设方案进行平差。将从无实测控制点和布设少量实测控制点两个方面进行研究,按照实测控制点的数量和分布分为三个实验方案,如表 8-17 所示。

表 8-17　多源数据辅助定位实验方案

定位方法	实验方案	实测控制点数量/个	实测控制点分布
多源数据辅助 RFM 光束法平差	方案 E	0	无
	方案 F	1	▲
	方案 G	4	

1. IKONOS 卫星澳大利亚 Hobart 地区实验

实验采用与 8.2.1 节相同的基准影像数据,在与遥感影像范围相同的 Google Earth 影像上提取 20 个 GE 点,研究表明,相对于实测控制点,该地区的 GE 点的平面精度为 6.162 m,高程精度为 2.909 m,基准影像上辅助控制点的点位分布如图 8-12 所示。

图 8-12　澳大利亚 Hobart 地区 Google Earth 影像范围及 GE 点分布

该地区多源数据辅助定位结果如表 8-18 所示，系统误差补偿模型参数如表 8-19 至表 8-21 所示，残差分布图如图 8-13 所示。

表 8-18　澳大利亚 Hobart 地区多源数据辅助定位结果

实验方案	实测控制点数量/个	检查点数量/个	补偿模型	辅助控制点	最大误差/m			中误差/m				
					X	Y	Z	X	Y	XY	Z	XYZ
方案 E	0	34	仿射模型	20 个 GE 点	5.268	2.985	3.204	3.468	1.488	3.774	1.060	3.920
方案 F	1	33	平移模型		1.904	2.066	4.127	0.785	0.610	0.994	1.086	1.472
方案 G	4	30	仿射模型		1.620	1.519	3.206	0.711	0.576	0.915	1.020	1.370

表 8-19　澳大利亚 Hobart 地区无实测控制点仅 GE 点参与定位补偿模型参数

实验方案	影像	e_0	e_1	e_2	f_0	f_1	f_2
方案 E	前视	−5.915644	0.00007	−0.000109	−4.69193	0.000086	−0.000079
	下视	−4.970049	−0.000003	−0.000155	−5.316308	0.000092	−0.00005
	后视	−3.154081	−0.00001	−0.000043	−2.272225	−0.000015	−0.000103

表 8-20　澳大利亚 Hobart 地区布设中心实测控制点且 GE 点参与定位补偿模型参数

实验方案	前视		下视		后视	
	e_0	f_0	e_0	f_0	e_0	f_0
方案 F	−3.157704	−3.45769	−3.043668	−3.908354	−0.403512	−1.876967

表 8-21　澳大利亚 Hobart 地区布设四角实测控制点且 GE 点参与定位补偿模型参数

实验方案	影像	e_0	e_1	e_2	f_0	f_1	f_2
方案 G	前视	-2.856768	0.000025	-0.000032	-2.891537	0.000064	0.000064
	下视	-1.802854	-0.000018	-0.000123	-3.446711	0.000092	-0.000127
	后视	0.198302	-0.000047	-0.000009	-0.500129	0.000004	-0.000186

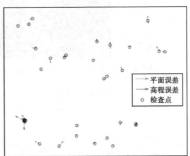

（a）无实测控制点仅GE点参与　　　　（b）布设中心实测控制点且GE点参与

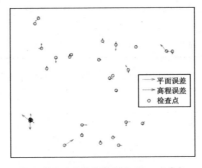

（c）布设四角实测控制点且GE点参与

图 8-13　澳大利亚 Hobart 地区多源数据辅助定位残差分布图（图中比例尺为 3 m）

2. 资源三号卫星法国 Sainte-Maxime 地区实验

实验采用与 8.2.1 节相同的基准影像数据，在与遥感影像范围相同的 Google Earth 影像上提取 12 个 GE 点。相对于实测控制点，研究表明该地区的 GE 点的平面精度为 5.454 m，高程精度为 1.494 m，基准影像上辅助控制点的点位分布如图 8-14 所示。

该地区多源数据辅助定位结果如表 8-22 所示，系统误差补偿模型参数如表 8-23 至表 8-25 所示，残差分布图如图 8-15 所示。

3. 天绘一号卫星河南登封地区实验

实验采用与 8.2.1 节相同的基准影像数据，在与遥感影像范围相同的 Google Earth 影像上提取 10 个 GE 点，相对于实测控制点，研究表明该地区的 GE 点的平面

图 8-14 法国 Sainte-Maxime 地区 Google Earth 影像范围及 GE 点分布

表 8-22 法国 Sainte-Maxime 地区多源数据辅助定位结果

实验方案	实测控制点数量/个	检查点数量/个	补偿模型	辅助控制点	最大误差/m			中误差/m				
					X	Y	Z	X	Y	XY	Z	XYZ
方案 E	0	12	仿射模型	12 个 GE 点	7.571	9.130	8.185	3.146	5.772	6.574	4.289	7.849
方案 F	1	11	平移模型		5.277	3.771	6.808	3.083	1.968	3.657	4.158	5.538
方案 G	4	8	仿射模型		4.286	3.434	8.481	2.014	1.763	2.676	3.938	4.761

表 8-23 法国 Sainte-Maxime 地区无实测控制点仅 GE 点参与定位补偿模型参数

实验方案	影像	e_0	e_1	e_2	f_0	f_1	f_2
方案 E	前视	7.391035	-0.000199	-0.000341	-2.207653	0.000143	0.000114
	下视	7.71505	-0.000155	-0.000269	-0.46494	0.000124	0.000106
	后视	3.782953	-0.0001	-0.000178	4.415487	-0.000136	-0.000252

表 8-24 法国 Sainte-Maxime 地区布设中心实测控制点且 GE 点参与定位补偿模型参数

实验方案	前视		下视		后视	
	e_0	f_0	e_0	f_0	e_0	f_0
方案 F	2.993564	1.870586	2.210457	5.459463	1.247663	4.299958

表 8-25 法国 Sainte-Maxime 地区布设四角实测控制点且 GE 点参与定位补偿模型参数

实验方案	影像	e_0	e_1	e_2	f_0	f_1	f_2
方案 G	前视	5.013912	-0.000077	-0.000094	1.342027	0.00006	0.00002
	下视	3.768793	-0.000016	0.000012	4.873265	0.00005	0.000008
	后视	1.298555	0.000058	0.000076	7.71179	-0.00021	-0.000327

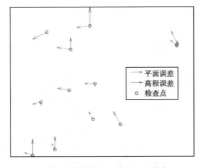

（a）无实测控制点仅GE点参与

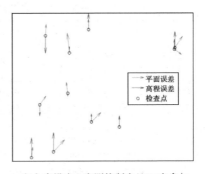

（b）布设中心实测控制点且GE点参与

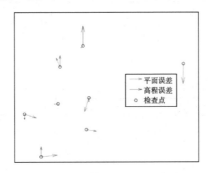

（c）布设四角实测控制点且GE点参与

图 8-15　法国 Sainte-Maxime 地区多源数据辅助定位残差分布图（图中比例尺为 5 m）

精度为 3.575 m,高程精度为 0.769 m,基准影像上辅助控制点的点位分布如图 8-16
所示。

图 8-16　河南登封地区 Google Earth 影像范围及 GE 点分布

　　该地区多源数据辅助定位结果如表 8-26 所示,系统误差补偿模型参数如表 8-27
至表 8-29 所示,残差分布图如图 8-17 所示。

表 8-26　河南登封地区多源数据辅助定位结果

实验方案	实测控制点数量/个	检查点数量/个	补偿模型	辅助控制点	最大误差/m			中误差/m				
					X	Y	Z	X	Y	XY	Z	XYZ
方案 E	0	30	仿射模型	10 个 GE 点	21.096	10.480	13.521	7.638	5.200	9.240	5.202	10.604
方案 F	1	29	平移模型		13.752	13.534	8.059	5.753	5.858	8.210	3.933	9.104
方案 G	4	26	仿射模型		15.223	8.779	11.129	5.164	3.526	6.253	3.874	7.356

表 8-27　河南登封地区无实测控制点仅 GE 点参与定位补偿模型参数

实验方案	影像	e_0	e_1	e_2	f_0	f_1	f_2
方案 E	前视	−7.403877	−0.000107	0.000015	1.182736	−0.000021	−0.000363
	下视	−4.451767	−0.000041	−0.000126	0.932045	−0.000031	−0.000353
	后视	−1.818343	−0.000014	−0.000218	1.064191	0.000078	−0.000325

表 8-28　河南登封地区布设中心实测控制点且 GE 点参与定位补偿模型参数

实验方案	前视		下视		后视	
	e_0	f_0	e_0	f_0	e_0	f_0
方案 F	−6.338799	−0.780841	−3.835197	−0.879568	−1.632063	−0.743575

表 8-29　河南登封地区布设四角实测控制点且 GE 点参与定位补偿模型参数

实验方案	影像	e_0	e_1	e_2	f_0	f_1	f_2
方案 G	前视	−6.359735	0.000005	−0.000088	0.515304	0.000128	−0.000293
	下视	−3.796247	−0.00004	−0.000076	0.340978	0.000072	−0.00023
	后视	−1.701774	−0.000085	−0.000068	0.402475	0.00003	−0.000225

从以上结果可以得出以下结论。

（1）总体来看，相对于表 7-11、表 7-18 和表 7-25 中三个地区的直接立体定位结果，在使用多源数据辅助定位后，不论在无实测控制点或布设少量实测控制点的方案中，系统误差问题虽然并没有完全得到解决，但均得到了一定的削弱，几何定位精度得到了不同程度的提升，这说明方法可行、有效。

（2）在无实测控制点的方案中，对于资源三号卫星影像和天绘一号卫星影像，相较于直接立体定位结果，使用辅助控制点辅助定位能起到很好的控制作用，精度提升十分明显；而对于成像质量较高的 IKONOS 卫星影像，其无控制点情况下的直接立体定位精度已经很高，精度受限的辅助控制点参与定位后，虽然高程精度得到了一定提升，但平面精度却没有改善，总体精度得到小幅度提升。

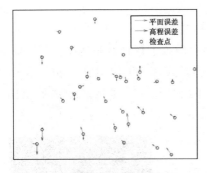

（a）无实测控制点仅GE点参与

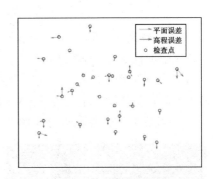

（b）布设中心实测控制点且GE点参与

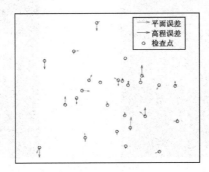

（c）布设四角实测控制点且GE点参与

图 8-17　河南登封地区多源数据辅助定位残差分布图（图中比例尺为 30 m）

（3）在布设少量实测控制点的方案中，对于资源三号卫星影像和天绘一号卫星影像，辅助控制点参与定位后，定位精度依然有所提升，但提升幅度明显不如无实测控制点的方案，随着布设的实测控制点增多，精度受限的辅助控制点对改善定位结果所起到的效果逐渐减弱；对于 IKONOS 卫星影像，在实测控制点对影像得到较好的控制后，辅助控制点参与定位使得定位精度得到小幅度的提升。可以看出，当实测控制点和辅助控制点同时参与定位时，定位精度主要取决于实测控制点的数量和分布，在此基础上辅助控制点对定位结果有小幅度的改善。

8.2.3　小区域基准影像辅助大幅宽遥感影像定位实验

对于资源三号和天绘一号卫星影像，8.2.2 节实验说明数量足够且分布合理的辅助控制点可以有效改善缺少实测控制点时的几何定位精度，但这两种影像都是大幅宽影像。在实际应用中，不易获取与遥感影像相同范围的大区域基准影像，同时，若采用全影像范围的基准影像会造成数据量和计算量过大的问题。因此本节将采用部分控制，使用小范围的基准影像数据来获取数量足够但分布较集中的辅助控制点参与平差，以探求小区域基准影像控制大范围遥感影像的效果，实验方案如表 8-17

所示。

1. 资源三号卫星法国 Sainte-Maxime 地区实验

该地区辅助控制点为 20 个 GE 点。所使用的基准影像数据为 Google Earth 软件提供的空间分辨率为 0.868 m 的小范围遥感影像,高程数据由 Google Earth 软件提供的采样间距为 10 m 左右在 DEM 数据中内插得到。基准影像数据范围如图 8-18 所示,该范围内辅助控制点分布图 8-19 所示。

图 8-18　法国 Sainte-Maxime 地区　　　　　图 8-19　法国 Sainte-Maxime
Google Earth 影像范围　　　　　　　　　　地区 GE 点分布图

该地区多源数据辅助定位结果如表 8-30 所示,系统误差补偿模型参数如表 8-31 至表 8-33 所示,残差分布图如图 8-20 所示。

表 8-30　法国 Sainte-Maxime 地区多源数据辅助定位结果

实验方案	实测控制点数量/个	检查点数量/个	补偿模型	辅助控制点	最大误差/m			中误差/m				
					X	Y	Z	X	Y	XY	Z	XYZ
方案 E	0	12	仿射模型	20 个 GE 点	6.741	9.707	12.950	4.025	7.066	8.132	5.741	9.955
方案 F	1	11	平移模型		5.285	3.516	9.476	3.083	1.889	3.616	4.209	5.549
方案 G	4	8	仿射模型		4.254	3.197	5.613	1.999	1.658	2.597	3.546	4.396

表 8-31　法国 Sainte-Maxime 地区无实测控制点仅 GE 点参与定位补偿模型参数

实验方案	影像	e_0	e_1	e_2	f_0	f_1	f_2
方案 E	前视	4.789469	0.000035	−0.00013	−0.591315	0.000128	−0.000048
	下视	6.780783	0.000036	−0.000234	1.783399	0.000119	−0.000056
	后视	4.720542	0.000043	−0.000225	0.850053	0.000151	−0.000022

表 8-32　法国 Sainte-Maxime 地区布设中心实测控制点且 GE 点参与定位补偿模型参数

实验方案	前视		下视		后视	
	e_0	f_0	e_0	f_0	e_0	f_0
方案 F	2.701556	2.017159	2.095393	5.574088	1.839958	3.769669

表 8-33　法国 Sainte-Maxime 地区布设四角实测控制点且 GE 点参与定位补偿模型参数

实验方案	影像	e_0	e_1	e_2	f_0	f_1	f_2
方案 G	前视	4.496378	−0.000058	−0.000069	2.006913	0.000009	−0.000013
	下视	3.685484	−0.000017	0.000006	5.673495	0.000021	−0.000034
	后视	2.194536	0.000027	0.000048	6.655784	−0.000152	−0.000246

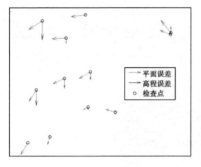

（a）无实测控制点仅GE点参与

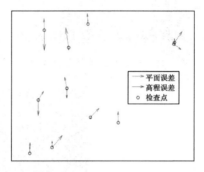

（b）布设中心实测控制点且GE点参与

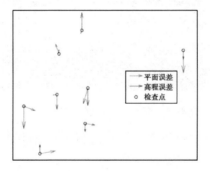

（c）布设四角实测控制点且GE点参与

图 8-20　法国 Sainte-Maxime 地区多源数据辅助定位残差分布图(图中比例尺为 5 m)

2. 天绘一号卫星河南登封地区实验

该地区辅助控制点为 17 个 GE 点和 20 个 WV 点。GE 点所使用的基准影像数据为 Google Earth 软件提供的空间分辨率为 0.875 m 的小范围遥感影像,高程数据由 Google Earth 软件提供的采样间距为 15 m 左右在 DEM 数据中内插得到;WV 点所使用的基准影像数据为 World View-2 生产的小范围正射影像,高程数据在SRTM DEM 数据中内插得到;基准影像范围如图 8-21 所示,实线白框为 Google Earth 影像,虚线白框为 World View 影像,对应范围内辅助控制点分布如图 8-22 和图 8-23 所示。

图 8-21　河南登封地区基准影像

图 8-22　河南登封地区 GE 点分布图

图 8-23　河南登封地区 WV 点分布图

该地区多源数据辅助定位结果如表 8-34 所示,系统误差补偿模型参数如表 8-35至表 8-37 所示,残差分布图如图 8-24 所示。

表 8-34　河南登封地区多源数据辅助定位结果

实验方案	实测控制点数量/个	检查点数量/个	补偿模型	辅助控制点	最大误差/m			中误差/m				
					X	Y	Z	X	Y	XY	Z	XYZ
方案E	0	30	仿射模型	17 个 GE 点	18.988	18.137	11.944	7.444	7.254	10.394	4.247	11.228
				20 个 WV 点	12.690	16.906	9.476	4.955	7.735	9.186	3.506	9.832

续表

实验方案	实测控制点数量/个	检查点数量/个	补偿模型	辅助控制点	最大误差/m			中误差/m				
					X	Y	Z	X	Y	XY	Z	XYZ
方案 F	1	29	平移模型	17 个 GE 点	13.530	13.574	11.671	5.658	5.868	8.151	4.066	9.109
				20 个 WV 点	13.717	13.838	8.597	5.738	5.982	8.289	3.679	9.069
方案 G	4	26	仿射模型	17 个 GE 点	15.223	8.786	11.705	5.165	3.523	6.252	4.039	7.443
				20 个 WV 点	15.157	8.818	11.129	5.063	3.525	6.169	3.874	7.285

表 8-35　河南登封地区无实测控制点时辅助控制点参与定位补偿模型参数

实验方案	辅助控制点	前视		下视		后视	
		e_0	f_0	e_0	f_0	e_0	f_0
方案 E	17 个 GE 点	−7.785128	0.371193	−5.815643	0.147057	−3.896363	0.370835
	20 个 WV 点	−6.407976	−1.45738	−4.236378	−1.713937	−2.012128	−1.485729

表 8-36　河南登封地区布设中心实测控制点时辅助控制点参与定位补偿模型参数

实验方案	辅助控制点	前视		下视		后视	
		e_0	f_0	e_0	f_0	e_0	f_0
方案 F	17 个 GE 点	−5.947495	−0.765056	−3.943756	−1.012388	−2.00127	−0.780997
	20 个 WV 点	−6.190734	−0.840717	−3.970954	−1.014777	−1.623656	−0.73934

表 8-37　河南登封地区布设四角实测控制点时辅助控制点参与定位补偿模型参数

实验方案	辅助控制点	影像	e_0	e_1	e_2	f_0	f_1	f_2
方案 G	17 个 GE 点	前视	−6.300074	0.000011	−0.000094	0.544437	0.000113	−0.00029
		下视	−3.783607	−0.000046	−0.000076	0.36424	0.000064	−0.00023
		后视	−1.772502	−0.000085	−0.000056	−0.355857	0.000052	−0.000228
	20 个 WV 点	前视	−6.612091	0.00001	−0.000067	0.546438	0.000093	−0.000283
		下视	−3.816284	−0.000056	−0.000072	0.328913	0.000064	−0.000228
		后视	−1.413766	−0.000077	−0.000088	−0.381796	0.000073	−0.000238

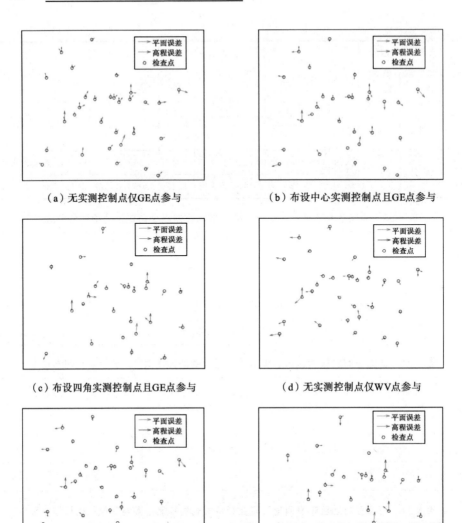

（a）无实测控制点仅GE点参与　　　　　　　（b）布设中心实测控制点且GE点参与

（c）布设四角实测控制点且GE点参与　　　　　（d）无实测控制点仅WV点参与

（e）布设中心实测控制点且WV点参与　　　　　（f）布设四角实测控制点且WV点参与

图 8-24　河南登封地区多源数据辅助定位残差分布图（图中比例尺为 30 m）

从以上结果可以得出以下结论。

（1）总体来看，使用小区域基准影像提取数量足够但分布较集中的控制点，用于辅助大幅宽的遥感影像几何定位，可以有效削弱系统误差，改善几何定位结果。

（2）对于资源三号卫星影像，在无实测控制点的情况下，小区域基准影像辅助的平面和高程定位精度均低于大范围基准影像的精度，但相较于无实测控制点情况下的直接立体定位，精度也有明显的改善；而在布设稀少实测控制点的情况下，小区域基准影像辅助的平面和高程定位精度与大范围基准影像辅助时精度相当,说明在该区域中,实测控制点以大权值参与定位的方法对定位结果的改善起到了关键的作用,此时以小权值参与定位的辅助控制点,只要数量足够,则点位分布对定位结果的影响并不大。

(3) 对于天绘一号卫星影像,也可得到与资源三号卫星影像类似的结论,即在实测控制点参与平差的情况下,辅助控制点的点位分布对定位结果的影响并不大;但在无实测控制点参与的情况下,可以看出 WV 点对定位精度的改善明显优于 GE 点,甚至优于采用中大范围 Google Earth 影像进行控制的定位结果。

需要注意的是,小区域基准影像辅助定位的前提是平差范围内系统误差是同向的,否则无法得到可靠的定位结果。

8.3　本 章 小 结

为了在缺少实测控制数据的情况下提高几何定位精度,本章提出了多源数据辅助遥感影像几何定位的方法,方法使用基准影像和数字高程模型两种常见地理信息数据获取辅助控制点,经高程基准转换后参与定位,提高几何定位精度。利用三组实验数据获取辅助控制点,首先对辅助控制点的精度进行研究,然后分别在无实测控制点和布设少量实测控制点两种情况下,研究数量足够且分布合理的辅助控制点参与定位时方法的有效性。此外,还尝试使用小区域基准影像辅助大幅宽遥感影像定位,主要结论如下。

对影像质量和分辨率不同的遥感影像而言,辅助控制点相对于实测控制点的精度也不同。在无实测控制点参与时,对影像质量和分辨率较高的遥感影像,辅助控制点的平面精度相对较低,对遥感影像难以起到有效的控制。对于影像质量和分辨率较低的遥感影像,辅助控制点与实测控制点的精度差异较小,一定数量和分布良好的辅助控制点对遥感影像可以起到很好的控制作用。

当实测控制点和辅助控制点同时参与定位时,定位精度主要取决于实测控制点的数量和分布,在此基础上辅助控制点对定位结果有小幅度的改善。

针对大幅宽遥感影像,为减少数据量和计算量,可以选择小区域基准影像提取数量足够但分布较集中的辅助控制点参与定位,也能很好地改善定位结果。

本章利用已有地理信息数据辅助遥感影像几何定位,并取得了不错的效果。但考虑到误差方程中像点观测方程的系数矩阵也含有随机误差,传统最小二乘平差法并不严密的情况,第 9 章将引入总体最小二乘法进行平差,实现在不增加实测控制条件下提高几何定位的合理性。

第9章 基于总体最小二乘法的多源数据辅助遥感影像定位

传统摄影测量理论中,一般使用基于 Gauss-Markov 模型的最小二乘法进行平差计算,即假设误差函数模型已知、非随机,且仅观测向量中含有随机误差。但在实际计算中,像点观测方程的系数矩阵也由观测值组成,其中同样含有随机误差。针对定位模型中误差方程的系数矩阵含有随机误差的问题,学者们引入了基于 EIV 模型的总体最小二乘(total least-squares,TLS)法替代最小二乘法。基于此,本书推导出适用于 RFM 光束法平差的总体最小二乘法,并应用于第 8 章提出的多源数据辅助定位方法,使定位结果更加合理、准确。

9.1 一般总体最小二乘算法

9.1.1 EIV 模型与总体最小二乘法

不同于 Gauss-Markov 模型,EIV 模型假定观测数据构成的观测向量和描述模型函数的系数矩阵中均含有随机误差,可以表示为

$$e+L_1=(A+E_A)X \quad P \tag{9-1}$$

式中:L_1 为观测向量;e 为 L_1 中包含的随机误差;X 为未知数向量;E_A 为系数矩阵中的误差,若 $V=[V_1^T \quad V_A^T]^T$,其中 V_1 和 V_A 分别为 e 和 E_A 按列向量化后的向量,则 $E(V)=0$,方差-协方差矩阵为 $\sigma_0^2 Q$,其中 σ_0^2 为单位权方差,Q 为协因数矩阵;P 为对应的权矩阵。

对于 EIV 模型,传统最小二乘法不再具有无偏性和方差最小等统计特性,因此需要寻找其他的方法进行最优估计。Adcock 提出观测数据残差平方和最小化的总体最小二乘平差法准则,即

$$\min:\Phi=V^T P V=V_1^T P_1 V_1+V_A^T P_A V_A \tag{9-2}$$

图 9-1 所示的为以直线拟合角度比较最小二乘平差法和总体最小二乘平差法的几何意义:最小二乘法是寻求方向上残差平方和最小的估计量,而总体最小二乘法是寻求各点到直线距离最短的估计量。

9.1.2 一般总体最小二乘法的基本算法

总体最小二乘法的基本算法可以分为两类,一类是基于奇异值分解(singular value

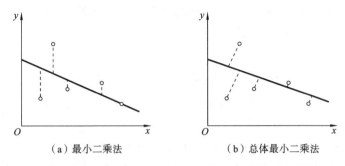

（a）最小二乘法　　　　　　　（b）总体最小二乘法

图 9-1　最小二乘法与总体最小二乘法在直线拟合上的差异

decomposition，SVD)的解法，另一类是基于拉格朗日（Lagrange）求极值的迭代法。

1. 基于奇异值分解的解法

奇异值分解的平差准则为

$$\min : S = \| D[E_A, L_1]T \|_F \tag{9-3}$$

式中：$D = \mathrm{diag}(d_1, \cdots, d_n)$ 和 $T = \mathrm{diag}(t_1, \cdots, t_{m+1})$ 为权对角矩阵；d_i 和 t_i 为正常数；$\| \ \|_F$ 为弗罗贝尼马斯（Frobenius）范数。

奇异值分解算法的求解步骤如下。

对 EIV 模型构造增广矩阵 $[A, y]$，并进行奇异值分解，有

$$C = D[A, L_1]T = U\Sigma V \tag{9-4}$$

式中：$\underset{n,n}{U} = [U_1, \cdots, U_n]$；$\underset{m+1,m+1}{V} = [V_1, \cdots, V_{m+1}]$；$\underset{n,m+1}{\Sigma} = \mathrm{diag}(\sigma_1, \cdots, \sigma_{m+1})$，其中 $\sigma_1 \geqslant \sigma_2 \geqslant \cdots \geqslant \sigma_{m+1}$。

当 $\sigma_m \geqslant \sigma_{m+1}$ 时，存在唯一 TLS 解，即

$$\hat{\boldsymbol{\beta}}_{\mathrm{TLS}} = -\frac{V_{m+1}}{V_{m+1,m+1}} \tag{9-5}$$

由式(9-5)可知，奇异值分解得到的总体最小二乘解对应于最小特征值相应的特征向量。

2. 基于 Lagrange 求极值的迭代法

对式(9-1)构造 Lagrange 目标函数，有

$$\min : \boldsymbol{\Phi} = V_1^T P_1 V_1 + V_A^T P_A V_A + 2\boldsymbol{\lambda}^T (L_1 + V_1 - AX - E_A X) \tag{9-6}$$

式中：$\boldsymbol{\lambda}$ 为 Lagrange 因子，维数为 $n \times 1$。对式(9-6)求偏导，得

$$\begin{cases} \dfrac{\partial \boldsymbol{\Phi}}{\partial V_1} = 2V_1^T P_1 + 2\boldsymbol{\lambda}^T = 0 \\[2mm] \dfrac{\partial \boldsymbol{\Phi}}{\partial V_A} = 2V_A^T P_A - 2\boldsymbol{\lambda}^T (X^T \otimes I_n) = 0 \\[2mm] \dfrac{\partial \boldsymbol{\Phi}}{\partial \boldsymbol{\lambda}} = 2(L_1 + V_1 - AX - E_A X) = 0 \\[2mm] \dfrac{\partial \boldsymbol{\Phi}}{\partial X} = -2\boldsymbol{\lambda}^T (A + E_A) = 0 \end{cases} \tag{9-7}$$

式中：$\otimes$为克罗内克（Kronecker）积。由式（9-7）的方程组联立，可得

$$\boldsymbol{\lambda} = (\boldsymbol{P}_1^{-1} + (\boldsymbol{X}^{\mathrm{T}} \otimes \boldsymbol{I}_n) \boldsymbol{P}_{\mathrm{A}}^{-1} (\boldsymbol{X} \otimes \boldsymbol{I}_n))^{-1} (\boldsymbol{L}_1 - \boldsymbol{A}\boldsymbol{X}) \tag{9-8}$$

令

$$\begin{cases} \boldsymbol{P}_{\lambda} = (\boldsymbol{P}_1^{-1} + (\boldsymbol{X}^{\mathrm{T}} \otimes \boldsymbol{I}_n) \boldsymbol{P}_{\mathrm{A}}^{-1} (\boldsymbol{X} \otimes \boldsymbol{I}_n))^{-1} \\ \boldsymbol{l}_x = \boldsymbol{L}_1 - \boldsymbol{A}\boldsymbol{X} \end{cases} \tag{9-9}$$

得

$$\hat{\boldsymbol{X}} = (\boldsymbol{A}^{\mathrm{T}} \boldsymbol{P}_{\lambda} \boldsymbol{A} - \boldsymbol{l}_x^{\mathrm{T}} \boldsymbol{P}_{\lambda} \boldsymbol{P}_{\mathrm{A}}^{-1} \boldsymbol{P}_{\lambda}^{\mathrm{T}} \boldsymbol{l}_x \boldsymbol{I})^{-1} (\boldsymbol{A}^{\mathrm{T}} \boldsymbol{P}_{\lambda} \boldsymbol{L}_1) \tag{9-10}$$

式（9-10）等号两边都含有未知数 $\boldsymbol{X}$，因此需要迭代求解。求解时，首先利用最小二乘法求解未知数并赋初值，然后循环求解 $\boldsymbol{P}_{\lambda}$、$\boldsymbol{l}_x$ 和 $\hat{\boldsymbol{X}}$，直到 $\hat{\boldsymbol{X}}$ 满足阈值条件时停止迭代。

9.2 基于总体最小二乘法的有理函数模型光束法平差

有学者尝试将基于 EIV 模型的总体最小二乘法引入摄影测量领域，包括在三维坐标转换和空间后方交会等方面，都取得了不错的效果。但是，在有理函数模型的光束法平差中，像点观测方程的系数矩阵由地面点三维坐标的观测值构成，含随机误差，而对地面点三维坐标增设的虚拟观测方程中系数矩阵为单位矩阵，不含误差，此时传统的加权总体最小二乘法并不适用此模型。

对于 Gauss-Markov 模型的 RFM 光束法平差的误差方程，该误差方程仅考虑观测向量中的随机误差。如要顾及像点观测方程中系数矩阵的随机误差，误差方程可改写成

$$\begin{cases} \boldsymbol{V}_1 = (\boldsymbol{A} + \boldsymbol{E}_{\mathrm{A}}) \boldsymbol{X} - \boldsymbol{L}_1 \quad \boldsymbol{P}_1, \boldsymbol{P}_{\mathrm{A}} \\ \boldsymbol{V}_2 = \boldsymbol{B}\boldsymbol{X}_{\mathrm{G}} - \boldsymbol{L}_2 \boldsymbol{P}_2 \quad \boldsymbol{P}_2 \end{cases} \tag{9-11}$$

式中：$\boldsymbol{E}_{\mathrm{A}}$ 为系数矩阵中的误差；$\boldsymbol{P}_{\mathrm{A}}$ 为系数矩阵各分量的权矩阵。

此时误差方程中的误差包括像点观测误差、虚拟观测误差和像点误差方程系数矩阵误差，根据 Lagrange 条件极值原理，得到目标优化函数为

$$\begin{aligned} \min : \boldsymbol{\Phi} = &\boldsymbol{V}_1^{\mathrm{T}} \boldsymbol{P}_1 \boldsymbol{V}_1 + \boldsymbol{V}_{\mathrm{A}}^{\mathrm{T}} \boldsymbol{P}_{\mathrm{A}} \boldsymbol{V}_{\mathrm{A}} + \boldsymbol{V}_2^{\mathrm{T}} \boldsymbol{P}_2 \boldsymbol{V}_2 + 2\boldsymbol{\lambda}^{\mathrm{T}} (\boldsymbol{L}_1 + \boldsymbol{V}_1 - (\boldsymbol{A} + \boldsymbol{E}_{\mathrm{A}}) \boldsymbol{X}) \\ &+ 2\boldsymbol{\mu}^{\mathrm{T}} (\boldsymbol{L}_2 + \boldsymbol{V}_2 - \boldsymbol{B}\boldsymbol{X}) \end{aligned} \tag{9-12}$$

由 Kronecker 积的性质，可知

$$\boldsymbol{E}_{\mathrm{A}} \hat{\boldsymbol{X}} = (\boldsymbol{X}^{\mathrm{T}} \otimes \boldsymbol{I}_n) \boldsymbol{V}_{\mathrm{A}} \tag{9-13}$$

根据极值定理得到

$$\begin{cases} \dfrac{\partial \boldsymbol{\Phi}}{\partial \boldsymbol{V}_1} = 2\boldsymbol{V}_1^{\mathrm{T}}\boldsymbol{P}_1 + 2\boldsymbol{\lambda}^{\mathrm{T}} = \boldsymbol{0} \\[2mm] \dfrac{\partial \boldsymbol{\Phi}}{\partial \boldsymbol{V}_A} = 2\boldsymbol{V}_A^{\mathrm{T}}\boldsymbol{P}_A + 2\boldsymbol{\lambda}^{\mathrm{T}}(\hat{\boldsymbol{X}}^{\mathrm{T}}\bigotimes \boldsymbol{I}_n) = \boldsymbol{0} \\[2mm] \dfrac{\partial \boldsymbol{\Phi}}{\partial \boldsymbol{V}_2} = 2\boldsymbol{V}_2^{\mathrm{T}}\boldsymbol{P}_2 + 2\boldsymbol{\mu}^{\mathrm{T}} = \boldsymbol{0} \\[2mm] \dfrac{\partial \boldsymbol{\Phi}}{\partial \boldsymbol{\lambda}} = 2(\boldsymbol{L}_1 + \boldsymbol{V}_1 - \boldsymbol{A}\,\hat{\boldsymbol{X}} - \boldsymbol{E}_A \boldsymbol{X}) = \boldsymbol{0} \\[2mm] \dfrac{\partial \boldsymbol{\Phi}}{\partial \boldsymbol{\mu}_1} = 2(\boldsymbol{L}_2 + \boldsymbol{V}_2 - \boldsymbol{C}\,\hat{\boldsymbol{X}}) = \boldsymbol{0} \\[2mm] \dfrac{\partial \boldsymbol{\Phi}}{\partial \boldsymbol{X}} = -2\boldsymbol{\lambda}^{\mathrm{T}}(\boldsymbol{A} + \boldsymbol{E}_A) - 2\boldsymbol{\mu}^{\mathrm{T}}\boldsymbol{C} = \boldsymbol{0} \end{cases} \tag{9-14}$$

此时将系数矩阵 $\boldsymbol{A}$ 中的观测值视为独立等精度,其权矩阵可表示为 $\boldsymbol{P}_A = k\boldsymbol{I}$,其中 k 为正常数。同时,像点观测值为等权观测,其权矩阵可表示为 $\boldsymbol{P}_1 = (\sigma_0^2/\sigma_P^2)\boldsymbol{I}$,其中 σ_0^2 和 σ_P^2 分别为单位权方差和观测值方差,则未知数向量的计算公式为

$$\hat{\boldsymbol{X}} = (\boldsymbol{A}^{\mathrm{T}}\boldsymbol{A} + F(k)\boldsymbol{B}^{\mathrm{T}}\boldsymbol{P}_2\boldsymbol{B} - \boldsymbol{l}^{\mathrm{T}}\boldsymbol{l}/(kF(k))\boldsymbol{I})^{-1}(\boldsymbol{A}^{\mathrm{T}}\boldsymbol{L}_2 + F(k)\boldsymbol{B}^{\mathrm{T}}\boldsymbol{P}_2\boldsymbol{L}_2) \tag{9-15}$$

式中:$F(k) = \sigma_P^2/\sigma_0^2 + \boldsymbol{X}^{\mathrm{T}}\boldsymbol{X}/k$;$\boldsymbol{l} = \boldsymbol{L}_1 - \boldsymbol{A}\,\hat{\boldsymbol{X}}$。

实际计算中,应先用最小二乘法进行一次预平差,随后进行迭代求解。计算流程图如图 9-2 所示。

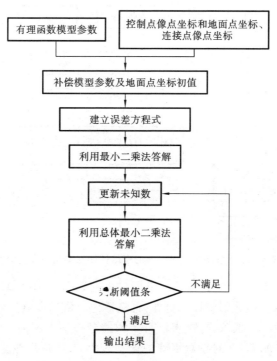

图 9-2　基于总体最小二乘法的有理函数模型区域网平差

9.3 基于总体最小二乘法的多源数据辅助定位方法

在多源数据辅助遥感影像几何定位方法中,由于所获取的辅助控制点被视为精度较低的控制点,也就是参与平差的辅助控制点的地面点三维坐标存在误差,由其所构建的像点观测方程的系数矩阵也含有误差。此时,引入总体最小二乘法可以使平差结果更加准确、合理。

基于总体最小二乘法的多源数据辅助定位方法,是在第8章多源数据辅助定位方法的基础上,用推导的适用于 RFM 光束法平差的总体最小二乘法替代传统最小二乘法进行计算的。将本书所提出的多源数据辅助定位方法和基于总体最小二乘法的 RFM 光束法平差方法结合起来,在不增加实测控制条件的情况下使几何定位结果取得更好的结果。

计算步骤与最小二乘平差法的相似,可分为辅助控制点的获取、高程基准转换和辅助控制点参与平差三个方面,其中,辅助控制点的获取与高程基准转换的方法没有变化,流程图可参考图 8-1,辅助控制点参与平差的流程图如图 9-3 所示。

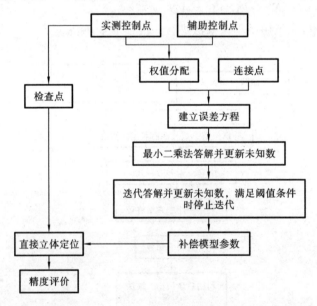

图 9-3 基于总体最小二乘法的辅助控制点参与平差的流程图

在辅助控制点参与定位时,与第8章所讨论的一样,需要考虑不同类型控制点的精度而对虚拟观测方程分别定权。另外,也应考虑 k 值的取值问题,即像点观测方程中系数矩阵的权值。一般来说,对于仅有实测控制点参与平差,k 值取 1 即可;而对于辅助控制点参与平差,此时系数矩阵中误差较大,k 值应取较小值,本书取 0.05 进行计算。

9.4　实验与分析

本节将对基于总体最小二乘法的多源数据辅助定位方法进行实验研究,实验分为两个方面,一方面是基于总体最小二乘法的 RFM 几何定位实验,即仅少量实测控制点参与、无辅助控制点参与定位;另一方面是基于总体最小二乘法的多源数据辅助定位实验,分别在无实测控制点或布设稀少实测控制点时,有辅助控制点参与定位。

9.4.1　基于 TLS 法的有理函数模型几何定位实验

基于总体最小二乘法的有理函数模型几何定位实验方案如表 9-1 所示,实验数据和实测控制点的布设方案与有理函数模型光束法平差实验相同,仅平差方法不同。

表 9-1　基于 TLS 法的有理函数模型几何定位实验方案

定位方法	实验方案	实测控制点数量/个	实测控制点分布	补偿模型
基于总体最小二乘法的 RFM 光束法平差	方案 A	1	▲	平移模型
	方案 B	4		仿射模型

1. IKONOS 卫星澳大利亚 Hobart 地区实验

IKONOS 卫星澳大利亚 Hobart 地区基于总体最小二乘法的多源数据辅助定位结果如表 9-2 所示,系统误差补偿模型参数如表 9-3 和表 9-4 所示,残差分布图如图 9-4 所示。

表 9-2　澳大利亚 Hobart 地区基于 TLS 法的光束法平差定位结果

实验方案	实测控制点数量/个	检查点数量/个	补偿模型	最大误差/m			中误差/m				
				X	Y	Z	X	Y	XY	Z	XYZ
方案 A	1	33	平移模型	1.910	2.118	3.907	0.788	0.626	1.006	1.187	1.556
方案 B	4	30	仿射模型	2.108	1.753	3.218	0.703	0.631	0.945	1.177	1.510

表 9-3　澳大利亚 Hobart 地区布设中心实测控制点时基于 TLS 法定位的补偿模型参数

实验方案	前视		下视		后视	
	e_0	f_0	e_0	f_0	e_0	f_0
方案 A	-3.194317	-3.543646	-2.949962	-3.898246	-0.426977	-1.793178

表 9-4　澳大利亚 Hobart 地区布设四角实测控制点时基于 TLS 法定位的补偿模型参数

实验方案	影像	e_0	e_1	e_2	f_0	f_1	f_2
	前视	-3.397307	0.000157	-0.000077	-3.101006	0.000115	-0.000133
方案 B	下视	-2.374891	0.000128	-0.000187	-3.476274	0.000124	-0.00014
	后视	0.209258	0.000039	-0.000061	-0.754658	0.000038	-0.00019

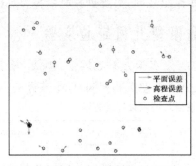

（a）布设中心实测控制点（1 GCP）

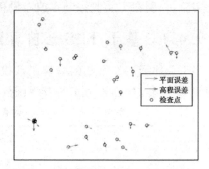

（b）布设四角实测控制点（4 GCP）

图 9-4　澳大利亚 Hobart 地区基于 TLS 法的光束法平差残差分布图（图中比例尺为 3 m）

2. 资源三号卫星法国 Sainte-Maxime 地区实验

资源三号法国 Sainte-Maxime 地区基于总体最小二乘法的多源数据辅助定位结果如表 9-5 所示，系统误差补偿模型参数如表 9-6 和表 9-7 所示，残差分布图如图 9-5 所示。

表 9-5　法国 Sainte-Maxime 地区基于 TLS 法的光束法平差定位结果

实验方案	实测控制点数量/个	检查点数量/个	补偿模型	最大误差/m			中误差/m				
				X	Y	Z	X	Y	XY	Z	XYZ
方案 A	1	11	平移模型	5.265	3.799	7.692	3.074	1.969	3.650	5.141	6.306
方案 B	4	10	仿射模型	4.070	3.177	8.598	1.938	1.680	2.564	4.082	4.821

表 9-6　法国 Sainte-Maxime 地区布设中心实测控制点时基于 TLS 法定位的补偿模型参数

实验方案	前视		下视		后视	
	e_0	f_0	e_0	f_0	e_0	f_0
方案 A	3.082626	1.883757	2.235133	5.442986	1.115873	4.320708

3. 天绘一号卫星河南登封地区实验

天绘一号卫星河南登封地区基于总体最小二乘法的多源数据辅助定位结果如表 9-8 所示，系统误差补偿模型参数如表 9-9 和表 9-10 所示，残差分布图如图 9-6 所示。

表 9-7　法国 Sainte-Maxime 地区布设中心实测控制点时基于 TLS 法定位的补偿模型参数

实验方案	影像	e_0	e_1	e_2	f_0	f_1	f_2
方案 B	前视	5.136804	−0.000117	−0.000093	1.308769	0.000057	0.000014
	下视	3.818118	−0.000016	0.000005	4.936412	0.000046	0.000000
	后视	1.179468	0.000092	0.000081	8.077565	0.000227	−0.00037

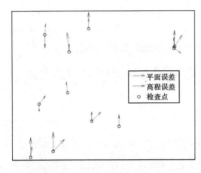
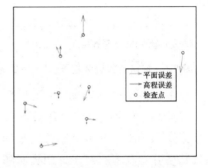

（a）布设中心实测控制点（1 GCP）　　　　（b）布设四角实测控制点（4 GCP）

图 9-5　法国 Sainte-Maxime 地区基于 TLS 法的光束法平差残差分布图（图中比例尺为 5 m）

表 9-8　河南登封地区基于 TLS 法的光束法平差定位结果

实验方案	实测控制点数量/个	检查点数量/个	补偿模型	最大误差/m			中误差/m				
				X	Y	Z	X	Y	XY	Z	XYZ
方案 A	1	29	平移模型	13.707	13.913	9.122	5.726	6.015	8.305	4.505	9.448
方案 B	4	26	仿射模型	15.226	8.801	12.032	5.165	3.523	6.252	4.144	7.501

表 9-9　河南登封地区布设中心实测控制点时基于 TLS 法定位的补偿模型参数

实验方案	前视		下视		后视	
	e_0	f_0	e_0	f_0	e_0	f_0
方案 A	−6.394384	−0.810494	−3.933065	−1.017499	−1.473044	−0.771610

表 9-10　河南登封地区布设中心实测控制点时基于 TLS 法定位的补偿模型参数

实验方案	影像	e_0	e_1	e_2	f_0	f_1	f_2
方案 B	前视	−6.307648	0.000014	−0.000096	0.506589	0.000131	−0.000293
	下视	−3.787148	−0.00004	−0.000078	0.355464	0.000071	−0.000231
	后视	−1.756824	−0.000095	−0.000054	0.410882	−0.000028	−0.000226

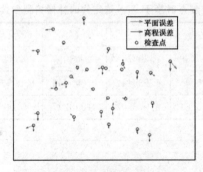

（a）布设中心实测控制点（1 GCP）

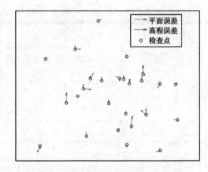

（b）布设四角实测控制点（4 GCP）

图 9-6　河南登封地区基于 TLS 法的光束法平差残差分布图（图中比例尺为 30 m）

从以上定位结果,可得出如下结论。

（1）当利用本书提出的总体最小二乘法进行定位时,相对于最小二乘法,资源三号卫星影像和天绘一号卫星影像的平面精度得到了小幅度的提升或与原精度相当,但高程精度并无改善。对于这两类影像,本书的总体最小二乘法使得定位结果更加合理,但由于实测控制点坐标观测值精度较高,存在的误差较小,因此对定位精度的提升并不明显。

（2）对于影像质量和分辨率较高 IKONOS 卫星影像,在使用本书方法后,平面和高程精度均无改善。对于该影像,使用最小二乘法已经可以取得很好的定位结果。总体最小二乘法虽在理论上更加合理,但实测控制点坐标观测值精度高,定位精度没有太大的提升空间。

9.4.2　基于 TLS 法的多源数据辅助定位实验

基于总体最小二乘法的多源数据辅助定位实验方案如表 9-11 所示,本实验数据和实测控制点的布设方案与表 8-17 多源数据辅助定位实验相同,仅平差方法不同。

表 9-11　基于 TLS 法的多源数据辅助定位实验方案

定位方法	实验方案	实测控制点数量/个	实测控制点分布
基于总体最小二乘法多源数据辅助 RFM 光束法平差	方案 C	0	无
	方案 D	1	▲
	方案 E	4	▲▲▲▲

1. IKONOS 卫星澳大利亚 Hobart 地区实验

IKONOS 卫星澳大利亚 Hobart 地区多源数据辅助定位结果如表 9-12 所示，系统误差补偿模型参数如表 9-13 至表 9-15 所示，残差分布图如图 9-7 所示。

表 9-12　澳大利亚 Hobart 地区基于 TLS 法的多源数据辅助定位结果

实验方案	实测控制点数量/个	检查点数量/个	补偿模型	辅助控制点	最大误差/m			中误差/m				
					X	Y	Z	X	Y	XY	Z	XYZ
方案 C	0	34	仿射模型	20 个 GE 点	5.419	2.903	3.130	3.414	1.464	3.715	0.998	3.846
方案 D	1	33	平移模型		1.900	2.081	4.062	0.783	0.614	0.995	1.082	1.470
方案 E	4	30	仿射模型		2.014	1.753	3.396	0.673	0.637	0.927	1.008	1.369

表 9-13　基于 TLS 法的无实测控制点时辅助控制点参与定位补偿模型参数

实验方案	影像	e_0	e_1	e_2	f_0	f_1	f_2
方案 C	前视	−6.040587	0.00011	−0.000126	−4.759778	0.00011	−0.000092
	下视	−5.195765	0.00004	−0.000161	−5.362237	0.000108	−0.000056
	后视	−3.136561	0.000011	−0.000062	−2.382396	0.000002	−0.000102

表 9-14　基于 TLS 法的布设中心实测控制点且 GE 点参与定位补偿模型参数

实验方案	前视		下视		后视	
	e_0	f_0	e_0	f_0	e_0	f_0
方案 D	−3.188383	−3.523829	−2.997782	−3.895284	−0.390788	−1.820021

表 9-15　基于 TLS 法的布设四角实测控制点且辅助控制点参与定位补偿模型参数

实验方案	影像	e_0	e_1	e_2	f_0	f_1	f_2
方案 E	前视	−3.844123	0.000154	−0.000017	−3.060483	0.000118	−0.000149
	下视	−2.06704	0.000062	−0.000155	−3.905895	0.000133	−0.0001
	后视	0.353376	0.000018	−0.000081	−0.368845	0.000013	−0.000206

2. 资源三号卫星法国 Sainte-Maxime 地区实验

资源三号法国 Sainte-Maxime 地区基于总体最小二乘法的多源数据辅助定位结果如表 9-16 所示，系统误差补偿模型参数如表 9-17 至表 9-19 所示，残差分布图如图 9-8 所示。

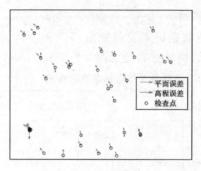

（a）无实测控制点仅GE点参与

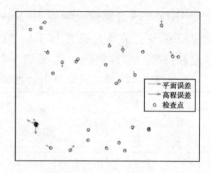

（b）布设中心实测控制点且GE点参与

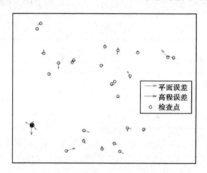

（c）布设四角实测控制点且GE点参与

图 9-7　澳大利亚 Hobart 地区基于 TLS 法的多源数据辅助
定位残差分布图（图中比例尺为 3 m）

表 9-16　法国 Sainte-Maxime 地区基于 TLS 法的多源数据辅助定位结果

实验方案	实测控制点数量/个	检查点数量/个	补偿模型	辅助控制点	最大误差/m			中误差/m				
					X	Y	Z	X	Y	XY	Z	XYZ
方案 C	0	12	仿射模型	12 个 GE 点	7.386	9.478	8.927	3.717	5.095	6.307	3.948	7.441
方案 D	1	11	平移模型		5.278	3.759	6.798	3.084	1.961	3.654	4.153	5.532
方案 E	4	8	仿射模型		4.366	3.604	8.663	2.017	1.767	2.682	3.937	4.764

表 9-17　基于 TLS 法的无实测控制点仅 GE 点参与定位补偿模型参数

实验方案	影像	e_0	e_1	e_2	f_0	f_1	f_2
方案 C	前视	7.268556	−0.000196	−0.000324	−1.833849	0.000113	0.000084
	下视	7.270838	−0.000134	−0.000249	0.172575	0.000095	0.000075
	后视	3.278077	−0.000065	−0.000137	5.188804	−0.000179	−0.000321

表 9-18　基于 TLS 法的布设中心实测控制点且 GE 点参与定位补偿模型参数

实验方案	前视		下视		后视	
	e_0	f_0	e_0	f_0	e_0	f_0
方案 D	2.957664	2.153754	2.252832	5.422396	1.214524	−4.058412

表 9-19　基于 TLS 法的布设四角实测控制点且 GE 点参与定位补偿模型参数

实验方案	影像	e_0	e_1	e_2	f_0	f_1	f_2
方案 E	前视	5.046874	−0.000103	−0.000087	0.851466	0.000089	0.000052
	下视	3.695076	−0.000011	0.000012	4.268875	0.000075	0.000039
	后视	1.122171	0.000089	0.000087	7.591829	−0.000193	−0.000327

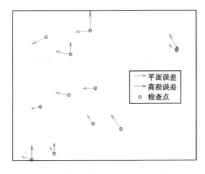

（a）无实测控制点仅GE点参与

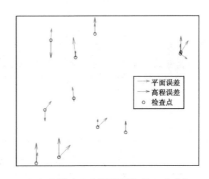

（b）布设中心实测控制点且GE点参与

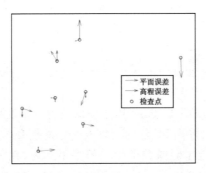

（c）布设四角实测控制点且GE点参与

**图 9-8　法国 Sainte-Maxime 地区基于 TLS 法的多源数据辅助
定位残差分布图（图中比例尺为 5 m）**

3. 天绘一号卫星河南登封地区实验

天绘一号卫星河南登封地区基于 TLS 法的多源数据辅助定位结果如表 9-20 所示，系统误差补偿模型参数如表 9-21 至表 9-23 所示，残差分布图如图 9-9 所示。

表 9-20 河南登封地区基于 TLS 法的多源数据辅助定位结果

实验方案	实测控制点数量/个	检查点数量/个	补偿模型	辅助控制点	最大误差/m			中误差/m				
					X	Y	Z	X	Y	XY	Z	XYZ
方案 C	0	30	仿射模型	10 个 GE 点	21.016	10.526	13.525	7.594	5.236	9.224	5.204	10.590
方案 D	1	29	平移模型		13.166	13.870	7.994	5.481	5.996	8.124	3.904	9.013
方案 E	4	26	仿射模型		15.157	8.818	11.129	5.063	3.525	6.169	3.874	7.285

表 9-21 基于 TLS 法的无实测控制点仅 GE 点参与定位补偿模型参数

实验方案	影像	e_0	e_1	e_2	f_0	f_1	f_2
方案 C	前视	−7.395726	−0.000101	0.000002	1.28922	−0.000028	−0.000383
	下视	−4.540263	−0.000037	−0.000102	0.888021	−0.000032	−0.000337
	后视	−1.812695	−0.000008	−0.00023	1.049367	−0.000079	−0.000321

表 9-22 基于 TLS 法的布设中心实测控制点且 GE 点参与定位补偿模型参数

实验方案	前视		下视		后视	
	e_0	f_0	e_0	f_0	e_0	f_0
方案 D	−6.398914	−0.836847	−4.003967	−1.021496	−1.704991	−0.808057

表 9-23 基于 TLS 法的布设四角实测控制点且 GE 点参与定位补偿模型参数

实验方案	影像	e_0	e_1	e_2	f_0	f_1	f_2
方案 E	前视	−6.558866	0.000025	−0.000078	0.506627	0.000129	−0.000293
	下视	−3.994025	−0.000019	−0.000071	0.331271	0.000073	−0.00023
	后视	−1.903839	−0.000064	−0.000063	0.392006	0.000031	−0.000224

从以上定位结果,可得出如下结论。

(1) 对于多源数据辅助定位方法,由于辅助控制点精度相对较低,含有的误差相对较大,因此使用 TLS 法替代 LS 法对精度有一定的提升作用。

(2) 对于 IKONOS 卫星影像和资源三号卫星影像,在无实测控制点的方案中,仅精度较低的辅助控制点参与定位时,采用 TLS 法后定位精度有一定的提升,但布设实测控制点后,影像误差已经得到了很好的控制,TLS 法对定位结果的改善效果并不明显;对于天绘一号卫星影像,辅助控制点与实测控制点的精度差异相对较小,在无实测控制点和布设少量控制点的方案中采用 TLS 法时精度均有略微提升。

(3) 相较于 LS 法的定位结果,使用 TLS 法在理论上更加合理,虽然对定位精度提升的效果有限,但在一定程度上改善了定位结果,可见,这方面还存在很大的研究空间。

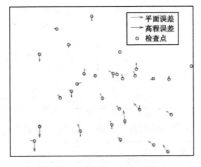

（a）无实测控制点仅GE点参与

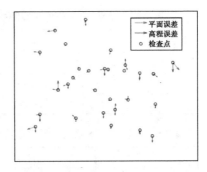

（b）布设中心实测控制点且GE点参与

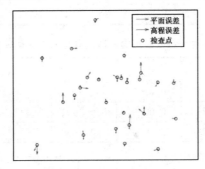

（c）布设四角实测控制点且GE点参与

图 9-9　河南登封地区多源数据辅助定位残差分布图（图中比例尺为 30 m）

9.4.3　基于 TLS 法的小区域基准影像辅助大幅宽遥感影像几何定位实验

对于大幅宽的资源三号和天绘一号卫星影像，尝试使用小范围的基准影像辅助定位，取得了不错的效果，因此本节将进一步研究基于总体最小二乘法的小区域基准影像数据对大幅宽遥感影像几何定位结果改善的效果。实验方案如表 9-11 所示。

1. 资源三号卫星法国 Sainte-Maxime 地区实验

资源三号卫星法国 Sainte-Maxime 地区基于总体最小二乘法的多源数据辅助定位结果如表 9-24 所示，系统误差补偿模型参数如表 9-25 至表 9-27 所示，残差分布图如图 9-10 所示。

表 9-24　法国 Sainte-Maxime 地区基于 TLS 法的多源数据辅助定位结果

实验方案	实测控制点数量/个	检查点数量/个	补偿模型	辅助控制点	最大误差/m			中误差/m				
					X	Y	Z	X	Y	XY	Z	XYZ
方案 C	0	12	仿射模型	20 个 GE 点	6.196	9.788	13.015	3.544	7.136	7.968	5.786	9.847
方案 D	1	11	平移模型		5.278	3.455	9.476	3.077	1.857	3.594	4.209	5.535
方案 E	4	8	仿射模型		4.083	3.185	5.612	1.942	1.682	2.569	3.554	4.386

表 9-25　基于 TLS 法的无实测控制点仅 GE 点参与定位补偿模型参数

实验方案	影像	e_0	e_1	e_2	f_0	f_1	f_2
	前视	4.731835	0.000022	-0.00013	-0.78882	0.00013	-0.000033
方案 C	下视	6.556699	0.000026	-0.000202	1.7162	0.000112	-0.000043
	后视	4.673903	0.000031	-0.000227	0.764687	0.000147	-0.000015

表 9-26　基于 TLS 法的布设中心实测控制点且 GE 点参与定位补偿模型参数

实验方案	前视		下视		后视	
	e_0	f_0	e_0	f_0	e_0	f_0
方案 D	2.614236	1.934734	2.216207	5.615919	1.752889	3.710083

表 9-27　基于 TLS 法的布设四角实测控制点且 GE 点参与定位补偿模型参数

实验方案	影像	e_0	e_1	e_2	f_0	f_1	f_2
	前视	4.317175	-0.000057	-0.00006	1.336468	0.000054	0.000014
方案 E	下视	3.818745	-0.000015	0.000001	4.941493	0.000045	-0.000001
	后视	2.00099	0.000029	0.000058	7.976352	-0.000219	-0.000368

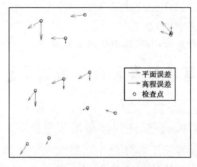

（a）无实测控制点仅GE点参与

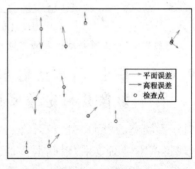

（b）布设中心实测控制点且GE点参与

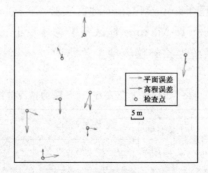

（c）布设四角实测控制点且GE点参与

图 9-10　法国 Sainte-Maxime 地区基于 TLS 法的多源数据辅助
定位残差分布图（图中比例尺为 5 m）

2. 天绘一号卫星河南登封地区实验

天绘一号卫星河南登封地区基于 TLS 法的多源数据辅助定位结果如表 9-28 所示,系统误差补偿模型参数如表 9-29 至表 9-31 所示,残差分布图如图 9-11 所示。

表 9-28　河南登封地区基于 TLS 法的多源数据辅助定位结果

实验方案	实测控制点数量/个	检查点数量/个	补偿模型	辅助控制点	最大误差/m			中误差/m				
					X	Y	Z	X	Y	XY	Z	XYZ
方案 C	0	12	仿射模型	17 个 GE 点	18.987	18.136	11.944	7.443	7.253	10.393	4.247	11.227
				20 个 WV 点	12.691	16.907	9.476	4.955	7.735	9.186	3.506	9.833
方案 D	1	11	平移模型	17 个 GE 点	12.470	12.498	11.668	5.060	5.353	7.366	4.066	8.414
				20 个 WV 点	13.682	13.862	9.347	5.723	5.993	8.287	3.539	9.011
方案 E	4	8	仿射模型	17 个 GE 点	15.225	8.766	11.032	5.167	3.526	6.255	3.877	7.359
				20 个 WV 点	15.225	8.878	8.813	5.164	3.533	6.256	3.660	7.248

表 9-29　基于 TLS 法的无实测控制点仅 GE 点参与定位补偿模型参数

实验方案	辅助控制点	前视		下视		后视	
		e_0	f_0	e_0	f_0	e_0	f_0
方案 C	17 个 GE 点	−7.785018	0.371006	−5.815529	0.14687	−3.896247	0.370649
	20 个 WV 点	−6.415933	−1.476918	4.220551	−1.710772	−2.020108	−1.470135

表 9-30　基于 TLS 法的布设中心实测控制点且 GE 点参与定位补偿模型参数

实验方案	辅助控制点	前视		下视		后视	
		e_0	f_0	e_0	f_0	e_0	f_0
方案 D	17 个 GE 点	−6.341229	−0.494706	−4.350542	−0.71906	−2.395287	−0.483601
	20 个 WV 点	−6.136601	−0.812307	−3.938222	−1.034759	−1.72092	−0.796686

表 9-31　基于 TLS 法的布设四角实测控制点且 GE 点参与定位补偿模型参数

实验方案	辅助控制点	影像	e_0	e_1	e_2	f_0	f_1	f_2
方案 E	17 个 GE 点	前视	−6.401508	0.000012	−0.000077	0.544261	0.000089	−0.000265
		下视	−3.823772	−0.00004	−0.000094	0.3338	0.000074	−0.000253
		后视	−1.62040	−0.000094	−0.000056	0.370921	0.000068	−0.000229
	20 个 WV 点	前视	−6.647499	0.000009	−0.000055	0.647949	0.000075	−0.000266
		下视	−3.839042	−0.000044	−0.000093	0.426498	0.000064	−0.000255
		后视	−1.447818	−0.000079	−0.000077	0.509826	0.000055	−0.000235

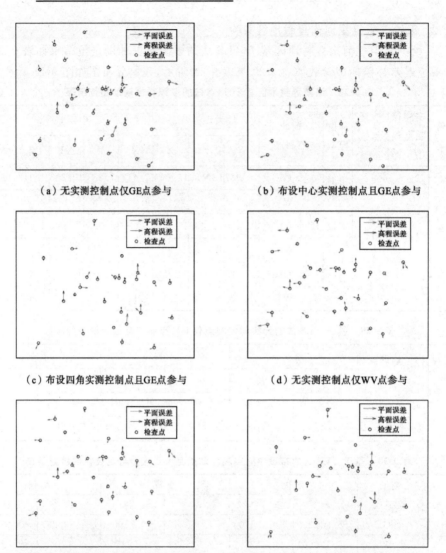

（a）无实测控制点仅GE点参与　　　　　　（b）布设中心实测控制点且GE点参与

（c）布设四角实测控制点且GE点参与　　　　　（d）无实测控制点仅WV点参与

（e）布设中心实测控制点且WV点参与　　　（f）布设四角实测控制点且WV点参与

图 9-11　河南登封地区基于 TLS 法的多源数据辅助定位残差分布图（图中比例尺为 30 m）

从以上定位结果，可得出如下结论。

（1）对于资源三号卫星影像，相较于表 8-22 的 LS 法，采用 TLS 法使得平面精度有一定的提升，但高程精度并无改善。对于影像质量和分辨率较低的天绘一号卫星影像，在无实测控制点时，采用 TLS 法与表 8-26 的定位精度相当，无明显改善；在布设少量控制点时，采用 TLS 法后定位精度有略微提升。

（2）从实验结果也可以看出，本书的 TLS 法对定位结果有一定的改善作用，但对定位精度提升效果有限，还有潜力可以挖掘。

9.5　本章小结

考虑到光束法平差时误差方程中像点观测方程的系数矩阵也含有随机误差的情况,本书提出了利用总体最小二乘法替代传统最小二乘法参与光束法平差。首先介绍了一般总体最小二乘法的基本概念,随后推导出用于有理函数模型光束法平差的总体最小二乘法,并提出基于总体最小二乘法的多源数据辅助定位方法。在三个实验地区进行实验后,得到以下主要结论。

(1) 在有理函数模型光束法平差中,由于实测控制点坐标精度高、含有的误差小,本书提出的 TLS 法对定位结果的改善效果有限:对于影像质量和分辨率较低的遥感影像,实测控制点的刺点精度相对更低,因此 TLS 法对定位精度有小幅度的改善;而对于影像质量和分辨率较高的遥感影像,实测控制点精度很高,TLS 法对定位结果并无改善。

(2) 在多源数据辅助定位中,无实测控制点参与的情况下,对于影像质量和分辨率较高的遥感影像,平差过程中辅助控制点含有的误差对定位结果的影响较大,此时本书提出的 TLS 法对定位精度改善的效果更明显;在布设少量实测控制点后,影像质量和分辨率较高的遥感影像已经得到了很好的控制,此时本书的 TLS 法对这类影像定位精度提升的效果减弱,而对于影像质量和分辨率较低的遥感影像,相对而言实测控制点的刺点精度有限,存在误差,定位结果还有一定提升空间,此时本书的 TLS 法对定位结果改善的效果更明显。

(3) 针对小区域基准影像辅助大幅宽遥感影像定位的情况,总体来看,TLS 法对定位结果有一定的改善,但与 LS 法精度相当,说明对于分布不太合理的辅助控制点,使用本书 TLS 法可以使得定位结果更加合理,但对定位精度提升的效果并不明显。

(4) 不同于严格成像几何模型中总体最小二乘法对几何定位精度明显的提升(1 m左右),本书在基于有理函数模型的光束法平差中使用该方法后,定位精度提升效果没有这么明显。这种情况可能是因为严格成像几何模型求解未知数时外方位元素参数的微小变化便可引起地面上米数量级的差异,而本书求解的未知数是系统误差补偿模型参数,当参数变化范围较小时,其对定位结果并无太大影响。

本章将总体最小二乘法用于有理函数模型的光束法平差中,初步提出基于总体最小二乘法的多源数据辅助定位方法,实验证明方法可行、有效,但对定位精度提升的效果有限,方法处于探索阶段,还存在着很大的研究空间。

第10章 结论与展望

10.1 研究结论

随着航空航天技术、计算机技术、传感器技术和信息处理技术的不断进步,现代卫星遥感技术得到了前所未有的发展,高分辨率对地观测系统已成为获取地理空间信息的重要手段。本书针对光学遥感影像高精度对地定位中涉及的成像几何模型的系统误差改正、线阵传感器的外方位元素建模、摄影测量参数的在轨几何定标、星历姿态数据辅助条件下的光束法平差等关键问题进行了系统、深入的研究,形成了一套处理光学遥感影像较完备的理论体系与技术方法。本书完成的主要工作和取得的研究成果如下。

(1)深入阐述了当前光学遥感影像数据处理中面临的主要问题,综合分析了本书研究的背景与意义,重点整理并归纳了遥感卫星成像几何模型、基于模拟数据的分析及卫星影像的系统误差改正、影像定向参数间相关性问题及克服方法、在轨几何定标及光束法区域网平差等关键几何处理方法及其国内外研究现状。

(2)建立了光学遥感影像的成像几何模型。根据不同类型传感器的特点,详细介绍了成像几何模型中涉及的各类坐标系及各坐标系之间的相互转换关系,为成像几何模型的建立奠定基础。针对姿态辅助数据存在较大的系统误差而导致影像的直接立体定位精度较差这一问题,构建了光学遥感影像的姿态系统误差检校模型,实验表明该方法能够有效提升卫星影像的直接立体定位精度。

(3)针对星上定轨和定姿设备的观测误差主要为系统性误差这一特点,建立了较为合理的、用于描述传感器位置和姿态变化特征的外方位元素模型。通过对卫星成像几何模型中旋转变换的预处理,将姿态辅助数据转换为外方位元素角元素,为传感器内部参数标定和光束法平差奠定了理论基础。

(4)建立了摄影测量参数的在轨几何定标模型,提出了一种利用常数模型和多项式模型对内部参数进行分段标定的方法;建立了传感器外部参数标定模型,将影响卫星影像定位精度的诸多因素归结为一个正交旋转矩阵,用于补偿成像过程中外部因素引起的定位误差。针对不同的几何定标方法分别进行了实验验证与分析,实验结果表明:对于SPOT5 HRS传感器,由于其经过全球地面检校场的几何定标,因此其直接立体定位精度较高,不同的几何定标方法均能有效地消除成像几何模型中的系统误差,最终的对地定位精度基本相当;对于天绘一号卫星三线阵传感器,采用低阶多项式模型或定向片模型描述其外方位元素变化,并按照先标定内部参数后标定外部参数方法进行几何定标是较为合适的;对于资源三号卫星三线阵传感器,由于其外部系统误差较为明显,可以首先利用适量地面控制点标定传感器外部参数,然后再对内部参数进行标定,可以取得较为理想的影像定位精度。

(5) 建立了不同外方位模型描述的光束法平差模型和自检校光束法平差模型,对平差过程中各未知参数相关性的克服给出对应的解决方案和定权策略。将几何定标参数引入光束法平差模型,SPOT5 HRS 影像实验,表明低阶多项式模型能够有效并合理地描述其外方位变化特征,同时验证了在利用分段多项式模型进行光束法平差时,轨道分段连接处考虑连续光滑约束条件的必要性;天绘一号卫星三线阵影像实验,表明定向片模型较为适合描述其外方位变化特征,并验证了在利用定向片模型进行光束法平差时,轨道分段连接处考虑二阶差分为零这一条件的必要性;资源三号卫星三线阵影像实验,表明标定后的光束法平差结果明显优于直接利用辅助数据进行光束法平差的结果,简化的低阶多项式模型和低阶多项式模型均能够合理地描述其外方位变化特征。三种类型传感器的实验综合表明,本书算法能够有效配赋平差中的偶然误差和消除平差中的残留系统误差,验证了本书光束法平差模型的正确性和几何定标算法的有效性。

(6) 详细分析了有理函数模型的建立,提出了利用立体影像匹配生成连接点的地形相关方案用于构建有理函数模型的方法,并结合地形无关方案构建有理函数模型的方法,进行了详细分析,比较了各自的优缺点;介绍了有理多项式系数的求解方法;建立了基于多传感器的直接立体定位模型和区域网平差模型;通过几何定标参数的引入,分别针对两种控制方案建立有理函数模型,并利用实测地面控制点统计各方案下的有理函数模型的定位精度,表明两种控制方案均能明显提高卫星影像无地面控制点直接立体定位精度;利用天绘一号卫星提供的 RPC 产品,进行直接对地定位实验和区域网平差实验,结果表明天绘一号卫星三线阵影像具有较高的定位精度潜力。

(7) 提出多源数据辅助光学线阵遥感影像几何定位方法,利用基准影像数据和DEM 数据获取辅助控制点作为精度较低的控制点参与有理函数模型光束法平差,以实现在实测控制数据不足的情况下提高几何定位精度。利用不同质量和分辨率的遥感影像,分别对无实测控制点布设和少量实测控制点的方案进行实验,结果表明方法可行、有效,尤其对影像质量和分辨率较低的遥感影像效果明显。

(8) 针对大幅宽遥感影像,为避免多源数据数据量和计算量过大的问题,提出利用小区域基准影像数据辅助定位的方法,实验结果表明,该方法能取得与大区域多源数据辅助定位精度相当的结果。

(9) 针对传统最小二乘平差法无法处理系数矩阵含有随机误差的问题,在有理函数模型光束法平差中引入总体最小二乘法,建立相应误差方程并推导解算方法,并应用于多源数据辅助定位。实验结果表明,该方法使得定位结果更加合理,为遥感影像精确定位提供了新的思路,但对定位精度的提升效果有限,相关理论还处于探索与起步阶段。

10.2 展 望

本书旨在通过对光学遥感影像高精度对地定位中所涉及的关键技术的深入研究,为国产遥感卫星对地观测数据的处理与应用提供相关理论和技术参考。但由于作者学术水平及精力有限,实验数据不够充分,一些问题还有待进一步深入分析和研究,主要问题如下。

(1)摄影测量参数在轨几何定标算法有待进一步研究。鉴于内部参数和外部参数的相关性,本书将其分开进行标定,因此研究内外参数的整体标定方案是下一步有待解决的问题之一。此外,由于本书实测地面控制点数量有限,在标定参数的建模方面考虑的情况不是很全面,下一步将研究成像区域的正射影像生成,并通过匹配生成大量具有可靠精度的地面控制点,建立并答解更为精确的内部参数误差模型,在计算效率和算法优化上进行深入研究。

(2)多线阵影像的平差实验有待进一步深入。由于实验数据有限,本书对各类卫星影像的光束法平差实验不是特别充分,得出的相关实验结论的可靠性和适用性有待进一步验证。下一步将采用多源的、多地区的影像数据进行全面、系统实验,从而得到更加具有指导意义的结论。

(3)各类观测值权的确定有待进一步深入研究。权的成功给定是进行线阵卫星光束法平差的重要环节,本书采用的验前估权依据参数观测精度估算得出,而验后定权的确定一定程度上依赖于验前估权,因此,需要进一步研究和探索更为合理的定权方法。

(4)多源数据辅助定位时,在获取辅助控制点的过程中可能会出现粗差,如何在定位过程中发现、剔除粗差以提高定位结果的可靠性,也是值得研究的问题之一。本书提出的总体最小二乘法用于有理函数模型光束法平差时,对定位结果的改善效果有限,对不同质量和分辨率影像和控制点方案的适应性较差,因此这一部分的研究只得到了初步的结论,还有很大的研究余地。

参 考 文 献

[1] 朱红,刘维佳,张爱兵. 光学遥感立体测绘技术综述及发展趋势[J]. 现代雷达,2014,36(06):6-12.

[2] 周平,唐新明,曹宁,等.SRTM 约束的无地面控制立体影像区域网平差[J].测绘学报,2016,45(11):1318-1327.

[3] 郑琳,陈鹰,林怡.SPOT 影像的 RPC 模型纠正[J].测绘与空间地理信息,2007,30(02):16-19.

[4] 张祖勋,张永军.利用国产卫星影像构建我国地理空间信息[J].测绘地理信息,2012,37(05):7-9.

[5] 张祖勋,张剑清.数字摄影测量学[M].武汉:武汉大学出版社,2012.

[6] 张永生,刘军.高分辨率遥感卫星立体影像 RPC 模型定位的算法及其优化[J].测绘工程,2004,13(01):1-4.

[7] 张永生,刘军,巩丹超,等.高分辨率遥感卫星应用——成像模型、处理算法及应用技术[M].2 版.北京:科学出版社,2017.

[8] 张永军,王蕾,鲁一慧.卫星遥感影像有理函数模型优化方法[J].测绘学报,2011,40(06):756-761.

[9] 张永军,郑茂腾,王新义,等."天绘一号"卫星三线阵影像条带式区域网平差[J].遥感学报,2012,16(S1):84-89.

[10] 张永军,张勇.SPOT 5 HRS 立体影像无(稀少)控制绝对定位技术研究[J].武汉大学学报(信息科学版),2006,31(11):941-944.

[11] 张力,张继贤,陈向阳,等.基于有理多项式模型 RFM 的稀少控制 SPOT-5 卫星影像区域网平差[J].测绘学报,2009,38(04):302-310.

[12] 张剑清,张勇,程莹.基于新模型的高分辨率遥感影像光束法区域网平差[J].武汉大学学报(信息科学版),2005,30(08):659-663.

[13] 张浩,张过,蒋永华,等.以 SRTM-DEM 为控制的光学卫星遥感立体影像正射纠正[J].测绘学报,2016,45(03):326-331,378.

[14] 张过.缺少控制点的高分辨率卫星遥感影像几何纠正[D].武汉:武汉大学,2005.

[15] 张过,袁修孝,李德仁.基于偏置矩阵的卫星遥感影像系统误差补偿[J].辽宁工程技术大学学报,2007,26(04):517-519.

[16] 张过,汪韬阳,李德仁,等.轨道约束的资源三号标准景影像区域网平差[J].测

绘学报,2014,43(11):1158-1164,1173.

[17] 张过,潘红播,唐新明,等.资源三号测绘卫星长条带产品区域网平差[J].武汉大学学报(信息科学版),2014,39(09):1098-1102.

[18] 张过,厉芳婷,江万寿,等.推扫式光学卫星影像系统几何校正产品的 3 维几何模型及定向算法研究[J].测绘学报,2010,39(01):34-38.

[19] 张过,李德仁.卫星遥感影像 RPC 参数求解算法研究[J].中国图象图形学报,2007,12(12):2080-2088.

[20] 张朝忙,刘庆生,刘高焕,等.中国地区 SRTM3 DEM 高程精度质量评价[J].测绘工程,2014,23(04):14-19.

[21] 岳庆兴,马福诚,邱振戈,等.SPOT 影像光束法平差复共线性消除[J].海洋测绘,2008,28(02):17-20.

[22] 袁修孝,曹金山.一种基于复共线性分析的 RPC 参数优选法[J].武汉大学学报(信息科学版),2011,36(06):665-669.

[23] 袁修孝.GPS 辅助光束法平差中观测值的自动定权[J].武汉测绘科技大学学报,1999,24(02):115-118.

[24] 袁修孝,张过.缺少控制点的卫星遥感对地目标定位[J].武汉大学学报(信息科学版),2003,28(05):505-509.

[25] 袁修孝,余翔.高分辨率卫星遥感影像姿态角系统误差检校[J].测绘学报,2012,41(03):385-392.

[26] 袁修孝,余俊鹏.高分辨率卫星遥感影像的姿态角常差检校[J].测绘学报,2008,37(01):36-41.

[27] 袁修孝,汪韬阳.CBERS-02B 卫星遥感影像的区域网平差[J].遥感学报,2012,16(02):310-324.

[28] 袁修孝,林先勇.基于岭估计的有理数多项式参数求解方法[J].武汉大学学报(信息科学版),2008,33(11):1130-1133.

[29] 袁修孝,曹金山,等.高分辨率卫星遥感精确对地目标定位理论与方法[M].北京:科学出版社,2012.

[30] 袁修孝,曹金山,姚娜.顾及扫描侧视角变化的高分辨率卫星遥感影像严格几何模型[J].测绘学报,2009,38(02):120-124.

[31] 袁庆,楼立志,陈玮娴.加权总体最小二乘在三维基准转换中的应用[J].测绘学报,2011,40(S1):115-119.

[32] 宇超群.线阵 CCD 卫星遥感影像成像模型及算法研究[D].郑州:解放军信息工程大学,2005.

[33] 余俊鹏.基于先验求权的虚拟观测值法及其在线阵影像定向中的应用[J].测绘科学,2009,34(03):124-126.

[34] 余俊鹏.高分辨率卫星遥感影像的精确几何定位[D].武汉:武汉大学,2009.

[35] 余俊鹏,孙世君.测绘相机内方位元素在对地定位中的误差传播[J].航天返回与遥感,2010,31(02):16-22.

[36] 余俊鹏,孙世君,毛建杰.卫星遥感影像外方位元素的误差传播研究[J].航天返回与遥感,2011,32(01):18-22.

[37] 余俊鹏,高卫军,孙世君,等.三线阵相机体系定向模型研究[J].航天返回与遥感,2013,34(01):44-51.

[38] 余岸竹.高分辨率遥感影像几何定位精度提升技术研究[D].郑州:战略支援部队信息工程大学,2017.

[39] 余岸竹,姜挺,龚辉,等.线阵卫星遥感影像外方位元素对偶四元数求解法[J].测绘学报,2016,45(02):186-193.

[40] 余岸竹,姜挺,郭文月,等.总体最小二乘用于线阵卫星遥感影像光束法平差解算[J].测绘学报,2016,45(04):442-449,457.

[41] 燕琴,张继贤.SPOT5 Dimap 文件解析及在影像纠正中的应用[J].遥感信息,2005(05):12-15.

[42] 燕琴,张继贤,邱志成,等.SPOT5 卫星影像测绘能力分析[J].测绘科学,2005,30(04):97-99,8.

[43] 闫利,聂倩,赵展.基于视线向量修正的 SPOT-5 立体影像定位方法[J].测绘通报,2010(01):4-7.

[44] 闫利,姜芸,王军.利用视线向量的资源三号卫星影像严格几何处理模型[J].武汉大学学报(信息科学版),2013,38(12):1451-1455.

[45] 徐文,龙小祥,喻文勇,等."资源三号"卫星三线阵影像几何质量分析[J].航天返回与遥感,2012,33(03):55-64.

[46] 许妙忠,尹粟,黄小波.高分辨率卫星影像几何精度真实性检验方法[J].测绘科学技术学报,2012,29(04):244-248.

[47] 徐丽萍.SPOT-5 卫星系统性能概述[J].航天返回与遥感,2002,23(04):9-13.

[48] 徐建艳,侯明辉,于晋,等.利用偏移矩阵提高 CBERS 图像预处理几何定位精度的方法研究[J].航天返回与遥感,2004,25(04):25-29.

[49] 王振杰.测量中不适定问题的正则化解法[M].北京:科学出版社,2006.

[50] 王振杰,欧吉坤.用 L-曲线法确定岭估计中的岭参数[J].武汉大学学报(信息科学版),2004,29(03):235-238.

[51] 王振杰,欧吉坤,柳林涛.一种解算病态问题的方法——两步解法[J].武汉大学学报(信息科学版),2005,30(09):821-824.

[52] 王涛.线阵 CCD 传感器试验场几何定标的理论与方法研究[D].郑州:解放军信息工程大学,2012.

[53] 王涛,张艳,张永生,等.高分辨率遥感卫星传感器严格成像模型的建立及验证[J].遥感学报,2013,17(05):1087-1102.

[54] 王涛,张艳,徐青,等.线阵推扫式影像外定向的一种新算法[J].测绘学报,2005,34(01):35-39.

[55] 王任享.利用模拟卫星摄影测量数据按 EFP 法光束法平差与直接前方交会计算高程的精度比较[J].武汉大学学报(信息科学版),2001,26(06):487-490.

[56] 王任享.我国无地面控制点摄影测量卫星相机[J].航天返回与遥感,2008,29(03):6-9,32.

[57] 王任享.卫星摄影三线阵 CCD 影像的 EFP 法空中三角测量(一)[J].测绘科学,2001,26(04):1-5.

[58] 王任享.卫星摄影三线阵 CCD 影像的 EFP 法空中三角测量(二)[J].测绘科学,2002,27(01):1-7.

[59] 王任享.卫星三线阵 CCD 影像光束法平差研究[J].武汉大学学报(信息科学版),2003,28(04):379-385.

[60] 王任享.天绘一号卫星无地面控制点摄影测量关键技术及其发展历程[J].测绘科学,2013,38(01):5-7,43.

[61] 王任享.三线阵 CCD 影像卫星摄影测量原理[M].北京:测绘出版社,2006.

[62] 王任享.利用卫星三线阵 CCD 影像进行光束法平差的数字模拟实验研究[J].武汉测绘科技大学学报,1998,23(04):304-309.

[63] 王任享.利用模拟卫星摄影测量数据按 EFP 法光束法平差与直接前方交会计算高程的精度比较[J].武汉大学学报(信息科学版),2001,26(06):487-490.

[64] 王任享,王建荣.无地面控制点卫星摄影测量探讨[J].测绘科学,2015,40(02):3-12.

[65] 王任享,王建荣,胡莘.LMCCD 相机影像摄影测量首次实践[J].测绘学报,2014,43(03):221-225.

[66] 王任享,王建荣,胡莘.EFP 全三线交会光束法平差[J].武汉大学学报(信息科学版),2014,39(07):757-761.

[67] 王任享,王建荣,胡莘.在轨卫星无地面控制点摄影测量探讨[J].武汉大学学报(信息科学版),2011,36(11):1261-1264.

[68] 王任享,王建荣,胡莘.天绘一号 03 星定位精度初步评估[J].测绘学报,2016,45(10):1135-1139.

[69] 王任享,胡莘.无地面控制点卫星摄影测量的技术难点[J].测绘科学,2004,29(03):3-5.

[70] 王任享,胡莘,杨俊峰,等.卫星摄影测量 LMCCD 相机的建议[J].测绘学报,2004,33(02):116-120.

[71] 王任享,胡莘,王建荣.天绘一号无地面控制点摄影测量[J].测绘学报,2013,42(01):1-5.

[72] 王任享,王建荣,赵斐,等.利用地面控制点进行卫星摄影三线阵CCD相机的动态检测[J].地球科学与环境学报,2006,28(02):1-5.

[73] 王乐洋,于冬冬.病态总体最小二乘问题的虚拟观测解法[J].测绘学报,2014,43(06):575-581.

[74] 王乐洋,许才军.总体最小二乘研究进展[J].武汉大学学报(信息科学版),2013,38(07):850-856,878.

[75] 王建荣,杨俊峰,李晶,等.航天画幅式相机内方位元素动态检测[J].测绘科学与工程,2009,29(01):63-65.

[76] 王建荣,杨俊峰,胡莘,等.空间后方交会在航天相机检定中的应用[J].测绘学院学报,2002,19(02):119-121,127.

[77] 王建荣,王任享,胡莘,等.三线阵CCD影像直接前方交会精度估算[J].测绘科学,2009,34(04):9-10,17.

[78] 王建荣,李晶,赵斐,等.三线阵CCD卫星影像的模拟[J].测绘科学与工程,2008,28(03):36-38.

[79] 王建荣,胡莘,巩丹超.有理函数模型建模精度探讨[J].测绘科学与工程,2012,32(02):10-13.

[80] 汪韬阳,张过,李德仁,等.资源三号测绘卫星影像平面和立体区域网平差比较[J].测绘学报,2014,43(04):389-395,403.

[81] 汪韬阳,张过,李德仁,等.卫星遥感影像的区域正射纠正[J].武汉大学学报(信息科学版),2014,39(07):838-842.

[82] 唐新明,周平,张过,等.资源三号测绘卫星传感器校正产品生产方法研究[J].武汉大学学报(信息科学版),2014,39(03):287-294,299.

[83] 唐新明,张过,祝小勇,等.资源三号测绘卫星三线阵成像几何模型构建与精度初步验证[J].测绘学报,2012,41(02):191-198.

[84] 唐新明,谢俊峰,张过.测绘卫星技术总体发展和状况[J].航天返回与遥感,2012,33(03):17-24.

[85] 隋立芬,宋力杰,柴洪洲.误差理论与测量平差基础[M].北京:测绘出版社,2003.

[86] 苏文博,唐新明,范大昭,等.线阵CCD卫星影像外方位元素求解的研究[J].测绘科学,2010,35(02):49-50.

[87] 邵巨良,王树根,李德仁.线阵列卫星传感器定向方法的研究[J].武汉测绘科技大学学报,2000,25(04):329-333.

[88] 邱志成.一种新的摄影测量误差分析方法[J].测绘科学,2004,29(03):10-13,

18,4.

[89] 秦绪文,张过.航天摄影测量[M].北京:测绘出版社,2013.

[90] 潘红播,张过,唐新明,等.资源三号测绘卫星影像产品精度分析与验证[J].测绘学报,2013,42(05):738-744,751.

[91] 潘雪琛,姜挺,余岸竹,等.总体最小二乘平差下的基准影像辅助国产卫星影像定位[J].测绘通报,2019,504(03):57-60.

[92] 潘雪琛.多源数据辅助线阵遥感影像定位技术研究[D].郑州:战略支援部队信息工程大学,2018.

[93] 潘雪琛,姜挺,余岸竹,等.Google Earth 辅助下的高分辨率遥感影像区域网平差[J].测绘科学技术学报,2017,34(06):622-627.

[94] 马友青,刘少创,魏士俨,等.加权总体最小二乘的地面解析摄影测量算法[J].武汉大学学报(信息科学版),2015,40(05):594-598.

[95] 刘军.高分辨率卫星CCD立体影像定位技术研究[D].郑州:解放军信息工程大学,2003.

[96] 刘军,王冬红,刘敬贤,等.利用RPC模型进行IKONOS影像的精确定位[J].测绘科学技术学报,2006,23(03):228-231,234.

[97] 刘军,张永生,王冬红.基于RPC模型的高分辨率卫星影像精确定位[J].测绘学报,2006,35(01):30-34.

[98] 刘军,王冬红,毛国苗.基于RPC模型的IKONOS卫星影像高精度立体定位[J].测绘通报,2004,327(09):1-3.

[99] 刘经南,曾文宪,徐培亮.整体最小二乘估计的研究进展[J].武汉大学学报(信息科学版),2013,38(05):505-512.

[100] 刘建辉,姜挺,李延杰,等.天绘一号卫星三线阵影像RPC模型定位精度验证与分析[J].测绘工程,2014,23(11):25-29.

[101] 刘建辉,贾博,姜挺,等.天绘一号卫星三线阵影像的RPC模型外推定位[J].测绘与空间地理信息,2013,36(09):20-21,25.

[102] 刘建辉,姜挺,江刚武,等.基于L曲线法和GCV法的有理多项式参数求解[J].测绘通报,2012(S1):330-333.

[103] 刘建辉,姜挺,江刚武,等.定向片模型描述的"天绘一号"卫星影像区域网平差[J].航天返回与遥感,2015,36(02):53-59.

[104] 刘建辉,姜挺,江刚武,等.天绘一号卫星影像自检校光束法区域网平差[J].测绘科学,2015,40(08):37-41.

[105] 刘建辉.光学遥感卫星影像高精度对地定位技术研究[D].郑州:解放军信息工程大学,2015.

[106] 刘建辉,姜挺,江刚武,等.定向片用于天绘一号卫星三线阵影像自检校光束法

平差[J].测绘科学技术学报,2015,32(04):390-394.

[107] 刘楚斌.高分辨率遥感卫星在轨几何定标关键技术研究[D].郑州:解放军信息工程大学,2012.

[108] 刘楚斌,张永生,范大昭,等.资源三号卫星三线阵影像自检校区域网平差[J].测绘学报,2014,43(10):1046-1050,1060.

[109] 刘楚斌,张永生,范大昭,等.高分辨率三线阵卫星遥感影像区域网平差算法与试验[J].测绘科学技术学报,2015,32(05):489-493.

[110] 刘楚斌,张永生,范大昭,等.资源三号卫星境外高精度定位方法研究[J].测绘通报,2015(09):6-8,27.

[111] 刘楚斌,范大昭,巫勇金,等.ALOS PRISM自检校光束法区域网平差[J].测绘科学技术学报,2012,29(03):196-199,203.

[112] 刘楚斌,范大昭,王涛,等.ALOS PRISM影像的姿态角常差检校[J].测绘科学技术学报,2011,28(04):278-282.

[113] 刘楚斌,范大昭,雷蓉,等.SRTM辅助下的RPC模型区域网平差[J].测绘与空间地理信息,2016,39(01):9-12.

[114] 刘斌,龚健雅,江万寿,等.基于岭参数的谱修正迭代法及其在有理多项式参数求解中的应用[J].武汉大学学报(信息科学版),2012,37(04):399-402.

[115] 李忠美,边少锋,瞿勇.多像空间前方交会的抗差总体最小二乘估计[J].测绘学报,2017,46(05):593-604.

[116] 李加元,胡庆武,艾明耀.以重心坐标为基准的空间后方交会非迭代法[J].测绘学报,2015,44(09):988-994,1013.

[117] 李德仁.我国第一颗民用三线阵立体测图卫星——资源三号测绘卫星[J].测绘学报,2012,41(03):317-322.

[118] 李德仁,张过,蒋永华,等.国产光学卫星影像几何精度研究[J].航天器工程,2016,25(01):1-9.

[119] 李德仁,张过,江万寿,等.缺少控制点的SPOT-5 HRS影像RPC模型区域网平差[J].武汉大学学报(信息科学版),2006,31(05):377-381.

[120] 李德仁,袁修孝.误差处理与可靠性理论[M].2版.武汉:武汉大学出版社,2012.

[121] 李德仁,王密."资源三号"卫星在轨几何定标及精度评估[J].航天返回与遥感,2012,33(03):1-6.

[122] 李德仁,童庆禧,李荣兴,等.高分辨率对地观测的若干前沿科学问题[J].中国科学:地球科学,2012,42(06):805-813.

[123] 李德仁,沈欣,马洪超,等.我国高分辨率对地观测系统的商业化运营势在必行[J].武汉大学学报(信息科学版),2014,39(04):386-389,434.

[124] 雷蓉.星载线阵传感器在轨几何定标的理论与算法研究[D].郑州:解放军信息工程大学,2011.

[125] 雷蓉,范大昭,刘楚斌,等.ALOS PRISM 影像直接定位的系统误差分析[J].测绘科学技术学报,2011,28(05):356-359,364.

[126] 蒋永华,张过,唐新明,等.资源三号测绘卫星三线阵影像高精度几何检校[J].测绘学报,2013,42(04):523-529,553.

[127] 姜挺,龚志辉,江刚武,等.基于三线阵航天遥感影像的 DEM 自动生成[J].测绘学院学报,2004,21(03):178-180,183.

[128] 江刚武.空间目标相对位置和姿态的抗差四元数估计[D].郑州:解放军信息工程大学,2009.

[129] 江刚武,王净,张锐.基于单位四元数的绝对定向直接解法[J].测绘科学技术学报,2007,24(03):193-195,199.

[130] 江刚武,姜挺,王勇,等.基于单位四元数的无初值依赖空间后方交会[J].测绘学报,2007,36(02):169-175.

[131] 贾博.星载集成传感器定向关键技术研究[D].郑州:解放军信息工程大学,2013.

[132] 姬渊.缺少控制点条件下 SPOT5 遥感影像定位技术研究[D].郑州:解放军信息工程大学,2008.

[133] 胡志刚,花向红.利用最优正则化方法确定 Tikhonov 正则化参数[J].测绘科学,2010,35(02):51-53.

[134] 胡文元.利用视线向量修正进行 SPOT-5 影像高精度立体定位[J].武汉大学学报(信息科学版),2010,35(06):733-737.

[135] 胡莘.天绘一号立体测绘卫星概观[J].测绘科学与工程,2013,33(04):1-4.

[136] 胡莘,曹喜滨.三线阵立体测绘卫星的测绘精度分析[J].哈尔滨工业大学学报,2008,40(05):695-699.

[137] 胡龙.基于有理函数模型的资源三号卫星影像对地目标定位试验[D].成都:西南交通大学,2016.

[138] 胡川,陈义.非线性整体最小平差迭代算法[J].测绘学报,2014,43(07):668-674,760.

[139] 郭海涛,张保明,归庆明.广义岭估计在解算单线阵 CCD 卫星影像外方位元素中的应用[J].武汉大学学报(信息科学版),2003,28(04):444-447.

[140] 龚循强,李志林.稳健加权总体最小二乘法[J].测绘学报,2014,43(09):888-894,901.

[141] 龚健雅.对地观测数据处理与分析研究进展[M].武汉:武汉大学出版社,2007.

[142] 龚辉.基于四元数的高分辨率卫星遥感影像定位理论与方法研究[D].郑州:解放军信息工程大学,2011.

[143] 龚辉,江刚武,姜挺,等.基于对偶四元数的绝对定向直接解法[J].测绘科学技术学报,2009,26(06):434-438.

[144] 甘田红,闫利.基于岭估计的三线阵 CCD 影像外方位元素去相关性方法研究[J].测绘通报,2007(03):19-22.

[145] 付勇,邹松柏,刘会安,等."天绘一号"01 星立体影像定位精度检测[J].遥感学报,2012,16(S1):94-97.

[146] 范大昭,刘楚斌,王涛,等.ALOS 卫星 PRISM 影像严格几何模型的构建与验证[J].测绘学报,2011,40(05):569-574,581.

[147] 范冲,王雪平.基于 TerraSAR-X 影像的光学遥感影像地理定位研究综述[J].测绘与空间地理信息,2014,37(08):1-4.

[148] 崔希璋,於宗俦,陶本藻,等.广义测量平差[M].武汉:武汉大学出版社,2009.

[149] 程春泉,邓喀中,张继贤,等.卫星影像定位方位元素相关性影响仿真[J].中国矿业大学学报,2009,38(04):487-493.

[150] 程春泉,邓喀中,孙钰珊,等.长条带卫星线阵影像区域网平差研究[J].测绘学报,2010,39(02):162-168.

[151] 谌一夫,张春玲,张慧,等.ZY-3 卫星的姿态和轨道模型研究[J].华中师范大学学报(自然科学版),2013,47(03):421-425,430.

[152] 谌一夫,刘璐,张春玲,等.ZY-3 卫星在轨几何标定方法[J].武汉大学学报(信息科学版),2013,38(05):557-560.

[153] 陈义,陆钰,郑波.总体最小二乘方法在空间后方交会中的应用[J].武汉大学学报(信息科学版),2008,33(12):1271-1274.

[154] 陈义,陆珏.以三维坐标转换为例解算稳健总体最小二乘方法[J].测绘学报,2012,41(05):715-722.

[155] 陈小卫,张保明,张同刚,等.公开 DEM 辅助无地面控制点国产卫星影像定位方法[J].测绘学报,2016,45(11):1361-1370,1383.

[156] 陈俊勇.中国现代大地基准——中国大地坐标系统 2000(CGCS 2000)及其框架[J].测绘学报,2008,37(03):269-271.

[157] 曹金山,袁修孝.利用虚拟格网系统误差补偿进行 RPC 参数精化[J].武汉大学学报(信息科学版),2011,36(02):185-189.

[158] 曹金山,袁修孝,龚健雅,等.资源三号卫星成像在轨几何定标的探元指向角法[J].测绘学报,2014,43(10):1039-1045.

[159] Yu A,Jiang T,Guo W,et al. Bias compensation for rational function model based on total least squares[J]. Photogrammetric Record,2017,32(157):

48-60.

[160] Xiong Z,Zhang Y. A generic method for RPC refinement using ground control information[J]. Photogrammetry and Remote Sensing,2009,75(09): 1083-1092.

[161] Westin T. Precision rectification of SPOT imagery[J]. Photogrammetric Enginerring and Remote Sensing,1990,56(02):247-253.

[162] Weser T,Rottensteiner F,Willneff J,et al. Development and testing of a generic sensor model for pushbroom satellite imagery[J]. Photogrammetric Record,2008,23(123):255-274.

[163] Huffel S V,Vaccaro R J,Markovsky I,et al. Total least squares and errors-in-variables modeling:analysis,algorithms and applications[J]. Signal Processing,2002,87(10):2281-2282.

[164] Toutin T. Review article:geometric processing of remote sensing images: models,algorithms and methods[J]. International Journal of Remote Sensing. 2004,25(10):1893-1924.

[165] Tong X H,Liu S J,Weng Q H. Bias-corrected rational polynomial coefficients for high accuracy geo-positioning of quickbird stereo imagery[J]. ISPRS Journal of Photogrammetry and Remote Sensing,2010,65:218-226.

[166] Tao C V,Hu Y. A comprehensive study of the rational function model for photogrammetric processing[J]. Photogrammetric Engineering and Remote Sensing,2001,67(12):1347-1357.

[167] Tao C V,Hu Y. 3D reconstruction methods based on the rational function model[J]. Photogrammetric Engineering and Remote Sensing,2002,68(07): 705-714.

[168] Tang X,Zhou P,Zhang G,et al. Verification of ZY-3 satellite imagery geometric accuracy without ground control points[J]. IEEE Geoscience and Remote Sensing Letters,2015,12(10):2100-2104.

[169] Tadono T,Shimada M,Murakami H,et al. Calibration of PRISM and AV-NIR-2 onbroad ALOS "Daichi"[J]. IEEE Transactions on Geoscience and Remote Sensing,2009,47(12):4042-4050.

[170] Rottensteiner F,Weser T,Lewis A,et al. A strip adjustment approach for precise georeferencing of ALOS optical imagery[J]. IEEE Transactions on Geoscience and Remote Sensing,2009,47(12):4083-4091.

[171] Robertson B C. Rigorous geometric modeling and correction of quickbird imagery[C]. Proceedings of International Geoscience and Remote Sensing Sym-

posium，Toulouse，France，2003：797-802.

[172] Radhadevi P V，Ramachdran R. Restitution of IRS-1C pan data using an orbit attitude model and minimum control[J]. ISPRS Journal of Photogrammetry and Remote Senesing，1998，53：262-271.

[173] Poli D. Modelling of spaceborne linear array sensors[D]. Zurich：Swiss Federal Institute of Technology Zurich，2005.

[174] Poli D. General model for airborne and spaceborne linear array sensors[J]. IEEE Transactions on Geoscience and Remote Sensing，2004，42（10）：2096-2013.

[175] Poli D. A rigorous model for spaceborne linear array sensors[J]. Photogrammetric Engineering and Remote Sensing，2007，73(02)：187-196.

[176] Pearson K. On lines and planes of closet fit to systems of points in space[J]. Phil Mage，1901，2：559-572.

[177] Srivastava P K，Medha S Alurkar. Infight calibration of IRS-1C imaging geometry for data products[J]. ISPRS Journal of Photogrammetry and Remote Senesing，1997，52(02)：215-221.

[178] Nagi Z M，Ahmed G，Hussam E M. Positional accuracy testing of Google Earth[J]. International Journal of Multidisciplinary Science and Engineering，2013，4(06)：6-9.

[179] Markovsky I，Van Huffel S. Overview of total least-squares methods[J]. Signal processing，2007，87(10)：2283-2302.

[180] Kratky V. Rigorous photogrammetric processing of SPOT images at CCM Canada[J]. ISPRS Journal of Photogrammetry and Remote Senesing，1989，44(02)：53-71.

[181] Kratky V. On-line aspects of stereophotogrammetric processing of SPOT Images[J]. Photogrammetic Engineering & Remote Senesing，1989，55（03）：311-316.

[182] Kornus W，Lehner M，Schroeder M. Geometric in-flight calibration of the stereoscopic line-CCD scanner MOMS-2P[J]. ISPRS Journal of Photogrammetry & Remote Sensing，2000，55：59-71.

[183] Kocaman S. Sensor Modeling and Validation for Linear Array Aerial and Satellite Imagery[D]. Zurich：Swiss Federal Institute of Technology Zurich，2008.

[184] Kocaman S，Gruen A. Orientation and self-calibration of ALOS PRISM imagery[J]. The Photogrammetric Record，2008，23(123)：323-340.

[185] Kim T，Dowman I. Comparison of two physical sensor models for satellite

images:position-rotation model and orbit-attitude model[J]. Photogrammetric Record,2006,21(114):110-123.

[186] Kim T,Jeong J. DEM matching for bias compensation of rigorous pushbroom sensor models[J]. ISPRS journal of photogrammetry and remote sensing, 2011,66(05):692-699.

[187] Jeong J,Kim T. The use of existing global elevation dataset for absolute orientation of high resolution image without GCPs[J]. ISPRS-International Archives of the Photogrammetry,Remote Sensing and Spatial Information Sciences,2012,1:287-290.

[188] Jeong J,Kim T. Comparison of positioning accuracy of a rigorous sensor model and two rational function models for weak stereo geometry[J]. ISPRS Journal of Photogrammetry and Remote Sensing,2015,108:172-182.

[189] Grodecki J,Dial G. Block adjustment of high-resolution satellite image described by rational polynomials[J]. Photogrammetric Engineering and Remote Sensing,2003,69(01):59-68.

[190] Fraser C S,Hanley H B. Bias-compensated RPCs for sensor orientation of high-resolution satellite imagery[J]. Photogrammetric Engineering and Remote Sensing,2005,71(08):909-915.

[191] Fraser C S,Hanley H B. Bias compensation in rational functions for IKONOS satlellite imagery[J]. Photogrammetic Engineering & Remote Sensing,2003, 69(01):53-57.

[192] Fraser C S,Hanley H B,Yamakawa T. Three-dimensional geopositioning accuracy of IKONOS imagery[J]. The Photogrammetric Record,2002,17(99): 465-479.

[193] Ebner H,Kornus W,Ohlhof T,et al. Orientation of MOMS-02/D2 and MOMS-2P/PRIRODA imagery[J]. ISPRS Journal of Photogrammetry & Remote Sensing,1999,54:332-341.

[194] Daniela Poli. Review of development in geometric modelling for high resolution satellite pushbroom sensors[J]. The Photogrammetric Record,2013,27 (137):58-73.

[195] Colub G H,Van Loan C F. An analysis of the total least squares problem [J]. SIAM Journal on Numerical Analysis,1980,17(06):883-893.

[196] Breton E,Bouillon A,Gachet R,et al. Pre-flight and in-flight geometric calibration of SPOT5 HRG and HRS images[J]. International Archives of Photogrammetry Remote Sensing and Spatial Information Science,2002,34(Part

B1):20-25.

[197] Bouillon A, Bernard M, Gigord P, et al. SPOT5 HRS geometric perform-ances: using block adjustment as a key issue to improve quality of DEM gen-eration[J]. ISPRS Journal of Photogrammetry & Remote Sensing, 2006, 60: 134-146.

[198] Baltsavias E, Kocaman S, Wolff K. Analysis of Cartosat-1 images regarding image quality, 3D point measurement and DSM generation [J]. The Photo-grammetric Record, 2008, 23(123): 305-322.

[199] Aguilar M A, Nemmaoui A, Aguilar F J, et al. Improving georeferencing accu-racy of very high resolution satellite imagery using freely available ancillary data at global coverage[J]. International Journal of Digital Earth, 2017, 10 (10):1-15.

[200] Adcock R J. Note on the method of least squares[J]. Analyst, 1877, 4: 183-184.